辽宁省教育厅高校学术专著出版基金资助

CHONGWU SIYANGXUE

宠物饲养学

主　编◎吕秋凤

副主编（以姓氏笔画为序）

　　　田　河　冯　颖　林树梅　吴高峰　杨群辉

参　编（以姓氏笔画为序）

　　　于业辉　刘敏跃　刘　梅　杨建成　栾新红

北京师范大学出版集团
BEIJING NORMAL UNIVERSITY PUBLISHING GROUP
北京师范大学出版社

图书在版编目(CIP)数据

宠物饲养学/吕秋凤主编. —北京：北京师范大学出版社，
2023.7
ISBN 978-7-303-14770-0

Ⅰ．①宠… Ⅱ．①吕… Ⅲ．①宠物－饲养管理－研究
Ⅳ．①S865.3

中国版本图书馆 CIP 数据核字(2012)第 125318 号

图 书 意 见 反 馈　**gaozhifk@bnupg.com**　**010-58805079**
营 销 中 心 电 话　010－58807651

出版发行：北京师范大学出版社　www.bnupg.com
　　　　　北京市西城区新街口外大街 12－3 号
　　　　　邮政编码：100088
印　　刷：北京天泽润科贸有限公司
经　　销：全国新华书店
开　　本：730 mm×980 mm　1/16
印　　张：15.5
字　　数：336 千字
版　　次：2023 年 7 月第 1 版第 6 次印刷
定　　价：39.80 元

策划编辑：刘风娟　　　　　　责任编辑：刘风娟
美术编辑：陈　涛　李向昕　　装帧设计：陈　涛　李向昕
责任校对：李　菡　　　　　　责任印制：马　洁　赵　龙

前　言

　　随着人民生活水平的日益提高，宠物得到了越来越多的关注和青睐。宠物是指人们并非为了经济目的，而是为了精神需求而豢养的动植物。日常生活的丰富多彩，人们对新事物的不断追求，使得各种各样的个性宠物不断出现，这就远远超出了我们所习惯理解的"宠物"的概念，词典上对"宠物"的解释也很难完全涵盖不断变化的日常生活中出现的一些新事物、新现象。国际爱护动物基金会认为，猫和狗经过漫长的进化演变，已经脱离了自然界的生物链，不再存在于生态平衡之中，是适合人类家庭的动物，广泛存在于人们的生活、工作之中。在国外，新的趋势是称呼猫和狗为伴侣动物，体现它们在人类社会中的作用。

　　宠物不仅给人们的生活带来了新的乐趣，而且已经成为一种商品在市场上广泛流通。随着现在宠物饲养的盛行，以及人们生活水平的提高，宠物行业已经悄然兴起，并在国民经济中占有了一定的比例。其中尤其以犬、猫、鸟、鱼、龟等宠物的饲养和消费为主，那么如何养好这几类宠物就成为亟待解决的问题。

　　编写组首先研讨了宠物的生活习性和宠物饲养发展的现状和趋势，总结交流了几年来在宠物饲养上的经验和问题，形成了本书编写的指导思想，在编写过程中力图体现"科学性、先进性和实用性"，使本书的知识体系和深度适合宠物饲养者的需要，也希望通过对宠物饲养技术等有关知识的学习，培养学生对宠物养殖的兴趣，以符合市场工作技能之需求。

　　本书分五章详细讲述了犬、猫、鸟、龟、鱼饲养的新技术，每章又从宠物的品种、生活习性、营养需要、饲养管理、繁殖、常见疾病诊断及主要防治措施等方面进行了详细的论述。本书内容实用、指导性强，有望成为宠物饲养者的常伴参考用书。

为了确保本书的质量，编写组多次开会研讨编写提纲和内容。初稿完成后，主编和副主编进行了多次审阅和修改。编写组成员对书稿进行了认真审阅，提出了宝贵的修改意见，在此对所有参编人员的辛勤劳动和支持表示衷心感谢。

本书涉及的面比较广，编写难度比较大，加上知识水平的限制，书中错漏在所难免。恳请广大读者和饲养一线的技术人员及时指正，以便尽早修订完善。

目　录

绪 论

一、宠物的概念

(一)宠物的概念

宠物指人们出于非经济目的而豢养的动物。而本书仅讨论其中的动物宠物。实际上，一切动物，只要被人喜爱，均可成为宠物，观赏动物、伴侣动物和其他可爱的动物均是宠物。

(二)伴侣动物的概念

伴侣动物一般指那些能与人一起生活的、可给人们带来快乐的温驯的动物。这类动物大多非常驯服、活泼可爱，能与人一起生活，可给饲养者带来许多乐趣，逐渐成为家庭中不可缺少的一员。

二、宠物的养殖概况

(一)宠物犬的养殖概况

犬作为家养动物远远早于其他动物，至少在1万年以前就已成为人类的伙伴，这大概便是最早的伴侣动物。中华民族饲养犬作为宠物的历史亦很悠久，犬在中国早早就被视为人类的朋友。犬在我国传统养殖业中占有重要地位，为六畜之一。近年来，随着人们生活水平的不断提高，民间养犬的风气日盛，它不仅给人们的生活带来了新的乐趣，而且作为一种商品已在市场上广泛流通。

(二)宠物猫的养殖概况

远在 5 000 多年前，人类就开始驯养野猫，用它善于捕捉老鼠的天性来为我所用。后来有些国家更是将猫当做神的化身，猫死后还要将其制成木乃伊。在我国，根据考证，养猫也已有 3 000 多年的历史。但猫的广泛饲养则始于 19 世纪末期，当时随着科学的发展(特别是医学)，猫被当做实验动物而被广泛饲养和使用。

当今世界养猫热已经兴起，世界各地纷纷举办"猫展"，新的纯种猫品种也层出不穷，随着某些遗传基因的突变，形态怪异的猫(如无毛猫、卷毛猫、截尾猫等)也在"猫展"中独领风骚。

现在，养猫不再是单纯地为了捕鼠，而是更多地体现宠物主人身份的高贵和情趣的高雅。

(三)宠物鸟的养殖概况

鸟，是大自然的生灵，是维持自然界生态平衡的重要物种，它是人类不可缺少的朋友，也是很多人喜欢的宠物。随着社会的不断发展和人们生活水平的提高，饲养宠物鸟的人越来越多，对笼鸟的需求量也越来越大。据了解，在世界各国，特别是一些经济比较发达的国家，家庭养鸟正在逐渐扩展开来，有的已形成一种新兴的养殖业。这些国家在研究饲养方法、解决繁殖技术、引进新品种等方面做了许多工作，取得了宝贵的经验。

据《礼记》《孟子》和《山海经》等记载，我国人民自古以来就有爱鸟、养鸟的传统，养鸟的历史非常悠久。约在几千年以前，人们为了物质生活的需要，首先把狩猎获得的一些体形小、性情温驯、容易喂养成活的野鸟关起来进行饲喂，经过漫长岁月的繁殖和驯化，终于使一部分野鸟逐渐变成人类饲养的家禽，像鸡、鸭、鹅等。后来随着人们物质生活水平的不断提高，有一些人对自然界中的那些羽色华丽、鸣声悦耳或姿态优美的鸟儿产生浓厚的兴趣，于是便开始以观赏和玩耍为目的的养鸟活动，一直延续至今。随着人们对养鸟意义认识的不断加深，养鸟的队伍会愈来愈大，养鸟事业必会发展提高，给人们带来生态效益和经济效益的双丰收。

（四）宠物龟的养殖概况

龟是一种重要的经济和观赏动物。目前全世界共饲养有120余种龟，国内饲养有17种龟。龟已逐渐成为人类的伴侣动物之一。

（五）宠物鱼的养殖概况

鱼的种类很多，分布广泛，随着鱼类的不断进化及人类文明的发展，鱼已不仅是人类的美味食品，有些品种已成为人们的伴侣之一，这就是观赏鱼类。观赏鱼类五彩缤纷，种类繁多。归纳起来目前世界上主要的观赏鱼有三类，即金鱼、锦鲤和热带鱼。其中常见的金鱼有170多种，已发现的热带鱼有2 000多种，其中可供观赏的有600多种，我国饲养的淡水热带鱼约有200种。目前，观赏鱼的分布已非常广泛，其饲养随着工业的兴起和科学的发展，已在全球普遍开展。可以说，观赏鱼的分布已遍及全球。

第1章
犬的饲养

1.1 犬的品种

1.1.1 犬的分类

犬在动物分类中属于脊索动物门、脊椎动物亚门、哺乳纲、食肉目、犬科、犬属、犬种。据统计，世界上犬的品种在 300 种以上。在它们中间，体形高的可达 1 m，矮的只有 15 cm；体重最大的可达 100 kg 以上，最轻的仅有 1 kg 左右；跑得最快的速度可达 100 km·h^{-1}，跳得最高的能越过 4 m 高的障碍物；产仔数最多的每窝可产 20 只以上。犬的品种繁多且各有特点，因此产生了不同的分类方法。可按体型、外貌、选育目的和用途等将犬分类。许多国家都根据本国的情况制定了犬的分类方法。

2000 多年前，中国周代就以用途作为分类依据，将犬简单分为食犬、吠犬和田犬三大类。1755 年后，比较解剖学的创立人卡维卡根据犬的头盖骨对犬进行分类。19 世纪中叶，皮埃尔·梅洛尼总结了前人的研究成果，将犬分为四类，即狼犬、波音达犬、马士迪夫犬和灵提。

当前世界上一些国家对犬的分类方法如下：美国将犬分为六类，即猎犬、玩赏犬、小型犬、看门犬、牧羊犬和工作犬。日本将犬分为八类，即日本原产犬、作业犬、牧羊犬、猎鸟犬、猎兽犬、小型犬、玩赏犬和家庭犬。英国将犬分为六类，即工作犬、猎犬、伴侣犬、㹴犬、玩赏犬和灵提。

下面介绍犬分类的几种常用方法：

1. 体型分类法

即按照犬的体型大小将犬分为超小型犬、小型犬、中型犬、大型犬和超大型犬五类。

（1）超小型犬

指体重不超过 4 kg、体高不足 25 cm 的一类犬，它们是玩赏犬中最得宠的犬种。主人外出时可带着一起出去，睡觉时可放在床上一起睡觉(但建议不要)。如吉娃娃犬、约克夏㹴、博美犬、贵宾犬等属于这一类。由于其体型很小，故又称为"袖犬""口袋犬""珍宝箱犬"等。对这类犬的饲养和管理都要求比较精细。

（2）小型犬

指体重以 10 kg 为限，体高 40 cm 以下的一类犬，同超小型犬一样，为玩赏犬，又称为"家庭犬"。小型犬都具有很明显的性格和风采，亦很受人们看重。小型犬的饲养管理方法和超小型犬基本相同。它们一般有较强的警戒心，吠声激烈，因此具有看家犬的性格，但需对其加强训练。这类犬较常见的品种有：迷你杜宾犬、曼彻斯特㹴、蝴蝶犬、达克斯犬、马耳他犬、西施犬、苏格兰㹴利犬、西高地白犬、凯恩犬、北京犬、哈巴狗、波士顿㹴、西里罕犬、布鲁塞尔犬、米格鲁犬、美国可卡犬、查尔斯小犬、贝多林登犬、小雪纳瑞犬、意大利格雷犬、喜乐蒂犬、狐狸犬、日本狗、柴犬等。

（3）中型犬

体重 11～30 kg、体高 41～60 cm。饲养中型犬与饲养小型犬有较大差别。首先，在家庭中，小型犬只要由小孩或女主人随便照顾就可以了，而中型以上的犬，必须由男人管理才可以。管理上要随时注意用链条拴牢或关严，以防伤人。这类犬主要用作看护。常见的品种有：斗牛犬、威尔士柯基犬、惠比特犬、牛头犬、拳师犬、松狮犬、北海道犬、纪州犬、甲斐犬等。

（4）大型犬

体重 30～40 kg、体高 60～70 cm。大型犬性能变化很多，若将小型犬比拟为"女性犬"的话，那么大型犬则为"男性犬"。大型犬的体型和性格都很强悍，是比较难以驾驭的。饲养大型犬最好有宽广的院子，注意其运动和训练。大型犬的作用十分广泛，如作军犬、警犬、猎犬，护身用的护卫犬、看家犬，以及赛跑犬、导盲犬、牧羊犬等。常见的品种有：斑点犬、万能犬、拉布拉多猎犬、老式英国牧羊犬、德国牧羊犬、英国雪达犬、杜伯文警犬、埃及大灰狗、威玛拉娜犬、布鲁马士迪夫犬、指示犬、土佐犬、秋田犬等。

（5）超大型犬

体重在 41 kg 以上、体高在 71 cm 以上，是犬中最大的一类。超大型犬的管理与大型犬基本相同，但更要注意看管，以防伤人。常见超大型犬有：阿富汗犬、圣伯纳犬、大白熊犬、大丹犬、斗牛獒、苏俄牧羊犬等。

2. 自然分类法

根据犬的用途分为以下几类：

（1）狩猎犬

又称"猎犬""猩"，主要指用于或可用于狩猎的犬。此类犬体型大小不等，均机警，嗅觉、视觉灵敏，沉着镇静，不但能帮助猎人寻找猎物，阻止猎物逃跑，而且能按指引扑杀猎物，当猎人击中猎物后可协助取回，颇受猎人喜爱。这类犬主要有：灵猩、爱尔兰猎狼犬、波索犬、阿富汗犬、苏格兰猎鹿犬、达克斯犬、沙乐基犬等。

（2）枪猎犬

又称"游猎犬""獚"，多由狩猎犬演变而成，主要用于猎雀、猎鸟等。枪猎犬首先会帮助猎人寻找猎物，然后站立候命，待猎人枪击目标后取回被杀伤之猎物。枪猎犬一般体型中小，机警、性情温驯、友善。归属这一类的犬有：指示犬、威马拉娜犬、爱尔兰长毛猎犬、戈登塞特犬、戈登猎犬、切萨皮克湾寻猎犬、匈牙利猎犬、拉布拉多猎犬、爱尔兰水猎犬、葡萄牙善泳犬、美国可卡犬、塞式郡猎犬等。

（3）工作犬

能担负护卫、导盲、牧羊、牧鹿、侦破等工作的犬。此类犬体型一般较大，较其他犬更机警、聪明，有惊人的判断力和独立解决困难的能力。在所有犬种中，对人类的贡献亦最大。划归这类的犬主要有：比利牛斯山犬、英国獒、瑞士山犬、杜伯文警犬、比利时牧羊犬、德国牧羊犬、圣伯纳犬、短毛牧羊犬、澳洲牧羊犬、贝利犬、小型牧羊犬等。

（4）玩具犬

又称"玩赏犬"，因其体型小巧玲珑、惹人喜爱，常被养在家庭中。它可被训练做各种动作，深受妇女、儿童喜爱。划归这一类的犬主要有：墨西哥秃毛犬、哈力勤犬、意大利格雷犬、贵妇犬、小型警犬、猴脸犬、哈巴狗、马耳他犬、中国冠毛犬、北京犬、蝴蝶犬、约克夏獜、松鼠犬、吉娃娃犬等。

（5）爹利犬

又称"獙"。此类犬天性善钻穴掘洞，多用于捕捉狐与獾等小动物，多数还是捕鼠高手。体躯高大者，可与牛、狮等大动物打斗。属于这一类的犬主要有：格雷兰犬、牛头犬、爱尔兰参利犬、百灵顿参利犬、威尔斯参利犬、短毛猎狐参利犬、湖区犬、苏格兰参利犬、澳洲参利犬、史基犬、佳能犬等。

（6）家庭犬

指那些为独居者、老年人、儿童和少年所喜爱的、活泼好动的犬。它们都是优良的家庭宠物，与其他犬都有一定的血缘关系。属于这一类的犬有：大丹犬、纽芬兰犬、斗牛獒、日本打斗犬、拳师犬、秋田犬、纪州犬、西摩族犬、史纳沙犬、沙皮狗、基斯犬、史基伯犬、波士顿獚、法国斗牛犬、贵妇犬、西藏小玩狗、西施犬、西藏狮子犬等。

（7）实验犬

指那些体型中小、性情温顺、常被用于科学实验的犬。如比格犬等。

3. 赛犬分类法

各国为了能把犬展办好，将不同的犬种归类是非常必要的，为此提出了赛犬分类法。该分类法以传统的分类方法为基础（与自然分类法相似，但有差异），将犬分为工作犬、狩猎犬、枪猎犬、㹴犬、玩赏犬和家庭犬六类。

（1）工作犬

是指从事狩猎以外各种劳动作业，如担负护卫、导盲、牧畜、侦破等工作的犬。它们一般体型高大，比其他犬机敏、聪明，具有惊人的判断力和独立排除困难的能力。这类犬是对人类贡献最大的犬，有许多品种千百年来早已成为人类忠实的工作者。著名的品种有德国牧羊犬、苏格兰牧羊犬、澳洲牧羊犬、大丹犬、马士迪夫犬等。

（2）狩猎犬

是指用于狩猎作业的犬。又称为"猎犬"。这类犬体型大小不等，但都机警，视觉、嗅觉灵敏。它们不但能发现猎物的踪迹，叼回击中的猎物，而且具有温和、稳健的气质。主要品种有比格犬、阿富汗犬、挪威猎鹿犬等。

（3）枪猎犬

是指用于猎鸟的犬，多数从狩猎犬演变而来。一般体型较小，性格机警、温顺、友善。它们能从隐藏处逐出鸟供猎人射击，有的更能通过头、身躯和尾巴的连线指示鸟的位置，并具有叼回被击落的猎物的能力。主要品种有指示犬、戈登猎犬等。

（4）㹴犬

原产于不列颠群岛。专用于驱逐小型的野兽。㹴犬善于挖掘地穴、猎取栖

7

息于土中或洞穴中的野兽，多用于捕獾、狐、水獭、兔、鼠等。因多数㹴犬是捕鼠高手，故又称捕鼠犬。㹴犬感觉敏锐、大胆、机敏，行动迅速而富有耐性。㹴犬多属小型犬，现在许多㹴犬已演变成为漂亮的玩赏犬而遍布全球。比较著名的有约克夏㹴、亚雷特㹴、西藏㹴、波士顿㹴等。

（5）玩赏犬

是指专门作为家庭宠物的小型室内犬，有"犬国中的小孩"之称。它们在室内玩耍自如，出门可以抱着走。它们体态娇小、姿容优美，惹人喜爱，举止优雅、被毛华美、极具魅力，可增加人们生活的情趣。比较著名的犬种有北京犬、蝴蝶犬、吉娃娃犬、博美犬等。

（6）家庭犬

是指适于家庭饲养的一类犬。它们对主人忠心耿耿、热情而又任劳任怨地为主人效命。尽管它们不承担狩猎、拉拽等繁重工作，但也能为人们增添许多生活的乐趣。它们活泼好动、待人亲切，适于独居者与老年人饲养，也受儿童和少年所喜爱。主要品种有狐狸犬、西施犬、斑点犬、松狮犬、拳师犬、纽芬兰犬、大丹犬等。

4. 犬毛特征分类法

犬的被毛是保护犬不受外界不良环境影响、保持其体温稳定的皮肤重要衍生物。被毛的形态和颜色是犬种的重要特征，华丽的被毛是许多玩赏犬的第二生命。犬的被毛由覆毛、绒毛和饰毛组成。覆毛又称上毛，是构成犬毛色的主要部分，一般毛长且粗，髓毛占多数，主要起保温作用。饰毛主要着生于耳、尾、四肢下部，起着装饰作用。按照被毛的长短一般将犬分为短毛犬、无毛犬、长毛犬和丝毛犬。

（1）短毛犬

如沙皮犬、灵缇、拳师犬、大丹犬、斑点犬、埃及猎犬等。犬被毛的短毛性状是由显性基因 L 控制的，基因 L 纯合的犬与长毛犬交配，其第一代都表现出短毛特征；到第二代才会出现性状分离，即产少量的长毛犬。

（2）无毛犬

一般而言，无毛犬仅限于畸形后代，但有些犬具有这一特征，如中国冠毛犬和墨西哥无毛犬。这两种犬在正常情况下并非完全无毛，而是被毛仅着生于头部、四肢下部和尾部等部位。经研究，无毛性状由显性基因 H 控制，这种基因纯合时致死，因此所有活着的无毛犬都是杂合子 Hh，其遗传规律具有伴性遗传特征，而活着的无毛犬大多是雌性。中国冠毛犬有 400 多年的历史，又称"中国裸体狗"，平均体重 5.5 kg，体高 23～30 cm，外貌似意大利灵猊，皮肤呈粉色或白色，光滑、柔软、无皱纹。墨西哥无毛犬与中国冠毛犬体形相似。它们有两种类型：体型大者几乎都在墨西哥，其数量受到严格的控制，体重 11～16 kg，体高 40～51 cm；体型小者分布在墨西哥以外地区，体型娇小，体态更优美。

（3）长毛犬

如直毛型的德国牧羊犬、开立毛型的罗德西亚脊背犬、卷毛型的英国赛特犬和美国可卡犬、多毛型的老式英国牧羊犬、刚毛型的亚雷特㹴犬等。长毛犬的长毛是由长毛基因 e 控制的，呈隐性遗传，即这一对基因纯合时才表现出长毛特征。因基因 e 的表现受多种因素影响，造成许多不同形态特征的长毛类型。有的犬被毛不是很长，平直地铺在身上、四肢和尾部，表现出长毛特征，如英国赛特犬；有的犬全身被毛又多又密，如松狮犬；有的犬被毛又长又多，而且粗浓蓬松，如老式英国牧羊犬；有的犬被毛长且有波浪状的结构，如美国可卡犬、贵妇犬等；有的犬头部毛不是很长，但其他部位的被毛都很长，如北京犬、苏格兰牧羊犬、喜乐蒂犬、博美犬、日本狗、蝴蝶犬等；有的犬兼有长毛和短毛，如腊肠犬、吉娃娃犬、圣伯纳犬等。

（4）丝毛犬

世界上有许多长毛犬被毛柔弱如绢丝状，如日本狗、马耳他犬、蝴蝶犬等。

1.1.2　常见犬的品种

1. 常见的中国犬种

（1）北京犬

又称北京狮子狗，原产中国西藏，后作为贡品献给当时的皇帝，在皇宫中经长期选育而成为现在的体貌。北京犬体矮而重，腿短是其最大特点。为了保证该犬不能跳过皇宫的门槛，选育了前肢向两侧弯曲的个体，弯曲的前肢如今已成了北京犬的典型特征之一。其他特征包括：头部宽大，两眼大、圆而凸出，其间距越

图 1-1　北京犬

宽越好；额段深，鼻窦短，陷入额段中；吻部宽，闭嘴时不露齿和舌，齿为钳式咬合，形成面平的奇异相貌，但仍给人以威严感。被毛长而直，光滑柔软，绒毛丰富；毛色有奶油色、黑色、黑褐色、褐色、白色、巧克力色等；在颈周围和肩下有漂亮的鬃毛，腿、脚、尾部多饰毛，形成菊花状尾，故又被称为菊花尾犬。成年犬体高 20~25 cm，雄犬体重 3.2 kg 左右，雌犬稍重于雄犬。

在中国，北京犬已有 2 000 年的历史，过去一直生活于皇宫之中。早先的北京犬体型较大，貌似狮子，至清代成为慈禧宠爱之物，而颁布懿旨进行了定向选育，体型亦不断变小，有"北京袖犬"之称，其血统极为纯正。在 1893 年首次参加犬展便登上"玩赏犬冠军"宝座，至今仍保留着"世界玩赏犬犬王"的称号。

北京犬与日本狗有着极近的血缘关系。因长期受人为选育的影响，成为中国宫廷中足不出户的秘密宝物，直到 1860 年以后才被世界所认识。1860 年英法联军攻占圆明园后，发现了守护在皇姑尸体旁不让侵略者靠近的 5 只北京犬，侵略者也被小犬们的勇气所折服，将其从春阳宫废墟中掠走，其中 2 只送给了英国维多利亚女王。这种四肢短小、全身长毛覆盖的犬深受女王喜爱，其中 1 只死后，女王曾命令宫廷画师按其生前全貌画像并装饰于宫廷中。

北京犬性格看似顽固，但忠于主人，且易饲养。该犬聪明、勇敢，好斗而又能不卷入危险之中，具顽强而独立的个性。对陌生人疑心重而傲慢，但对主人亲切。首次接受时它有时会显得愤怒，但第二次它会像老朋友一样对待你，是优秀的室内陪伴犬。

(2)西施犬

原产中国。又称中国狮子犬、狮子狗。它是由拉萨犬同北京犬杂交选育出来的。1908 年，西施犬被走私到欧洲，1930 年已遍布全世界。1934 年，英国首先成立了世界上第一个"西施犬协会"，自此西施犬成为世界上最受欢迎的犬种之一。

该犬面部被毛很长，从头上向颜面下垂，如将头顶上部被毛扎成一束，末端散开，像一朵菊花，所以西施犬又称菊花脸犬。被毛中上毛长且

图 1-2　西施犬

密，下毛多柔软；头部毛长，垂于眼前，与胡须混为一体；耳朵上饰毛多且长，与颈部被毛混为一体；尾巴粗壮，多饰毛，卷曲于背上。毛色多种，但以在前额和尾尖端有白斑者较为珍贵。鼻梁短，鼻头宽。口唇方形且短。齿为钳式咬合或上颌稍凸出式。眼圆、大、色暗。成年犬体高 27 cm 以下，体重 8 kg 以下，以 4～7 kg 最理想。

西施犬聪明伶俐，温文尔雅，反应敏捷，智商甚高，勇敢而傲慢，是一种寿命较长、饶有雅趣的室内伴侣犬。其对主人热情、懂礼貌，没有北京犬的硬脾气，较关心儿童，易与儿童为伴且不侵扰鸟、鱼、虫、猫等其他宠物，但难与其他犬相处，每天都盼望主人为它梳理被毛。

（3）拉萨犬

又称西藏拉萨狗，原产于中国西藏，主要分布在拉萨周围的喇嘛庙与部分村落。藏语"亚布苏森凯"即指该犬，意为"狮子守卫犬"，被认为是可以给人带来吉祥的犬。

拉萨犬有如山羊般的长须；被毛丰厚，长、直且硬，不呈丝状，下毛浓密；颈部鬃毛丰富，呈羽状，四肢多饰毛，尾卷曲于背上；毛色有金黄、浅黄、暗灰、蓝灰、花色、白色和黑

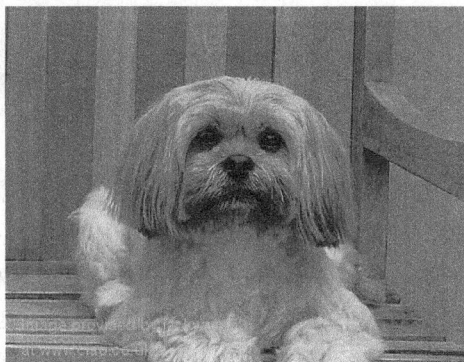

图 1-3　拉萨犬

色等多种。与北京犬、西施犬相比，头盖骨较狭窄。成年犬体高 22～26 cm，体重 3～6 kg。

早在 2 000 年前，拉萨的贵族或僧侣等享有特权的人都饲养拉萨犬。据说，饲养该犬的人可以增福、驱魔，因此被禁止带到西藏领域之外，但有一个例外，古代的达赖喇嘛常用此犬作为贡品献给皇帝。世界上许多著名的犬种都与之有血缘关系，如北京犬、西施犬、日本狗、西藏原产的小型犬等。直到 20 世纪，西藏与外界有了交流之后，该犬才引起世界各国的关注。1928 年被一英国探险家带到英格兰，1929 年正式输出欧洲，成为世界上最受欢迎的犬种之一。

拉萨犬性情活泼、自信，对主人极富感情，听觉极好，对陌生人警惕性强，是一种优秀的伴侣犬。但其心胸狭窄，过于执拗，对儿童也不宽容。

（4）松狮犬

又称熊狮犬、巧巧犬、汪汪狗等，原产中国，早在2 000年以前中国汉代浅浮雕中就有了它的肖像。被很多人认为是一个基础品种，其后代包括萨摩耶犬、博美犬等。在中国东北饲养较多，主要被用于食用，在药典中其身体各部分均可入药，故又称中国食犬。1789年首次被英国商人从东方带到英国，1894年被英国养犬协会承认。

松狮犬是典型的狐狸犬。体型中等，成年犬体重25～30 kg，体高50～55 cm。被毛长、直且丰厚，下

图1-4　松狮犬

毛柔软丰厚，颈部毛丰满，形成与狮鬃相似的鬃毛；毛色有黑、棕褐、赤、蓝、米黄、银灰等，纯白色个体少见。头大，头盖宽且平；额段明显；眼小，下陷，色暗；鼻梁短、宽；吻尖短；耳小三角形、直立；齿为剪式咬合；舌为蓝紫色，是其重要特征；胸阔而深，四肢强韧，背短，腹不上收（又称为猪腹），后肢夹角呈直角状，不善奔跑，尾极高，卷起。

该犬性格内向而深沉，对主人忠诚且有极深的感情，但对陌生人蔑视、冷淡，机敏、自信而胆大。步法独特，似长脚鹬，在国外常喻成"达官贵人""活布偶"。

（5）西藏獒犬

又称藏獒、獒犬，原产中国西藏。它是世界上最古老的大型犬种之一。公元前55年腓尼基人将西藏獒犬由中国经中亚细亚运至英国，后又带到罗马，使其成为斗兽场上的勇士，后又用于战争。马士迪夫犬、大丹犬、洛威犬、圣伯纳犬、纽芬兰犬、大比利牛斯犬等都含有该犬的血缘。

成年西藏獒犬体重75～95 kg，

图1-5　西藏獒犬

体高 70~85 cm。头大而圆，呈立方体；额段明显；鼻梁短，鼻头宽；吻短，嘴宽，唇厚而长，齿式为钳式咬合或上颚凸出式。被毛长，下毛短而致密，多黑色。前肢粗直，后肢腿部宽，肌肉发达。西藏獒犬温顺、忠实而勇敢，是看家护院的良犬，也是很好的斗犬。

(6)拳师犬

因该犬搏斗时惯用前脚，似人类的拳师而得名。拳师犬起源于中国西藏，后来在德国与其他犬(西藏犬与安达鲁西亚地方犬、英国斗牛犬)杂交而育成。成年拳师犬体重 25~38 kg，体高 50~60 cm。颈和胸部粗大，背短，腿直而强健。被毛短而密生，富光泽；毛黄褐色、虎斑，斑纹清晰者为佳。拳师犬性情温和、活泼，善解人意，警觉性强，奔跑迅速，是家庭理想的守卫犬，也可作为军犬或警犬。

图1-6 拳师犬

(7)昆明犬

又称昆明狼犬，是利用云南民间狼犬经过 30 多年选育而成的。昆明犬有狼青、草黄和黑背黄腹 3 个品系。狼青品系，作业能力全面，可追踪、鉴别和扑咬等；草黄品系，运动能力强，兴奋持久，最适追踪；黑背黄腹品系，兴奋性强，凶猛好斗，适于警戒、护卫等。

成年昆明犬体重 28~40 kg，体高 60~70 cm。被毛短，体型中等，结构匀称，外形轮廓明显，体质细致结实，头部呈楔状，脸部稍长或与颈部等长，鼻梁平直，鼻境黑色，眼呈杏核形，暗褐色和杏黄色，耳自然直立，牙齿剪状咬合，背腰平直，体躯

图1-7 昆明犬

接近方形，前肢直立，后肢稍向后弯曲，前后肢多有狼爪。昆明犬的体型外貌有利于运动速度、灵敏性和追踪持久力的发挥。

昆明犬适应能力强，特别适于山地作业，可作警犬、军犬和看家犬。

(8)哈巴狗

又称巴儿狗、八哥犬，原产于中国，现已遍布世界各地。成年哈巴狗体重约6 kg，体高25 cm左右；体型呈正方形，肌肉饱满紧凑；身材短小，腿短；头大，呈圆形；脸上有皱褶；眼睛大而凸出。

哈巴狗性情温和，聪慧，适应性强，能与人友好相处，尤其喜爱儿童，同样也受人喜爱，是有名的观赏与伴侣犬。

(9)沙皮犬

原产于中国广东。目前，此犬在我国饲养量较多。沙皮犬被毛多为黄色，粗短，硬如刷子；全身皮肤松弛，厚而坚韧，多皱褶；头像河马，嘴部大而钝；耳呈三角形，半竖半垂；四肢粗大。

沙皮犬相貌凶猛，但易于驯服。其突出特点是忠心、爱清洁、勇敢。沙皮犬为珍贵的玩赏犬，也可作为猎犬。

图 1-8　哈巴狗

图 1-9　沙皮犬

2. 常见的外国犬种

(1)阿富汗犬

又称阿富汗猎犬，原产阿富汗。公元前4 000年，古埃及西奈半岛上的摩西山就有此犬，作为法老的赠礼进入宫廷，在王亲贵族中作为宠物饲养。

阿富汗犬体型大。一般来说，体重达27～34 kg，公犬体高65～75 cm，母犬体高62～70 cm。但少数犬体高超过1 m，犬体高世界纪录就是由该犬创造的。该犬的毛黄褐色、奶油色、金色、赤、白、灰色，全身多处都长满柔软如丝绢状的长毛，尤其是头、耳、足部的毛很长，只有脸上的毛短；头呈延长的锥形，头骨窄；额段不明显；耳小且有回折；眼呈三角形；鼻梁直长，鼻孔大，鼻头黑色；吻纤长；胸深，腰呈流线形，尾根低，尾被以长毛；前肢长且直，后肢长于前肢，且弯曲度大，肌肉发达，故而该犬是世界上奔跑速度最快的犬种之一。阿富汗犬气质优雅、沉着、

图 1-10　阿富汗犬

聪明、机智，耐力和耐寒性都很强，可作为玩赏犬、看家犬、护卫犬、狩猎犬。

（2）法国斗牛犬

原产法国。它是在 1850 年前后，由移居法国的英国人所带的英国斗牛犬与哈巴狗或其他小型犬杂交培育而成，1880年被认定为新的犬种。在体型、相貌方面仍保持着斗牛犬的风格，颈部粗短和蝙蝠状的圆耳是其特征所在。该犬貌似凶猛却深藏着一颗温柔的心，虽名曰斗牛犬，其实是地道的玩赏犬。这是一种极富人情味的犬，尤其对儿童亲近和宽容。其毛质光滑而短，毛色以浅黄褐色为主，其块状体型最为有趣。成年法国斗牛犬体高 30 cm 左右，体重约 10 kg。

图 1-11　法国斗牛犬

（3）约克夏㹴

英国原产玩赏犬。因其培育史与英国约克郡的矿工联系在一起，故而得名。19世纪初人们为了培育优异的捕鼠犬，在培育过程中引入了具有美丽长毛的克莱斯小犬，结果诞生出今天的约克夏㹴。约克夏㹴出生时全身黑色，随着生长发育，其面部、胸前的被毛会戏剧性地变成金黄色。它娇小的体躯、美丽的长毛和极具魅力的面容，有"动宝石"之称。成年约克夏㹴体高约23 cm，体重3 kg以下，以2 kg最为理想。

（4）马耳他犬

又称马尔济斯犬，马耳他岛㹴，原产于地中海马耳他岛。该犬是世界上最古老的犬种之一，在《伊索寓言》中已提及。早年的航海家和旅行者为了消除长期海上航行的孤独，将它带上船供消遣娱乐用。

图 1-12　约克夏㹴

18世纪，意大利和法国的上流社会都以饲养该犬为荣。1813年马耳他归属英国之后，将马耳他犬作为礼物献给英国维多利亚女王，女王爱不释手，其饲养马耳他犬的故事传遍英伦三岛，连普通老百姓也争先恐后地饲养，于是它成为世界有名的玩赏犬。

马耳他犬的最大特点是其一身美丽的白色长毛，但耳朵可能有淡黄色毛，美丽的被毛是其第二生命。毛质似丝绢，愈长愈佳。其耳下垂且低，鼻头黑色，眼睛色暗，眼眶黑色。成年犬体高20～25 cm，

图 1-13　马耳他犬

体重以2.5 kg为标准，以2.3 kg以下最理想。由于毛长，故其御寒性强。

马耳他犬聪明优雅，感情丰富，活泼好动，是人缘较佳的玩赏犬。

（5）查尔斯小犬

原产英国。该犬由古老的猎鸟犬经小型化培育而成，在繁育过程中又引入了哈巴狗和日本狗的血统。据说当时最喜欢该犬的是英王查尔斯一世和查尔斯二世，查尔斯一世曾下令免征该犬的通行税，查尔斯二世更是为了能随时照顾该犬而将其带入议会，被认为是不务正业。当时英国很少有犬能在室内饲养，因而该犬颇受欢迎。查尔斯小犬有着"具东方面孔的西洋玩赏犬"之称，是一种嘴巴特别细小而眼鼻又十分集中的稀有犬种。

图 1-14　查尔斯小犬

其成年犬体高 26～31 cm，体重 3.6～6.3 kg。该犬个性温顺而敏感，在饲育上不需要花太多精力，曾被誉为最佳玩赏犬。

（6）查尔斯大犬

原产英国。犬名冠以 Cavalier，是代表中世纪骑士之意。它是在查尔斯小犬小型化以后，为了恢复其往日的雄姿，于 1828 年在英国培育出的犬种。该犬体格健壮，成年犬体高约 30 cm，体重为 5.5～8 kg。查尔斯大犬性格温顺，活动能力强，作为玩赏型犬而遍布各地。

（7）博美犬

原产德国和波兰交界的波美拉尼亚。原来其体格大小不一，在 18 世纪被带入英国后予以小型化培育，而成为当今举世瞩目的体型最小的狐狸犬。因其超小型的体躯、丰富的被毛和娇美的面容，而成为爱犬人士追求的目标。博美犬毛色以茶色为主，兼有白或黑毛者。成年犬体高约 20 cm，体重在 1.8～2.3 kg 最为理想，最大体重不应超过 3.2 kg。

图 1-15　博美犬

(8)吉娃娃犬

又称奇娃娃、奇花花、芝哇哇、齐花花、支华华、奇瓦瓦。原产墨西哥的芝哇哇地区，是通过改良墨西哥古老的裸犬而形成的小型犬。该犬于1904年首次登记，距今仅100多年的历史，但它以超小型犬的可爱容貌和世界上最小的犬而成为世界流行的玩赏犬。它曾创成年犬体重仅500 g的世界纪录而广受关注，体高仅12 cm左右，但身体却非常健康。该犬分为长毛种和短毛种两个品系。毛色有黑色、蓝色、巧克力色、淡黄色等；耳薄，大而直立，两耳间距较大；眼大、圆。成年犬体重均在2.7 kg以下，以1～1.8 kg为理想。

图 1-16　吉娃娃犬

(9)曼彻斯特㹴

又称小曼彻斯特㹴、玩具曼彻斯特㹴等，原产英国曼彻斯特镇。18世纪由当地的古老黑褐犬与埃及灰狗杂交育成。维多利亚时期，曼彻斯特镇以养此犬而出名。

该犬被毛黑褐色，短，有光泽，在两眼上方、嘴巴、喉部、四肢下部以及肛门周围有黄褐色的斑纹。耳根高，耳大且向正前方直立。鼻梁直，鼻头黑。嘴尖，唇宽。成年犬体高23～31 cm，体重2.7～5.4 kg。该犬温顺，感觉灵敏，警戒性强，以善捕鼠出名，可作为玩赏犬、捕鼠犬。

(10)布鲁塞尔格里芬犬

原产比利时。该犬在18世纪末被承认，作为玩赏犬被当时比利时王族所喜爱。19世纪前半叶，布鲁塞尔犬被看成马车的守护神而盛行带在马车上，夜间则在马厩中捕杀老鼠，故又被称为"马厩看守犬"。该犬相貌似钟馗，成年犬体高21～28 cm，体重3.5～4.5 kg。

(11)斑点犬

又称达尔马提亚犬、大麦町犬，原产于南斯拉夫达尔马提亚。斑点犬是一种很古老的犬种，随吉普赛人的足迹遍布欧洲，尤其到了18世纪，很多国家都有了它的踪迹。对它的起源有多种说法。有人认为，1700年，孟加拉国有一种波音达犬极似斑点犬；也有人认为，该犬是由印度经土耳其最终到达南斯拉夫的流浪犬；在古埃及壁画中就有此犬图形，故有人怀疑该犬是埃及的犬种。斑点犬当时被用于马车引导犬。在没有交通标志的年代，它的出现便可告诉人们马车就要来了，所以有"马车夫犬"的别称。

斑点犬全身具有水珠样斑点的短毛。被毛硬、密而有光泽，毛色多为白底黑斑，黑斑的位置和密度对确定该犬有很大的价值。仔犬出生时常为纯白色。该犬头长度适当，头盖骨平；额段明显；两耳间略宽，耳根高，耳朵宽薄下垂；眼大小适中，呈圆形，黑斑点犬眼为黑褐色，褐斑点犬眼为淡褐色；鼻梁直；嘴长，唇紧闭；前腿骨粗短，后腿肌肉发达，飞节低；尾根高，尾呈鞭状；成年犬体高为 55～63 cm，体重为 20～27 kg。

图 1-17　斑点犬

斑点犬有耐力，适于赛跑；记忆力强，防卫性能好。它对人忠诚、喜与人为伴、乐于与儿童一同游玩；它易被驯养，但不愿受约束。斑点犬可作为看家犬、狩猎犬、拉车犬、军用犬。

(12)贵妇犬

贵妇犬很早以前就在欧洲大陆被饲养，可能起源于法国、德国、丹麦、葡萄牙等国。为了能适应于水中作业而修剪被毛，冬季为了保护心肺脏器而保留胸部的毛，为保护关节而保留关节周围的毛，于是变成了现在的美丽容貌。这种美容修剪方法早在 16 世纪时便已开始流行了。

贵妇犬有 3 种类型，即标准型：体高 38 cm 以上，体重约 22 kg；小型：体高 25～38 cm，体重约 12 kg；玩具型：体高 25 cm 以下，体重 7 kg 以下。被毛长而鬈曲，毛色有黑、白、蓝、褐、乳白、银色等单色。身体呈方形，背短，腿直，尾短，口鼻部长。

图 1-18　贵妇犬

贵妇犬自然习性好，聪明，善于表演；胆大，快乐活泼，爱出风头；易训练，但有神经质，好生气；听力和方向性很强，比一般犬更善于理解人的语言；乐于洗浴和修剪；能同儿童一起玩耍，是聪明、美丽而又迷人的伴侣犬。

（13）大狐狸犬

大狐狸犬可能是所有家犬的祖先。通过考古发现，该犬在几千年前就生活在亚洲、非洲、北欧等地，是一个非常古老的犬种。它有狐狸的体貌特征：耳小，呈三角形，向前直立；鼻梁直；吻部尖短；颈部被毛丰富，尾卷曲，毛色有黑色、白色及狼青色等多种。成年犬体高 40 cm 左右，体重约 18 kg。它是活泼、聪明、敏锐、快乐、忠诚的伴侣犬；对陌生人疑心重，故又可作报警犬。

（14）日本狗

又称日本狮子犬。毛色白底黑斑、赤斑，斑点以在耳、面颊、身躯、尾根处呈左右对称者为佳。头部与足部被毛较短，其他部位毛长，呈绢丝状，略微蓬松，耳、颈、尾有丰富的饰毛。成年日本狗体重 2～4 kg，体高 20～26 cm。

图 1-19　日本狗

图 1-20　蝴蝶犬

（15）蝴蝶犬

又称巴比伦狗、蝶耳狗，原产于西班牙。在 16 世纪，由西班牙的猎鹬犬培育而来，后引入法国，以其双耳似蝴蝶翅膀而得名，深受贵妇人的欢迎。

该犬被毛丰满，呈丝状，有光泽，不鬈曲，无下毛；毛色有赤白、黑白、红宝石色和白色等；头较小；鼻梁短，鼻头黑色；眼圆，较大；唇宽；尾根高。成年犬体重 1.4～5.5 kg，变化较大，但以 1.5～3 kg 最为理想；体高 20～30 cm。

蝴蝶犬性情温顺，活泼，灵敏，体质健壮，善捕鼠，是很好的玩赏犬。

（16）大丹犬

又称丹麦大狗，原产于丹麦。它由爱尔兰灰猄与英国獒杂交育成。被毛短厚、平滑，富光泽；毛色有黄褐、虎斑、蓝、黑、黑白花 5 种；头呈方形；耳厚大，向前倾垂；眼呈杏形；肩胛骨粗壮；后腿发达。成年犬体重 60～70 kg，体高 70～90 cm。大丹犬性情温顺，注意力集中，敏捷，勇敢，是很好的看家犬。

（17）灵猄

又称格雷犬、埃及赛犬、格力犬、大灰狗，原产于埃及，是世界上最早的家犬品种之一。此犬体型为典型的流线型。毛色有赤、黄褐、黑、白等几种；毛短，平滑；头盖骨狭长，头顶平；耳小且薄，向后方倾倒；鼻梁直，鼻头黑色；嘴长，尖细。成年犬体重 29～35 kg，体高 60～65 cm。该犬性情温和，聪明，嗅觉敏锐，奔跑迅速，可作为看家犬、狩猎犬、赛犬。

（18）圣伯纳犬

原产于瑞士。公元 962 年被饲养于阿尔卑斯山的圣伯纳救济院中，以救助迷路的旅客而闻名于世。圣伯纳犬体型似西藏獒犬。被毛呈赤、橘色与白色，嘴、眼、耳有黑毛，被毛有长毛与短毛两种，毛质稠密平深；头盖骨大而宽，头顶略呈圆形；耳下垂，贴于两颊；眼下陷、色暗，两眼距离宽；鼻梁直短，鼻头大，呈黑色；前肢骨粗直，后肢肌肉发达；尾根高，尾长且下垂。成年犬体重70～90 kg，体高 65～85 cm。该犬聪明、温顺，对主人忠实，可用于救难、看家等。

图 1-21　圣伯纳犬

（19）比利牛斯山犬

原产于西班牙比利牛斯山脉，1675 年成为法国国王路易十四的宫廷犬。其被毛长而柔软，颈部有鬃毛，四肢多饰毛。因其全身被毛洁白，故又称大白熊犬、"白毛贵族"。成年犬体重 45～55 kg，体高 65～80 cm。

（20）苏格兰牧羊犬

原产于苏格兰北部。自古以来，该犬就被当地牧民用作牧羊犬，因苏格兰

北部高地上的羊的头和脚都是黑色
的，故称之为"Collie"（黑色的意思）。
牧羊犬也被称为 Collie Dog（或 Colley
Dog），曾被音译为"可丽犬"。根据
其毛长，可将苏格兰牧羊犬分为长毛
牧羊犬和短毛牧羊犬。毛为白黑、白
黑黄和白黄色；被毛长密，有鬃毛，
富光泽，下毛密生柔软，但头、口、
鼻部及耳的末梢毛短，其颈下或胸前
多白色的褶状长毛称为荷叶毛；其四
肢多饰毛，犹如穿上时髦的裙裤一

图 1-22　苏格兰牧羊犬

般，使体态显得十分优美；头肉少呈
楔形；鼻梁直；眼呈杏形，明亮；前肢肩胛骨长，向前倾斜；后肢直而有力；
尾长，静止时低垂于两脚间。成年犬体重 25～34 kg，体高为 56～66 cm。苏
格兰牧羊犬性情开朗、敏锐，气质高雅，有时善吠叫，可作看家犬、牧羊犬。

（21）老式英国牧羊犬

原产于英国的迪弗郡。在 17 世纪，
由当地的犬与长毛牧羊犬、苏俄牧羊犬
杂交选育而成，又经英国獒改良，以提
高体型。因其后代中出现无尾犬，故又
将该犬称为无尾犬（即使有尾巴，也要
经过截短处理）。该犬被毛丰厚，呈波
浪状，下毛具有防水功能；颜色有暗
灰、蓝、蓝灰带白斑，或白色带蓝灰色
斑等。成年犬体重 30～35 kg，体高为
55～65 cm。老式英国牧羊犬性格沉稳，
友善、忠实，喜欢与人亲近，可用于看
家、牧羊。

（22）秋田犬

原产于日本本州西部的秋田地区，
是日本犬中体型最大的品种之一。它原

图 1-23　老式英国牧羊犬

被作为斗犬，1921 年禁止斗犬运动后，被日本政府定为天然纪念物而加以保

护，现被用作伴侣犬。秋田犬被毛长度中等，毛质硬，下毛密生而柔软；毛色有黑、白、赤和棕色等；头盖骨大，额宽，额段明显；两颊十分发达；鼻梁直，鼻头大，色黑；耳较小、厚，呈三角形；眼较小，呈三角形，色浓褐；吻略短。尾朝背部卷起，有修饰毛。成年犬体重 35～45 kg，体高为 58～71 cm。该犬沉着，顺从，忠实，气质高雅，智勇双全，深受人们的喜爱，可用于看家、观赏、狩猎、搏斗。

(23)斗牛犬

原产于英国。1209 年开始将此犬用于与公牛作残酷角斗的游戏，故得名"斗牛犬"。1840 年斗牛比赛被禁止后，为保护该犬，于 1864 年成立了斗牛犬俱乐部，现已成为英国国犬。该犬体形与头像小牛犊。被毛短而密生，具光泽；颜色为棕褐色和白色，没有全黑色；头部宽广；脸颊的皱褶延至眼睛两侧；鼻短而阔；耳小而薄；眼大有神；胸部极为宽广，全身肌肉发达。成年犬体重 22～25 kg，体高 30～40 cm。斗牛犬虽完全保持了原来凶悍的外表，但个性已变得善良、忠诚、顺从，成为男士表现风格的伴侣犬。它勇敢刚毅，是理想的看家犬和护卫犬。

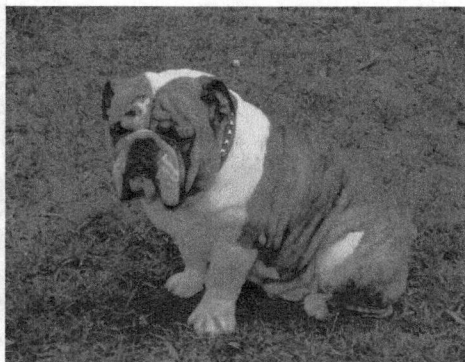

图 1-24　斗牛犬

(24)德国牧羊犬

原产于德国。又称德国狼犬。在 6 000 年以前，该犬就已为人类牧羊了。从 1890 年开始，史蒂芬尼斯先生与马艾尔先生有计划地将其选育，育成为当今的优秀犬种。德国牧羊犬被毛长度适中，上毛直而硬，下毛丰厚；毛色为黑色、黑色带浅黄褐色或黄褐色斑纹、灰色、灰褐色等；主要流行"黑背黄腹"。该犬为典型的狼犬类，头宽，额段明显；吻长适度，开阔，剪式咬合。成年犬体重 30～40 kg，

图 1-25　德国牧羊犬

体高 55～65 cm。

它擅长疾行，行走姿态优雅；听觉、嗅觉灵敏，视觉敏锐；情绪稳定，忠实而勇敢，有较强的观察力、记忆力和耐力。易于训练，并能对突发事件作出快速反应，具有一般工作犬的各种技能，故有"万能工作犬"之称，被广泛应用于军事、救援、导盲等工作。

(25)拉布拉多猎犬

原产于北美洲拉布拉多半岛。在加拿大纽芬兰岛，将它用于狩猎水鸟。19 世纪它被传入英国，在 1900 年被正式确认。该犬被毛短而密生；毛色有黑色、巧克力色、黄色等。头宽，前额平；鼻阔，鼻孔大；两耳大小适中，垂于面颊后方；眼睛褐色；颈部粗壮；前肢骨粗而直立，后肢略倾斜，膝关节与飞节弯曲；肌肉发达，力量强；足垫厚，爪黑；尾粗长，上扬。成年犬体重 27～35 kg，体高 55～65 cm。该犬嗅觉灵敏，泳技精湛，性格活泼，机敏，忠实，温顺，现多用作伴侣犬和导盲犬。

(26)指示犬

又称波音达犬（Pointer）。原产于英国。因它能在荒山野岭中迅速找出猎物，并用鼻子、身躯和尾巴呈一

图 1-26　拉布拉多猎犬

条直线指向目标，故名指示犬。成年犬体重 25～35 kg，体高 60～68 cm。该犬步态稳重，速度快；嗅觉灵敏，反应快；耐力强。它对主人温顺，服从性好，从不傲慢无礼，经训练可成为优秀的狩猎犬，是世界上深受猎人喜爱的犬种之一。

(27)戈登猎犬

原产于英国，又称金毛寻回犬、金毛猎犬。该犬被毛平而服帖，有波浪纹，下毛丛生具有防水功能；毛色金黄或黄色。成年犬体重 27～36 kg，体高 53～61 cm。该犬身体结实而精力充沛，具有水陆两栖的工作性能，是一种反

应灵敏、行动迅速、性情活泼、感情丰富、耐力强的猎犬。它个性好，能和儿童一起友好地玩耍，已成为一种备受珍爱的伴侣犬与家庭犬。

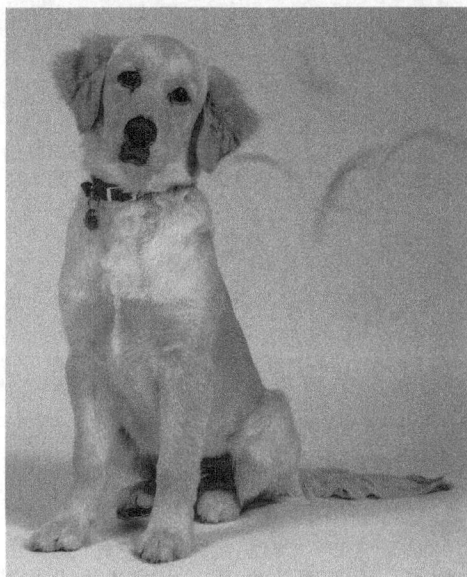

图 1-27　戈登猎犬

（28）戈登塞特犬

原产于苏格兰，又称戈登雪达犬，因戈登公爵培育而得名。该犬被毛长，多饰毛；毛色黑带赤点。成年犬体重 30 kg 左右，体高 66 cm。它是一种适应性强、能与主人友好相处、惹人喜爱的狩猎犬。

（29）万能犬

又称亚雷特㹴，原产于英国的 Airedale 溪谷，为欧达猎犬、黑褐犬、猎狐犬、斗牛犬等杂交培育的犬种。该犬头、胸、四肢毛为黄褐色，被毛细针状；头长且平；耳高立于侧方；鼻梁直到鼻头黑色；嘴长；后肢肌肉发达；成年犬体高 55～65 cm，体重 20～27 kg。该犬机敏、聪明，适应性、记忆力均强，可用于看家护院、狩猎侦察等。

（30）美国可卡犬

又称美国小猎犬，原产于美国，祖先是西班牙的猎鸟犬，到英国后成为猎山雉的能手，故被取名为"Cocker"（猎雉犬），1924 年被引入美国，改良为小型而美丽的犬。该犬被毛土黄色、奶油色、黑色、黑褐色等；耳根低于眼睛的底线；鼻孔大，鼻头黑、褐两色；嘴宽；眼杏形。成年犬体高 30～40 cm，体重 7～10 kg。该犬聪明温顺，可用于玩赏、看家、猎鸟等。

图 1-28　美国可卡犬

（31）波士顿㹴

原产于美国波士顿市，由英国斗牛犬、法国斗牛犬与英国㹴犬杂交培育而成，是美国产的犬种中最聪明、最受喜爱的一种。其被毛短，平滑，富光泽，呈虎斑；头盖略呈方形，头顶平，无皱纹；鼻梁短、鼻头黑；眼圆大，色暗；嘴方形、短；成年犬体高 30～40 cm，体重 7～10 kg。该犬聪明、忠实，感情丰富，可用于玩赏、看家等。

（32）西高地白犬

原产于英国的西部高原。该犬毛纯白；上毛坚硬直立，下毛柔软浓密；耳根高，呈小三角形，向前方直立；鼻梁直，渐向前尖，鼻头黑色；嘴宽。成年犬体高 20～30 cm，体重 5～9 kg。该犬奔跑速度快，狩猎效率高；忠实，理解力强；华丽，活泼。可用于玩赏、看家、狩猎等。

（33）威尔士柯基犬

原产于英国的威尔士。该犬被毛呈赤、黄褐、黑褐色；耳大，向前直立；头盖宽；鼻梁直，鼻头大，黑色；眼略呈圆形。成年犬体高 25～30 cm，体重 10～15 kg。威尔士柯基犬警戒心强，胆大，聪明，温顺，可用于玩赏、看家等。

1.2　犬的生活习性

犬属于哺乳动物纲，食肉目，犬科，犬属，犬种。经过几千年的驯化，犬的一些生物特性已经发生了改变。了解犬的生活习性，我们才可以科学地饲养管理犬，并能与犬和谐相处。

1. 有明显的等级观念

犬的等级观念与其进化历史是分不开的。犬的祖先狼和其他群居动物一样，通过优胜劣汰，在群体中产生了主从关系。在三五成群的犬中，往往有一只头犬。头犬的地位常通过一些具体的动作特征表现出来，如它被允许检查其他犬的生殖器官，不准其他犬在某些地方排尿，其他犬见之摇头、摆尾表示顺从、讨好等。由于这种等级观念的存在，使群内各犬不会为互相争抢食物或生存空间而发生争斗，从而保证了犬群的稳定。

2. 有藏匿食物的习惯

犬被驯养至今，仍保留了其祖先的一些特性，如有埋藏骨头和食物的习惯。在外放养的犬，一旦找到食物，便藏在一个角落津津有味地独自享用，或将食物埋藏起来。

3. 有特殊的护仔行为

母犬产仔后表现得特别凶恶，除吃食和排便外，一般不会离开仔犬，也不允许人或其他动物接近仔犬，防止仔犬受到伤害。一旦有人接近，便会怒目直视，甚至发动攻击。母犬喜欢吐出食物喂幼犬，以使幼犬在不能自行采食前能得到食物。仔犬在 3 周龄前，母犬常舐仔犬阴部以促其排尿、排粪，并保持仔犬清洁。母犬这种护仔行为的强弱，可作为选择母犬的重要条件。

4. 有攻击人或犬的恶习

犬常常把自己经常活动的范围看成是自己的领地，为了保护自己的领地、食物或主人的物品，不允许生人和其他动物进入。如果他人或动物进入，常会遭到攻击。因此，在养犬过程中应注意预防，以保证人员的安全。

5. 喜欢人摩其头颈部

当人拍、摸、摩犬的头颈部时，犬会有一种亲切感，但切忌乱摸其臀部、尾部，一旦触摸这些部位，往往会引起其反感，有时还会遭到攻击。因此，在饲养过程中可利用犬的这一特性，与犬保持亲善、和谐的关系，使犬能够顺从管理。

6. 有食粪的不良习惯

部分犬喜欢食粪便，所食粪便可能为人粪或犬粪。由于粪便中常有寄生虫卵和病原微生物，犬吃后易引起疾病传染，故应加以制止。为了防止犬吃粪便，可在饲料中添补维生素或矿物质。

7. 感情淳厚，忠于主人

犬与主人相处一段时间后，就会与主人建立起浓厚纯真的感情。当主人遇到不幸后，许多犬都会表示悲伤，表现为不吃东西，或对任何事情都不感兴趣，无精打采。人、犬相处时间越长，犬的这个特点表现得越突出。它们绝不因主人对自己一时的训斥或武断而背弃逃走，也绝不会因主人家境贫寒而易主，这就是俗话所说的"犬不嫌家贫"。它们有与主人同甘共苦的情感。当与主人分别一段时间再重逢时，它们会表现出极度兴奋与亲昵。

犬对自己的主人有强烈的保护心和绝对的服从精神，可拼死相助主人，并且奋勇当先、奋不顾身去完成主人交给的任务，有时会做出令人们惊叹不已的事情，如通过训练，能计数、识字等。

8. 记忆力很强

犬的时间观念和记忆力很强。在时间观念方面，每一个养犬的人都有这样的体会，每到喂食的时间，犬都会自动来到喂食的地方，表现出异常的兴奋。如果主人喂食稍晚，它就会以低声的呻吟或扒门来提醒。在记忆力方面，犬对饲养过它的主人和住所，甚至主人的声音都有很强的记忆能力。所以犬的归向性很好，能从百里之外返回主人家中。有人认为这与犬有很强的记忆能力有关；也有人认为这与犬的嗅觉有关，依靠其灵敏的嗅觉来寻找归路。利用犬的时间观念和记忆力很强这一特性，可训练犬排粪排尿、饮食、睡眠三定位，使三者有固定的位置，这样有助于保持犬舍清洁、干燥。

记忆是暂时神经联系的形成、巩固和恢复的过程，即一定的神经冲动通过一定的通道进入大脑，大脑中听、嗅、视等相关神经元之间反复作用形成暂时的联系，通过巩固作用在大脑皮质上留下痕迹，这就是识记和保持的过程。这种痕迹在相应的刺激作用下会再度活跃起来，这就是回忆或再认识过程。犬有很强的回忆力和定向力，对自己走过的路、感兴趣的人和物、机械刺激等记得很清楚。

经研究，犬有 3 种记忆方式：

（1）机械记忆：是犬的天赋，能使犬省力、有效、机械地重复过去的活动。

（2）情感记忆：是犬在特定的条件下重复以前的心理状态，如猎犬见到主人拿枪会表现出狩猎时兴奋的神情。

（3）联想记忆：是犬极其重要的记忆形式，没有这一点，许多训练工作就不可能进行。然而，有些联想是有益的，有些则是有害的。如驯犬过程中，发出口令"坐""卧"间隔时间始终为 5 s，那么犬记住的不再是口令而是间隔时间，5 s 后犬便会自动地改变姿势。越聪明的犬越容易形成不良的联想，因此，在驯犬时要注意防止不良联想的形成。

9. 嗅觉很灵敏

犬的嗅觉灵敏度位居各畜之首，对酸性物质的嗅觉灵敏度要高出人类几万倍。犬灵敏的嗅觉主要表现在两个方面：一是对气味的敏感程度；二是辨别气味的能力。犬的嗅觉器官主要是嗅黏膜，位于鼻腔上部，表面有许多皱褶，其面积约为人的鼻腔皱褶的 4 倍。嗅黏膜内有两亿多个嗅细胞，是真正的嗅觉感受器，嗅细胞表面有许多粗而密的绒毛，这就扩大了细胞的表面积，增加了与气味物质的接触机会。所以能辨别出空气中多种微弱气味，甚至能嗅到精密仪器也不能测出的气味。如受过良好训练的警犬能辨别 10 万种以上不同的气味。犬的嗅觉在其生活中占有十分重要的地位。犬主要根据嗅觉识别主人、鉴定同类的性别、接收发情信号、进行母仔识别、辨别方位与食物等。

10. 听觉非常灵敏

犬不仅可分辨极为微弱的极高频率的声音，而且对声源的判别能力也很强。有人测试，人在 6 m 远处听不到的声音，犬在 24 m 远处可清楚地听到；犬听觉的灵敏度是人的 16 倍；犬在晚上睡觉时也保持着高度的警惕性，对半径 1 000 m 内的各种声音能分辨清楚。这一特点对于看家犬和狩猎犬来说是非常重要的。但对于犬来说，突如其来的声音，如大喊大叫、主人的严厉训斥，会使其产生恐惧感，导致情绪无法稳定，身体发生一系列的变化，如呼吸加快、全身发抖、脉搏加快、体温升高，产后不久的母犬还可能发生吃仔犬的现象。这一点在犬的管理中要特别注意。

11. 视觉较差

犬是色盲，在犬的眼里，世界如同黑白电视里的画面一样，只有黑白亮度的不同，而无法分辨色彩的变化。另外，犬的暗视力比较灵敏，在微弱的光线下也能看清物体。这说明犬仍然保持着夜行性动物的特点。犬眼球调节能力只及人的 1/5～1/3，但其视野非常开阔，由于犬的头部转动非常灵敏，它可以做到"眼观六路，耳听八方"。

12. 味觉迟钝

犬在吃东西时，很少咀嚼，几乎是在吞食。因此，犬不是通过细嚼慢咽来品尝食物味道，主要是靠嗅觉和味觉的双重作用。利用这一特点，在准备犬的饲料时，要特别注意食物气味的调配。

13. 表情变化较丰富

犬的喜怒哀乐可通过其全身各部位的变化表现出来，所以可根据犬的情绪变化来调节对犬的饲养和管理方式。但犬的表情变化也有一定的局限性，与人类相比就显得简单得多，有的表现非常细微，必须仔细观察才能掌握。比如耳朵是表现犬的情绪的重要部位，高兴时耳朵下垂，愤怒时耳朵也下垂。尾巴也是最能表现情绪的部位，在情绪紧张时，尾巴会霎时呈僵直状；害怕或胆怯时，尾巴常卷入两股之间，即所谓的"夹着尾巴"；心情愉快时，尾巴摇个不停；兴奋时，尾巴则高高竖起。在饲养犬的过程中，我们必须借助于犬的声音、眼神及身体各部位的变化，正确地了解犬的情绪变化，从而采取恰当的饲养管理方法和措施。

14. 不耐热

犬生活的最佳温度为 15～17 ℃。如温度较高，体内热量排不出去，体温就会上升。如果空气相对湿度超过 65％，犬的散热就会严重受阻，表现出张口伸舌，依靠唾液中水分的蒸发来散发热量。如果温度超过犬的忍受能力，则易发生热射病而造成死亡。犬在较高温度下，为了散热，会在地面或水中打滚，这是犬防暑降温的一个自然方式。因而在夏季管理中，应对犬的这些行为保持关注。除防暑外，由于仔犬皮下脂肪少、皮薄、毛稀、体表面积相对较大、体温调节机能还不完善以及肝糖原、肌糖原贮备少，故怕冷怕潮湿，还应注意保温工作，否则仔犬易被冻死。

15. 喜吃肉食和腥味食物

长期的家养与驯化，使犬已经适应杂食。但其本性决定了它最喜欢吃的是动物性蛋白和脂肪，如各种肉类和鱼类。若在食物中加一些腥味食物，如加适量肉汤、鱼汤等，会增强其食欲。利用这一习性，在犬的饲养管理过程中，应注意饲料的调制，注意动物性蛋白和植物性蛋白之间的搭配。

16. 爱好清洁、厌恶潮湿

犬不在吃和睡的地方排粪、排尿，喜欢将粪、尿排在墙角和潮湿、荫蔽、有粪便气味处。因此，在管理中，只要我们稍加指点和调教，极易训练犬在固定地点排粪、排尿，养成良好的卫生习惯，使犬舍内保持清洁和干燥。

17. 仍保有部分夜行动物习性

犬对光和火有强烈的恐惧感，这是犬对自然现象的一种本能警戒。犬在野生时期是夜行性动物，白天睡觉、晚上活动，被人类驯化后与人的起居基本保持一致，改为白天活动、晚上睡觉。但与人不同的是，犬不会从晚上一直睡到早晨，而且睡觉时始终保持着警觉状态。有人认为犬在睡觉时对于气味的反应完全停止，而对声音却特别敏感。犬睡觉的姿势总是将头朝向外面。犬每天需14～15 h的睡眠时间，在白天和黑夜分段睡眠。

18. 犬的学习和印记或记忆特点

犬的学习能力很强，通过学习可获得许多行为模式，使犬的适应能力更强，情感更丰富。一般犬通过模仿、悟性、条件反射、探求、印记、习惯化来学习，最终使自己的某些行为发生比较持久的变化。

（1）模仿

是犬的主要学习方式。通过观察动作或听取声音来模仿同类的行为，一般经历4个步骤，即注意、记忆、行动、效果，而每次行动之后都能得到好的效果，会强化它的行为。

（2）悟性

是犬最高级的学习方式。指犬将两个以上独立经验结合起来，合成一个新经验的能力。犬的悟性学习能力较强。

（3）条件反射

是犬学习的常见形式。指犬的大脑中形成一条由条件刺激中枢通向非条件刺激中枢的暂时神经通路。条件反射具有行为不断在先，效果在后，行为的后果成为以后行为原因的特点。

（4）探求

是一种潜在性的学习方式。犬对新事物总会表现出好奇，并通过看、听、嗅、触等认识新事物、新环境。犬可通过这种学习方式了解事物的物理特性和空间位置关系。

（5）习惯化

指犬对于那些既无积极效果，又无消极效果的无关刺激，会变得无动于衷而不再加以反应，从而节省个体精力，免除不必要的行为反应。

（6）印记

印记是动物发生在生命早期的一种快速且非常稳固的学习形式。犬的印记有4个特点：①印记只发生在出生后较短的时间内，就犬而言，发生在行为发育阶段的社会化时期，为犬出生后4～6周龄，此时犬的感觉功能日渐完善，具备了印记学习的基本条件。②印记一旦形成就非常牢固，甚至可终身不忘。③印记虽然发生在生命活动的早期，但却能够影响以后的若干行为，如性行为和群体行为等。④犬开始时只对大体特征予以反应，以后随着识别能力的增强，可改为对详细特征发生反应，如犬幼小时的生活经验对成年后的攻击性行为有很大影响。

在养犬过程中要充分利用犬的印记现象，在28～42日龄时加强与幼犬接触，让它们习惯人的气味和声音，这样犬与人较易形成稳定、永恒的朋友关系。相反，若这一阶段没有与人交往，那么犬将远离人类。

19. 犬的思维特点

犬与人类经过了一万多年的相处，已完全融入我们的生活。也正因为如此，使得大家常犯一个错误——经常用人的思维解释犬的行为动机，忽略了犬的独特思维。这种错误的观念，使我们在与犬的沟通及管教与训练犬时产生了很多的问题。您知道您的爱犬在想些什么吗？它对您又有些什么样的感觉呢？只有了解犬的思维模式，才能进入它们的内心世界，并进一步与它们建立正确的关系。犬不会对它们的生活做任何比较或评断，更不会在意主人的身份、地位、职业及财富的多寡。人们把它打扮得花枝招展，喂它们最贵的食物。殊不知，这样做所满足的只不过是人的需求罢了，而且受到过度溺爱的犬往往会不服从主人的管教，进而挑战主人的领导地位，产生种种问题。

犬以直觉与经验作为行动的依据，生活在自然世界里。人则以道德及价值作为行为准则，生活在感情世界中。因此，在纠正犬的错误行为时，不能以人类的首先规范来说服它们，更无法和它们谈条件，而只能以直接的手段来制止，让它们清楚地知道错误之所在。犬一旦犯错误应立即加以制止或处罚，事前或事后处罚都是白费力气；处罚的态度要一致，不论何时何地犯错误都要处罚。否则，犬会觉得莫名其妙，无所适从。所以对爱犬管教的态度一定要从小养成，坚决贯彻执行，不能有丝毫的松懈。

1.3　犬所需要的营养物质

当前世界上各种宠物饲料由 100 多种化学元素组成，其中的绝大部分化学元素并非以单独形式存在于饲料中，而是互相结合成为复杂的无机化合物与有机化合物。在已知的 100 多种元素中，和犬的生长发育有密切关系的有 19 种。在这 19 种元素中除碳(C)、氧(O)、氢(H)主要以有机化合物形式存在外，其余各种元素无论其含量多少，可统称为无机盐。无机盐中含量较多的钙(Ca)、镁(Mg)、钾(K)、钠(Na)、磷(P)、硫(S)、氯(Cl) 7 种元素称为常量元素。铜(Cu)、碘(I)、铁(Fe)、锰(Mn)、锌(Zn)、硒(Se)、钴(Co)、氟(F)等含量甚少(占动物体重 0.01% 以下)，称为微量元素。

饲料中虽然含有 100 多种元素，但是在实际分析饲料的营养成分时并不是检测每一种元素有多少，而是根据生产需要，检测由这些元素组成的各种营养物质如各种维生素和各种微量元素。用一般的饲料分析方法可以将饲料中的营养物质分成六大类，它们是：水分、粗蛋白质、粗脂肪、粗纤维、粗灰分和无氮浸出物。

1. 水分

水在饲料中以游离水和结合水两种状态存在，游离水也叫自由水，存在于细胞之间，容易挥发，一般风干饲料就是指失去自由水的饲料。结合水又叫束缚水或吸附水，不易挥发，要在 $100\sim105$ ℃时才能烘干。饲料失去自由水的重量叫风干重，失去自由水也失去结合水的重量叫干物质重。因饲料种类的不同，含水分多的饲料，干物质含量少，单位重量营养价值也低。水分少的饲料，如粗纤维含量低，则营养价值高；如粗纤维含量高，则营养价值低。各类饲料的水分含量见表 1-1。

表 1-1　各类饲料的水分含量

饲料种类	水分含量/%
动物性饲料	$10\sim11$
谷实类	$8\sim14$
糠麸类	$11\sim14$
油饼类	$9\sim14$
青干草类	$8\sim15$
青饲料	$70\sim90$

水是犬维持生命活动所必需的营养物质之一。犬体内水分的分布，以血液中含量最多，达80%以上；肌肉次之，为72%～78%；骨骼约为45%。由于年龄和营养状况的不同，其体内所含水分也有明显变化，幼龄时水分含量多，随年龄的增长而逐渐减少。

犬体内所有的生理活动和各种物质的新陈代谢必须有水的参与才能顺利进行。构成机体的细胞和组织由于吸收了大量的水，才具有一定的形态、硬度和弹性；营养物质的吸收和运输、代谢产物的排出，都需要溶解在水中之后才能进行；机体代谢过程中产生的热量，经水带到皮肤或肺部散发，因此，水还具有调节体温的作用。犬体内没有特殊的贮藏水的能力，失水将比断食更快引起死亡。当犬体内水分减少8%时，即会出现严重的干渴感觉，食欲降低，消化减缓，并因黏膜的干燥而降低对传染病的抵抗力。长期饮水不足，将导致犬血液黏稠，造成循环障碍。因此，必须给犬提供足够的饮水。

2. 粗蛋白质

饲料中含氮物称为粗蛋白质。因为蛋白质的平均含氮量为16%，因此，测定出饲料中氮素含量乘以6.25(100/16)即为粗蛋白质量。之所以叫做粗蛋白质，是因为饲料中还有一些氨化物也含有氮，在测定氮素含量时这部分氮素也包括在内，所以粗蛋白质包括纯蛋白质和氨化物两部分。纯蛋白质由多种氨基酸结合而成，不同种类的纯蛋白质所含的氨基酸种类也不同。氨化物包括游离氨基酸、铵盐和硝酸盐等。粗蛋白质主要由碳、氢、氧、氮四种元素组成，有时也含有少量的硫、磷和铁。

不同种类的饲料所含粗蛋白质的数量和品质有很大差别，一般来说，鲜嫩的植物比枯老的植物含有较丰富的蛋白质；豆科植物比禾本科植物含有较多的蛋白质，而且品质较好。动物性饲料一般蛋白质含量都较高，而且品质好。各类饲料中粗蛋白质含量见表1-2。

表1-2　各类饲料中粗蛋白质含量

饲料种类	粗蛋白质含量/%
动物性饲料	35～85
油饼类	22～47
豆科植物子实类	18～40
糠麸类	10～17
禾本科植物子实类	7～13
豆科植物青干草类	15～20
青饲料	1～5

蛋白质是犬体组成的物质基础，它不但参与体细胞的组成、构成肌肉中的肌球蛋白、血液中的血红蛋白，而且也是维持犬正常生理活动的生物催化剂、酶、激素、抗体等的基本组分。可以这样说，蛋白质参与了犬体内的各种生命活动，因此，蛋白质是犬饲料中所必须含有的有机养分。

不同类型及年龄的犬由于对饲料的利用率不同，因而对饲料中蛋白质的需要量也是不同的。成年犬每天所需的蛋白质为 4.5 g/kg 体重。普通犬饲料中蛋白质含量的最低标准为 16％（以干物质为基础），但对于配种、妊娠期的成体犬和哺乳期的幼仔犬应将蛋白质的含量提高到 21％～23％。除此外，生熟食品对蛋白质的吸收率也有一定影响，如高温处理的豆类子实可以提高蛋白质的利用率，而动物性饲料经高温处理后，则会降低蛋白质的利用率。

饲料中蛋白质的营养价值取决于其所含必需氨基酸的种类和比例。所谓必需氨基酸就是在犬体内不能充分合成以满足自身代谢需要的一类氨基酸。必需氨基酸有 10 种，一般由饲料来补给，它们是赖氨酸、蛋氨酸、色氨酸、缬氨酸、亮氨酸、异亮氨酸、苯丙氨酸、苏氨酸、精氨酸、组氨酸（表 1-3）。饲料中这 10 种氨基酸必须保持一定的平衡，才能维持其正常的营养，缺乏任何一种，都会影响其他氨基酸的利用。除必需氨基酸外，非必需氨基酸也是机体所需要的，这一类氨基酸可以由自体组织合成。

表 1-3　犬对蛋白质和氨基酸的需要量　　　单位：g/kg 体重

营养物质	成年犬	幼年犬
蛋白质	4.5	9
精氨酸	0.07	0.27
组氨酸	0.06	0.25
赖氨酸	0.06	0.21
异亮氨酸	0.08	0.33
亮氨酸	0.11	0.37
缬氨酸	0.085	0.30
色氨酸	0.015	0.06
蛋氨酸	0.07	0.19
苏氨酸	0.055	0.06
苯丙氨酸	0.065	0.14

动物性饲料和植物性饲料中蛋白质的含量差异很大，在配比时应注意动物性饲料中必需氨基酸种类完全，且比例适当，利用率较高。植物性饲料中氨基酸含量较少，种类不全，利用率较低。由此可见，动物性蛋白质的营养价值要

稍高些。在饲料配比中，最好将几种饲料配合使用，充分利用氨基酸的互补作用，最大限度提高饲料的营养价值。

3. 粗脂肪

粗脂肪是能溶于有机溶剂（如乙醚等）的物质的总称。脂肪由碳、氢、氧三种元素所组成。因饲料种类的不同，所含脂肪量也不同。植物不同部位所含脂肪量也不同，根部含量最少，茎叶含量居中，子实中含量比较高。豆科植物的脂肪含量高于禾本科植物。除大豆外，豆科植物子实的脂肪含量比禾本科植物子实要低。各类饲料中粗脂肪含量见表 1-4。

表 1-4　各类饲料中粗脂肪含量

饲料种类	粗脂肪含量/%
禾本科植物子实类	$1\sim5$
豆科植物子实类	$15\sim16$
动物性饲料	$4\sim12$
油饼类	$6\sim8$
糠麸类	$4\sim12$

脂肪中有一种必需脂肪酸——亚油酸，在体内不能合成，必须从饲料中获得。必需脂肪酸是合成前列腺素的原料，与胆固醇的代谢、受损组织的修复及精子的形成等有着密切的关系。

长期以来认为有 3 种不饱和脂肪酸，即亚油酸（$C_{18}：2$）、亚麻酸（$C_{18}：3$）和花生四烯酸（$C_{20}：4$）是动物所必需的脂肪酸，然而近年的研究表明，亚麻酸不属于必需脂肪酸，花生四烯酸在动物体内可由饲料供给。

脂肪是机体所需能量的重要来源之一。每克脂肪充分氧化后可产生 39.33 kJ 热量。脂肪是构成细胞、组织的主要成分，也是脂溶性维生素的溶剂，可促进维生素的吸收利用。

贮存于皮下的脂肪层具有保温作用。犬所需要的脂肪，主要从饲料中摄取，也可以由体内的蛋白质和糖转化为脂肪。

进入体内的脂肪必须被降解为脂肪酸后才能被机体吸收。当饲料中缺乏脂肪酸时，会引起犬严重的消化障碍，以及中枢神经系统的机能障碍，出现倦怠无力、被毛粗乱、性欲降低、睾丸发育不良或母犬发情异常等现象。但高脂肪的日粮也是不科学的，因为脂肪摄取过多，会使食物摄入总量减少。一般来说，幼犬每日每千克体重需要脂肪量折合成干物质计算，以含 12%～14% 为宜。

4. 粗纤维

粗纤维由纤维素、半纤维素、木质素等成分组成，是植物细胞壁的主要成分，也是饲料中最难消化的营养物质。由于饲料种类的不同，含纤维素量有明显差别，动物性饲料，如鱼粉几乎不含粗纤维。在植物体中，粗纤维的含量因生长阶段的不同而有差别，幼嫩时粗纤维含量低，生长后期粗纤维含量增加。植物部位不同，粗纤维含量也不一样。一般是茎部含量少，果实、块根和地下茎含量更少。各类饲料中粗纤维含量见表1-5。

表 1-5　各类饲料粗纤维含量

饲料种类	粗纤维含量/%
秸秆类	26～48
青干草类	23～36
糠麸类	10～29
油饼类	3～20
谷实类	2～9

犬日粮中的粗纤维含量不能太高，因为粗纤维不但本身不易被消化，还会妨碍植物细胞内其他成分的消化吸收。但适量的粗纤维对犬也有一定的好处，既可对消化道起一定的填充作用，以促进胃肠蠕动，又有利于食物的运转。

5. 粗灰分

粗灰分是饲料样品经高温燃烧后的残余物质，其中包括各种矿物元素和少量杂质，因此，可以认为粗灰分就是矿物质，其中主要含钾、钠、钙、磷、锰、铜、铁等元素。由于饲料种类的不同，各种矿物质元素的含量也有差异。豆科植物钙和磷的含量比禾本科植物高，钾与钠的含量比禾本科植物低。矿物质不产生能量，是构成动物机体组织细胞，特别是骨骼、牙齿的主要成分，是维持酸碱平衡和渗透压的基础物质，也是许多酶、激素和维生素的主要成分；对促进新陈代谢、血液凝固、调节神经和维持心脏的正常活动都具有重要的作用。

犬所需的主要矿物质有钙、磷、钠、钾、铁、铜、锌、镁、氯、碘、钴、锰、硒等。如果矿物质供给不足，会使犬发育不良和发生多种疾病。氯和钠对饲料的消化、水的代谢以及维持血液的渗透压都有重要作用。当饲料中氯和钠的含量不足时，犬的食欲会降低，饲料中营养物质的利用率也会降低。成年犬每千克体重一昼夜需食盐 0.7 g，过多的食盐会使犬中毒，甚至死亡。大多数矿物质的代谢是相互关联的，只有彼此保持适当的比例才能维持机体的正常机能，某种物质过多或过少都会影响机体的正常生理活动。例如，饲料中钙、磷的比例一般要求为 1.2：1。如果钙多磷少或磷多钙少，都会影响犬骨骼的正常发育，甚至出现佝偻病。缺钙时成年犬会发生软骨症，骨质变疏、骨壁变薄而易发生骨折；缺磷时，犬会出现食欲不振，废食，发生异嗜癖的现象比缺钙时更严重，母犬发情异常，屡配不孕。铁、铜、钴严重不足时，犬会发生贫血症。

6. 无氮浸出物

无氮浸出物包括单糖、双糖和多糖(淀粉)等物质，主要由碳、氢、氧三种元素组成。单糖主要存在于果实中，双糖在甜菜中含量丰富。淀粉主要贮存于子实、果实及根茎中。一般来说，植物性饲料中都含有较多的无氮浸出物。但以禾本科子实和根茎类饲料含量最多。无氮浸出物比较容易消化吸收，是能量的主要来源。通常把无氮浸出物和粗纤维统称为碳水化合物。

为犬提供能量最经济的方法是供给碳水化合物，碳水化合物也是构成犬体组织器官的必要成分。机体通过肝脏和肌肉中的糖原氧化产生热量，一方面维持犬的恒定体温；另一方面又供给呼吸、循环、消化、运动等各系统正常活动。因此，犬必须从饲料中摄取大量的碳水化合物来满足机体的需要。

碳水化合物的主要成分是淀粉、糖和纤维素。淀粉必须由淀粉酶转化为糊精后才能利用。糊精再降解为葡萄糖，葡萄糖是重要的氧化基质，它能够转化为脂肪贮存于体内。纤维素不易被消化吸收，但适量的纤维素可促进胃肠道的蠕动，推动代谢废物排出体外。

碳水化合物主要存在于玉米、马铃薯、蔬菜等一些绿色植物中，因此，饲料中植物性饲料占 55%～65% 是比较合适的。若碳水化合物含量过低，犬体在生理代谢过程中要动用体内的脂肪或蛋白质来提供能量，这样犬的体重就会降低而消瘦，若碳水化合物适量，则可以使犬个体的生活能力加强；相反，若饲料中碳水化合物含量过高，糖类过剩就会转变成脂肪蓄积在体内，使犬个体发胖。供给犬的碳水化合物类食品应该煮熟后再食用，这样才能被充分消化吸收，从而提高饲料的利用率。

7. 维生素

除通过饲料分析测得的六种营养成分以外，维生素也是一大类有机化合物，主要由碳、氢、氧三种元素组成。饲料中维生素含量较其他种营养成分少得多，一般每千克饲料中仅含几毫克到几十毫克。

维生素是动物生长和保持健康所不可缺少的营养物质，一般在动物体内不能合成或合成很少，必须由饲料供给。犬对维生素的日需要量极少，仅以毫克或微克计算，但却有着调节生理机能、维持正常生长发育和生产的重要作用。因此，维生素虽然不能提供能量，也不是组织器官的构成物质，但它具有高度的生物活性，在含量极少（<1/200 000）的情况下，就能对机体的代谢起到相当大的作用。维生素在动物体内只有少数几种可以自行合成，大多数要从日粮中摄取。

维生素按照可溶性分为脂溶性维生素（如维生素 A、维生素 D、维生素 E、维生素 K）和水溶性维生素（维生素 B 族、维生素 C）。每种维生素都有其自身独特的作用，因此饲料配合要多样化且比例适当。若在犬饲料中长期缺乏某些维生素，则会导致体内酶的缺乏、生长停滞、代谢紊乱、繁殖力下降、机体抵抗力减弱而引发多种疾病。如维生素 A 缺乏时会引起犬的夜盲症、眼干燥症；维生素 D 缺乏时会引起犬的软骨病或佝偻病。

维生素主要存在于青绿饲料、谷物、豆类、酵母、各种蔬菜及全乳、蛋黄等动物性饲料中。犬每天对维生素的需要量见表 1-6。

表 1-6　犬每天对维生素的需要量

种类	V_A	V_D	V_E	V_{B_1}	V_{B_2}	泛酸	V_{B_6}	$V_{B_{12}}$	烟酸	叶酸	胆碱	生物素
发育犬	220 IU	22 IU	2.2 IU	0.044 mg	0.094 mg	0.44 mg	0.044 mg	1.0 mg	0.5 mg	8.0 mg	52 mg	4.4 mg
成年犬	110 IU	11 IU	1.1 IU	0.022 mg	0.048 mg	0.22 mg	0.022 mg	0.5 mg	0.25 mg	4.0 mg	26 mg	2.2 mg

1.4　犬的饲养管理

虽然犬的种质好，配制的饲料合理，但若是饲养管理不当，也不会养好犬。本节主要介绍犬的饲养管理技术。

1.4.1　犬的饲养管理通则

犬是较易饲养管理的动物。但在实际中，对犬的饲养管理还存在着不少问题，或是有啥喂啥，粗放管理；或是饲料太精细，过分溺爱；等等。另外，犬的用途、数量、品种不同，饲养管理的方法和要求也不同。如果养犬是为了巡逻、警戒、搏斗、狩猎、玩赏等，养的数量多，期望的某种性能好，那么饲养管理工作就显得非常重要。实行科学养犬，就须根据犬的生物学特性和不同年龄段的生理特点，针对性地采取有效的饲养管理与护理措施，这样才能收到事半功倍的效果。

(1)选择适当的饲养方案

为了保证各类犬获得其生长所需的养分，应根据其生理阶段、体况和具体表现，按饲养标准分别拟定一个具体的饲养方案。如对体况较好的妊娠母犬，不宜给以高能量日粮，否则易导致其胚胎死亡；而体况较差的妊娠母犬又需供给较多的能量。对不同生长期的未成年犬，能量的供给也是不一样的。因此，应根据各类犬群生理特点，制定不同的饲养方案。

(2)组成饲料的原料要多样化，科学配制

要选用多种饲料原料，配制适口性好、营养全面、易消化吸收且投喂方便的全价平衡饲料。

(3)让犬充分运动，增强体质

运动可增强犬的新陈代谢，增进食欲、提高抗病力等，但喂料前后均不宜剧烈活动。犬每天要晒些太阳，使皮肤中的7-脱氢胆固醇转化为维生素 D_3，以保证体内钙、磷的正常代谢。

(4)做好卫生工作

饲料应现做现喂，最好不要过夜，发霉变质的食品不得再用；饮用水要洁净卫生；要保证犬体、犬舍和环境的清洁卫生；要对犬定期免疫、定期驱虫等。

(5)建立稳定的喂料制度

根据犬的生活习性，要建立喂料六定(定时、定地点、定食具、定量、定质、定温)的稳定喂料制度。

①定时、定顿次　是指每天喂料时间和喂料次数要固定，不能提前拖后，不能随便增减喂料次数。定时喂料能使犬形成动力定型，从而使消化腺定时活动，有利于提高饲料的利用率。若不定时喂料，则将破坏这一生理规律，不但影响犬采食和饲料消化，还易使犬患消化器官疾病。一般成年犬日喂2次，1岁以内的犬日喂5次，1月龄内的仔犬日喂6次。孕犬、哺乳犬和病犬日喂料次数可酌情掌握。

②定地点　是指规定犬在固定的地点采食。这样做，有助于犬养成良好的生活习惯。有些犬在更换饲喂地点后常拒食或食欲明显下降。另外，要固定犬睡觉的地方(包括犬床)，不可随便挪动位置和更换犬床。同样，要训练犬在固

定的地点排粪排尿。

③定食具 是指每只犬的食具专用，不得串换食具。用后清洗干净，放置时防止蚊、蝇、蟑螂、鼠等叮咬，要务必保持食具清洁，对其定期煮沸消毒，以防止传染疾病。

④定量 是指每天喂给犬的饲料量要相对稳定，不可一顿多一顿少，更不可饱一顿饥一顿。喂得过多，会引起犬消化不良；喂得太少又使犬感到饥饿，不能安静休息。但要注意犬个体间采食量的差异，犬的适宜采食量要靠养犬者通过平时的观察来确定。

⑤定质 是指饲料配方及其养分含量不要随意变动，即使要变更饲料时也只能逐步改变。配制饲料时不得使用霉变腐败的原料。

⑥定温 是指根据不同季节气温的变化，调节饲料与饮水的温度，做到"冬暖、夏凉、春秋温"。

（6）选择适宜的饲喂方法和料型

饲喂方法对犬的体况和饲料的利用率都有影响。自由采食的犬易肥胖。限量喂食既能使犬保持较好的体况，又可提高饲料利用率。一般认为，颗粒饲料优于干粉料，干粉料与稠粥料又优于稀饲料。因此，要大力开发犬用颗粒饲料。

（7）观察犬的吃食情况

犬剩食或不吃时，应查明其原因，对应采取措施。影响犬食欲的原因很多，主要有以下几个方面：①饲料单一，不新鲜，有异味等，犬不愿采食。②饲料中含有大量化学调味品，或含芳香、辣味等有刺激性气味的物质，以及特别甜或咸的食物，均影响犬的食欲。③喂料的地点不合适，如强光、喧闹、几只犬在一起争食，有陌生人在场或其他动物干扰等。④疾病。如果①②③等原因都排除了，食欲仍不见好转，应考虑疾病问题。要观察犬体各部位有无异常表现。发现问题要及时请兽医诊疗。如有剩食，应将其取走，过一段时间后再喂，若将剩食放在原地，既不卫生，又易使犬养成坏习惯。

1.4.2 犬的卫生管理

要使犬保持健康和正常生理机能，除了提供其足够的养分外，还得有较好的生活环境。但是，环境条件是复杂的并常发生变化，这种变化往往直接影响犬的健康。犬对环境有一定的适应能力，但这种适应能力是有限的，如果环境条件发生突然变化，超过了犬的适应性，就会引起犬体机能的破坏而发生疾病甚至死亡。为了保证犬体健康和正常发育，人们须了解外界环境对犬的影响，以便在实践中采取适当的措施，实行科学饲养管理。

1. 犬舍的空气卫生

犬舍空气的理化特性常改变，从而影响犬的生理机能。这种变化，有的对犬健康有利，有的却有害。如新鲜空气能增强犬消化机能与新陈代谢；污浊的空气会降低犬的抗病力。因此，须注意犬舍的空气卫生。

(1)空气中的有害气体与混浊物

空气中较固定的成分是氮气和氧气，其中氮气占78%，氧气占21%。空气中氧气含量降至15%时对犬有不良影响，若降到11%～12%时犬开始喘粗气，降至7%时犬会死亡。在某些情况下，空气中还有氨气、硫化氢、氯气等气体成分。

①空气中的有害气体

二氧化碳　二氧化碳是一种无色无臭而稍有酸味的气体，在自然界中含量很少，对犬的健康通常没有影响。但当空气中二氧化碳含量超过0.1%时，空气会变得污浊。若让犬长期处在二氧化碳含量为1%～1.5%的空气中，则有损犬体健康，甚至发生死亡。

犬在正常呼吸时，除吸入所需氧气外，每小时向外界排出约22.8 L的二氧化碳。当犬生活在不卫生的环境中，或被关闭在通风不良的犬箱、车厢、船舱内时，都会因缺氧和二氧化碳含量过多而产生不良后果，如食欲和兴奋性会明显下降。粪便在分解时，也会产生大量的二氧化碳。因此犬舍的粪便要及时清除，也不应将犬安置在猪圈、马棚、牛栏或粪池附近。

氨气　氨气是一种无色有刺激性的有毒气体，极易溶解于水中。这种有毒气体在化工厂区域内以及在含有氮的有机物质(粪、尿、垫草等)分解的地方常存在。即使它在空气中含量很少，对犬也是十分有害的。空气中的氨气很易附着在眼结膜与呼吸道黏膜上，引起眼病和呼吸道疾病。若将病犬置在含有很多氨气的犬舍内，会加重病情，以致死亡。健康的犬发生皮肤病，抗病力降低，应考虑是否受到氨气的危害。

硫化氢　硫化氢是一种无色易挥发并有强烈臭味的有害气体，毒性比氨气大。它能刺激神经系统，引起犬黏膜发炎，甚至全身中毒。这种气体在(如粪池、污水坑等处)各种蛋白质分解时产生。

氯气　很低浓度的氯气对犬就有害。在化工厂区域内，或者用漂白粉消毒时，应防止犬氯气中毒。

②空气中的混浊物

灰尘　将空气中飘浮的可吸入颗粒物统称为灰尘，它对犬体有害。犬皮肤受到灰尘污染后，与皮肤分泌物混合结垢，如不及时刷洗，会刺激皮肤发痒，甚至局部发炎。当灰尘刺激呼吸道黏膜，附着于肺上，会减弱肺的功能。若它是由有害微粒组成，则能引起犬中毒。

微生物　浮游在空气中的各种微生物数量较多，但因太阳光特别是紫外线有很强的杀菌能力，故有阳光的地方活菌较少。但在犬舍内，紫外线很少照射，各种病菌都有可能生存并大量繁殖。犬舍的通风和光线愈差，则空气中的微生物愈多，对犬的健康愈不利。

(2)空气的物理特性对犬的影响

①温度

气温不但因季节而变化，且昼夜之间也有变化。因气温常发生变化，会不断刺激犬机体。犬对气温的刺激产生适应性反应，保持体温的相对稳定（38～39℃），是通过热量调节作用来维持的，即通过神经系统活动使自身产热与散热保持着一定的比例。热量平衡调节作用的破坏对犬的健康是极其有害的。

高温对犬的影响　犬在气温高的环境中，体热不易散放，尤其是在温度高、空气又不流通的情况下更是如此。夏季阳光直射在犬的头上，能引起热射病（中暑）。犬处于高温（接近体温或超过体温）环境中，为了减低自身产热，不活动、食量少，且易疲劳、作业能力下降。

低温对犬的影响　成年健康的犬是比较耐寒的，当外界温度较低时（10～15℃），犬的食欲增加，新陈代谢增强，促进体热产生。但是气温急剧降低，超过犬的生理调节能力，就会损害犬体健康，轻者引起呼吸系统疾病，重者导致死亡。特别是对仔犬、病犬，低温的危害性则更大。

为了防止高温、严寒对犬的不良影响，一方面要加强管理，夏天注意犬舍通风，防止太阳直射；冬天要注意防寒，及时铺垫草，产犬舍内温度应保持在15～18℃。另一方面要增强犬的体质，提高其抗热抗寒能力。

②湿度

空气中水汽的多少称为湿度。空气湿度对犬也有直接影响，空气过湿，即使温度正常也会使犬乏力、气喘和易于疲劳。冷湿空气会妨碍肺部与舌表面水分蒸发，因而使身体过热。对犬来说，较宜的相对湿度为30％～50％。相对湿度高于70％时，对犬产生不利影响。潮湿的环境易传染疾病，尤其是皮肤病。

③气压

主要取决于当地的海拔高度。海拔越高，气压就越低。犬一般都能适应其生活所在地的气压，不会出现不良反应。但在气压骤变时，如将犬由平原迁到高山，或由高山迁到平原，犬就不能立即完全适应。因此，若犬生活环境条件有较大改变时，要给犬一个逐渐适应的过程。

④气候

气候与犬的生长发育和身体特征的形成有着密切的关系。例如，在寒冷地区，犬长有厚厚的皮肤和高密度的绒毛；高山气候的犬，其胸部非常发达，血液中红细胞和血红素含量也较高。

2. 土壤及场地卫生

土壤中的许多病原菌，如炭疽杆菌、气肿疽杆菌、破伤风杆菌、恶性水肿杆菌、布氏杆菌等，形成芽孢后可在土壤中存活数月甚至十几年，可能成为传染源。土壤还易受各种病毒和寄生虫的污染，这对犬的健康危害极大。场地是否清净，直接关系到犬体健康，对于幼犬更是如此。因为幼犬好随地拣食，如果场地不卫生，有垃圾、粪便、死鼠等，幼犬拣食易患寄生虫病，甚至中毒死亡。

为了预防土壤传染疾病，须采取适当的卫生措施，及时清除污染物和消毒等。

1.4.3 犬舍及其管理

为了使犬免受不良环境的危害，须给犬一个定居生活的场所。应给犬建合乎卫生要求的犬舍，或在室内的一角安置一个犬床。若是将犬集中饲养管理，犬舍建筑就较复杂，应先根据地势做总体规划。一般应设有大犬(种犬、训练犬)舍、产犬舍、幼犬舍(活动场)、隔离犬舍等。各类犬区应为封闭式，谢绝参观，严格消毒，以利防疫。

(1)犬舍位置的选择及建筑要求

犬舍位置及布局，须服从总体规划，尽可能选择地势平坦的地方，地势一般要低于人的住宅区，但不能把犬舍建在低洼处，以免受污水的污染。

建犬舍要因地制宜、经济适用。设计犬舍时要考虑到光线充足、空气流通、冬暖夏凉、防潮排水、坚固安全等几个方面的因素。应注意犬舍周围的卫生状况。犬舍要远离厕所、垃圾堆、污水坑、畜禽饲养场、化工厂等公害严重以及易发生传染病的地方。

犬舍最好用砖瓦、水泥结构，门窗可用钢木结构，活动场隔墙用角铁和铁丝网。这样既坚固安全又防止撕咬，还便于清扫洗刷。犬舍区应设围墙，与公路、居民区保持一定距离。在犬舍周围应种植树木，以调节气候，美化环境。

（2）各种犬舍的规格

①大犬舍　大犬应一犬一舍，为了节约用料和便于管理，可将数间犬舍联起来建造。每间犬舍活动场不小于 1.80 m×1.00 m。

②幼犬舍　用来饲养断乳后的小犬。幼犬舍由关闭式的房舍和运动场组成。幼犬舍因群居需要，其房舍内面积不能小于 6 m²，运动场面积不小于 45 m²。

③产犬舍　供妊娠犬和哺乳仔犬使用。产犬舍应和护理值班室相连，犬室面积约 9 m²、高 2.5 m，在冬季寒冷地区应有取暖设备，夏季应避免阳光直射。产犬舍的活动场面积不小于 9 m²，隔墙（网）不低于 1.8 m；产犬舍的北面可建走廊，犬舍门上应留观察口，以便观察产犬活动。

④隔离犬舍　专为病犬建立，应远离健康犬区，并有护理人员休息室和治疗室。隔离犬舍的建筑可参照产犬舍设计。

上述各种固定犬舍均要设供水系统，以便于供犬饮水和冲洗犬舍。

⑤简易犬舍　为便于机动使用，可制作简易犬舍。这种犬舍可用竹、木或钢材、硬塑料等制作，但要能拆卸折叠，便于移动。这种犬舍只需供一条犬栖身休息，面积不宜大，一般长 1.2 m、宽和高各为 1 m 即可，但要能防风避雨和隔热保温。

在犬舍前场地上可钉上系留柱，用铁链拴系犬，使犬能自由活动。

经常检查犬舍有无损坏，一旦发现破损要及时修理。放犬入舍后，要将门插好或上锁，切勿疏忽大意，以防意外事故发生。

1.4.4　犬的日常管理

家庭养的犬，与人的关系十分密切，如管理不当，不但犬的体质弱，而且可能发生人畜共患病，危害人的健康。因此，对犬要有科学的饲养管理方法。对犬的日常管理有以下几个方面：

（1）犬舍的卫生

犬舍是犬栖身的场所，卫生条件的好与坏，将直接影响犬的健康。因此，须随时清除粪便，每天清扫犬舍 1 次。每月消毒 1 次，常用的消毒液有 3%～5%来苏儿溶液、10%～20%漂白粉乳剂、0.3%～0.5%过氧乙酸溶液、

0.3%～1.0%农乐(复合酚)溶液、1∶100～1∶60农福溶液等。对犬床、墙壁、门窗进行消毒，喷洒完消毒液后，将门窗关好，隔一段时间再打开门窗通风，最后用清水洗刷，除去消毒液的气味，以免刺激犬的鼻黏膜，影响其嗅觉。对患病犬要彻底清换犬舍的铺垫物，对用过的铺垫物集中焚烧或深埋。

犬舍要保持良好的通风和日照。在天气暖和时，要打开犬舍的门窗以便通风和日照。养犬量多的养犬场，最好在犬舍周围种树绿化。

(2)犬舍周围的环境卫生

对犬舍排污沟内的粪污要及时清理，以防堵塞腐臭。粪便要集中堆放在指定的粪缸或粪池内，加盖或掩埋。夏季还要常向粪缸内喷洒药水和石灰，防止蚊、蝇、虫卵孳生。要及时清除犬舍周围的杂草与垃圾等。

(3)食具的消毒

对喂食、饮水用的食具应每周消毒1次，可将其煮沸20 min，也可用0.1%新洁尔灭液浸泡20 min，或用2%～3%热碱水浸泡，后用温清水洗净。每次食后的食具都要洗净，剩余的食物要倒掉，不能放在食盆里，以免发酵腐败。

(4)犬体的卫生

对犬体的卫生工作须认真地做。如果不保持犬体卫生，在犬的皮肤上存有污垢，会发生皮肤病等。犬体卫生主要包括犬的皮肤卫生和散放运动两个方面。

①犬的皮肤卫生

犬的皮肤清洗护理方法主要有梳刷、洗澡和冲洗。

a.梳刷　梳刷具有清洗犬体、活动皮肤、促进血液循环、消除疲劳、防止寄生虫繁殖和预防皮肤病等多方面的作用。因此，经常梳刷犬体实是不可缺少的保健措施之一。除每天坚持1次正常梳刷外，在风雨天或外出散放训练后，还要酌情补充梳刷，特别是在春秋换毛季节，更应增加梳刷次数。

梳刷的方法是由头至尾、从上到下顺毛向刷掉表层污物，再用硬刷，将毛层刷开除去污物。然后，用毛刷和毛巾擦净即可。毛层薄的部位，如头部、腹部，只能用毛刷擦拭，不能用硬刷，以防损伤皮肤。梳刷要轻快，不可用力过猛，要使犬感到舒适而无疼痛。凡是犬不能舔挠和最易污染的部位，应重点梳刷。在梳刷过程中，应注意犬身上是否有寄生虫和皮肤损伤，发现后及时处理。

b.洗澡　除常洗刷犬体外，还要适时地给犬洗澡。洗澡次数应根据季节和犬体污染情况而定。夏季要常洗澡；春秋两季可在晴天进行；冬季非特殊需要一般不洗澡。养犬多而较集中的单位，应设置犬浴室，供犬洗澡用。给犬洗澡的方法：先让犬熟悉水性，要循循诱导使犬逐渐适应，切不可硬行强迫，以免引起不良后果。当犬入水后，先用手把水轻洒在犬身上，待犬平静后，再擦洗皮毛，在皮毛被水浸湿后，将药皂抹在犬身上加以搓洗，后用清水把皂沫冲掉，再用干毛巾擦干。犬的面部不要用水或药皂洗，只能用湿毛巾擦拭，不要把药皂水弄到犬的眼睛或耳朵内。洗完后，先要带犬活动，等被毛晾干后，才能将犬放回犬舍。如果在气温 15 ℃以下洗澡，应在室内用温水洗浴，冬季要用取暖设备。

②散放和运动

对犬正确地施行散放和运动，可培养犬的良好习性，增强犬的体质和各种器官的机能，以及调节犬的神经活动等。散放和运动不仅是犬日常管理的必要内容，而且与犬训练和使用有着密切的关系。在一定意义上讲，散放和运动也是一种训练。有的驯犬员往往因忽视这一点，给训练和使用带来不好影响。因此，要把散放、运动与训练、使用结合起来。

散放是一种使犬处于自由状态的轻快活动，可在下述情况下进行：

•每次喂食后散放，给犬轻松活动的机会，散放 15 min 左右即可。

•犬被较长时间地关在犬舍内或拴系时，最少每隔 2～3 h 散放 1 次，每次 15 min 左右。

•每次训练前或经过紧张的训练、使用后，可放犬游散。让犬排净大小便，熟悉环境，松弛神经活动。

运动是一种使犬处于紧张状态的激烈活动，常和训练结合进行。运动要经常进行，不可间断。除了进行大运动量的训练外，在一般情况下，每天要坚持 2 次运动，每次不少于半小时。运动量视犬的年龄、体质、训练和使用强度、气候等情况而定。犬运动方式可以是跟随自行车奔跑、爬山、长途行走、游泳、抛物衔取、跨越障碍等。犬长距离追踪、扑咬等强度大的训练活动也是运动。运动量要逐渐加大但也不能过分强烈。饭后半小时内不宜使犬运动。激烈运动后，不能让犬立刻卧下休息，也不要马上给犬喝水。在运动时，如发现犬的情绪反常或有异常表现，应立即停止运动，并查明原因或找兽医诊治。

在散放和运动中，要禁止犬随地拣食或追咬畜禽等。同时，要避让行人车辆，以防犬咬人和车祸发生。多头犬同时散放运动时，要间隔远一些，以免相互咬斗。

1.4.5 犬的分类饲养管理

1. 仔犬的饲养管理

(1)哺乳仔犬的饲养管理

仔犬出生后，由母体进入外界环境，生活条件骤变，由通过胎盘进行气体交换转变为自主呼吸，由经胎盘获取养分和排泄废物变为自主采食饲料和排泄废物。胎儿在母体子宫内时，生活环境稳定适宜，不受外界各种有害因素影响。此外，新生仔犬各种生理机能还不完善，因此，要做好哺乳仔犬的饲养管理工作。

① 防止新生仔犬窒息

要消除新生仔犬口腔与呼吸道中的黏液、羊水等，以防其窒息。

② 使新生仔犬吃足初乳

产后数小时，母犬就能给仔犬哺乳。母犬有 8～10 个乳头，一般可哺乳 6～7 只仔犬，大型犬可多一些。要根据母犬的母性强弱、泌乳机能与仔犬数量，考虑是否需要给仔犬人工哺乳或寄乳。母犬产后 3～5 d 内分泌的乳汁被称为初乳，其成分与常乳(5 d 后的乳汁)有很大不同。初乳具有较高的蛋白质、乳糖和脂肪含量以及丰富的维生素和矿物质，各种养分几乎可全部被仔犬消化利用；酸度强，有利于养分消化；具有轻泻作用，可促进胎粪排出；含有多种抗体(母源抗体，IgG、IgA、IgM 等)。据实验，仔犬可从初乳中得到 77% 的免疫保护力。随后，乳中母源抗体浓度逐渐降低。因此，应尽可能早地让仔犬吃到初乳。

③ 注意观察仔犬脐带

新生仔犬的脐带断端，一般在 24 h 后即干燥，1 周左右脱落。在此期间应注意观察脐带变化情况，阻止仔犬相互舔吮，以防其感染发炎。如脐带流血，应立即消毒结扎。

④ 犬舍保温

仔犬出生后，其体温调节机能尚不完善。因此，在冬季与早春，对仔犬要特别注意保温，以防其受凉生病甚至冻死。新生仔犬在 1 周龄内，要求舍温 29～32 ℃；第 2 周龄 26～29 ℃；第 3 周龄 23～26 ℃；第 4 周龄 20～23 ℃，每周约降 3 ℃。如果舍温偏高或过高，仔犬会散开躺下；如果舍温过低，仔犬则趴在一起并哀叫。犬舍保温可用火炉、火炕、红外线灯或其他升温、保温设备。

⑤ 防踩防压仔犬

仔犬初生时，非常弱小，行动不灵活。母犬在分娩过程中或分娩后短时间内，由于体力消耗较大，体弱，很容易压住小犬，以致压伤甚至死亡。此外，母犬通常忽视仔犬短促的哀叫声，产后几天，生人的出现以及仔犬的呼叫，可能激怒母犬而乱踩乱咬仔犬。这一时期，饲养管理人员应陪伴生人观看或最好劝阻生人观看，以防母犬踩压甚至咬死仔犬。另外，也有助于防疫。避免仔犬受踩压的措施是使用护仔箱、护仔栏（架）等，尤其是产后 7 d 内要这样做。有人使用产仔箱使母犬与仔犬分开，仅在哺乳时将仔犬放在母犬身边，此法效果较好。

⑥ 了解仔犬的生长发育情况

饲养管理人员要定期给仔犬称重，以了解仔犬的生长发育情况和母的泌乳机能，从而确定是否需要给仔犬补饲。母犬泌乳机能正常，窝仔犬数不超过 6 只的情况下，仔犬在生后 5 d 内，日均增重不应少于 50 g。在生后 6～10 d 内日均增重应达 70 g。但从产后 11 d 起，母犬泌乳量就可能不能满足仔犬的营养需要量，就需给仔犬补饲。一般情况下，仔犬到断乳时的体重，可比初生时增加 8 倍。仔犬在生后 10～15 d 时，才开始睁眼。睁眼前，饲养管理人员切勿给仔犬扒眼，否则将会造成严重后果。在仔犬睁眼时，应避免强光刺激以免损伤眼睛。仔犬睁眼的同时产生听觉。仔犬在生后 20～25 d 开始长牙，生后 30 d 四肢开始显著增长，生后 40 d 耳朵开始微微抬起。总之，对仔犬在哺乳期的发育状况和行为，饲养管理人员都应了解掌握。一旦发现异常，要采取相应措施，必要时请兽医诊治处理，以防意外。

⑦ 及时补饲

吮乳期是幼犬发育的基础阶段，犬乳是仔犬生长发育的最佳营养源。但从产后 11 d 起，母犬泌乳量就可能不能满足仔犬的营养需要量，就需给仔犬补饲。前期补饲的料可为消毒的新鲜牛乳，用奶瓶饲喂，乳温应在 37～40 ℃。在 10～15 d，每只仔犬每天补饲 50 g 牛乳就够了，到 15 d 后可增至 100 g，到 20 d 时应增至 200 g，每天分 3～4 次补饲。当仔犬睁眼后，就可把牛乳倒在小盘子里，让仔犬自己舔食。仔犬 20 d 后，其补料可为牛乳加米汤或稀粥；仔犬 25 d 后，其补料可为牛乳加稀粥和浓肉汤，且添加量逐日增多。仔犬 35 d 后，其补料是由牛乳、鸡蛋、碎瘦肉、稀粥等拌合在一起的半流质混合物，另外再少放一点鱼肝油、骨粉等，喂量大致以吃完为准，每天喂给仔犬 4～5 次。母犬产后约 40 d 基本停止产乳，开始躲避仔犬，不让仔犬吮乳，甚至对要吮乳的仔犬威胁和假咬，这时就要给仔犬断乳。

⑧ 做好人工哺育或找保姆犬哺育

母犬窝产仔数如果超过 8 只以上时，其母乳一般是不能满足全部仔犬营养需要的。另外，母犬的乳头共有 4～5 对，其中产乳较多的只有后面的 3 对，而且当母犬侧卧给仔犬吮乳时，并不是所有的乳头都能供仔犬吮乳，因此留给母犬吮乳的仔犬数应该是有限的。在一般情况下，留给初产母犬吮乳的仔犬数最好不超过 6 只，留给经产母犬哺乳的仔犬数不能超过 8 只，多余的仔犬只能靠人工哺育或由保姆犬哺育。留给母犬哺育的仔犬应是体大壮实的。

a. 人工哺育　对新生仔犬，可用人工乳喂养。人工乳由牛乳、鱼汤、蛋黄、青菜汁、骨粉等组成，并加少量的鱼肝油，混合后加热到 40 ℃，用奶瓶饲喂，人工乳每日喂量视仔犬日龄而定，如在 3 d、7 d、14 d 和 21 d 应分别占体重 15％～20％、22％～25％、30％～32％和 35％～40％。根据仔犬对人工乳的消化利用情况和生长发育状况，随时调整人工乳配方和日喂量。

b. 找保姆犬哺育　当仔犬生后不久其母犬死亡，或母犬一胎所产仔犬数多于乳头数，泌乳量不足，或母犬产下仔犬后少乳或缺乳，将这些不能正常吮乳的仔犬寄养给产仔少且有哺乳能力的母犬，该母犬可称为保姆犬。保姆犬应性情温驯、母性好、泌乳量多。在条件可能而又必要时，可在种母犬发情配种的同时，也选择另一条不是种用的发情母犬（将来被用作保姆犬）配种，当母犬产仔后，即可将仔犬转给已产仔的保姆犬哺乳。在转换前，先将保姆犬牵出产房以避开，把它所产的仔犬部分或全部从窝中移去，再将待哺育的仔犬放在窝内，用事先准备好的保姆犬乳汁和尿液涂在待哺育的仔犬身上，并用窝内垫草擦抹，这样待哺育的仔犬就带有保姆犬身上的气味，使保姆犬将其误认为自己的仔犬。一般情况下，保姆犬会将这些仔犬当做自己的仔犬而哺育的，但也有的保姆犬开始对这些仔犬怀疑甚至咬它们。若是这样，在最初两天可给保姆犬戴上口笼，再通过饲养人员的帮助，当保姆犬允许仔犬吃乳后，就能正常哺育了。

⑨ 注意预防疾病

吮乳仔犬常易患腹泻、溶血综合征、脐感染、败血征、毒乳综合征、产后皮炎、毒血症等疾病。因此，应多注意观察仔犬健康状况，积极采取预防措施。若仔犬有发病征兆，应及时请教兽医诊治。

⑩ 做好对吮乳仔犬的管理

仔犬在生后 3～5 d 起，若是风和日丽的好天气，就可将母犬及其仔犬一起移到户外晒太阳，每日可进行 2 次，每次约半个小时。当仔犬能站稳时，也可让其到室外走一走，起初时间要短些，以后逐渐延长。到生后 20 d，如天气良好就可让仔犬整天随母犬在活动场内活动，到晚上才让它们回屋。在仔犬20 d 左右，应将其爪剪短，以免在吮乳时抓伤母犬腹部及乳房。仔犬身上易脏，初期母犬能随时舔净，但后期就不舔了，饲养管理人员应常用毛巾给仔犬擦拭，以保持仔犬身体的清洁。

(2)断乳仔犬的饲养管理

仔犬断乳，由原来主要以母乳为营养源过渡到完全以非乳料为营养源，经受着营养性应激。此外，仔犬心理上也受到影响，表现出不安、食欲不振、增重缓慢甚至体重减轻或生病，尤其是在吮乳期内吃补料少的仔犬更是如此。为了使仔犬安全度过断奶关，要做到饲料易消化和营养全面、饲养方式和生活环境稳定等。在此期间，饲养管理人员对仔犬要多加爱抚，注意其冷暖，适当增加喂料次数，防止其消化道疾病等。仔犬断乳后经过 1~3 周的适应期就可慢慢恢复正常。

2. 幼犬的饲养管理

一般将断奶后的仔犬称为幼犬，多是指生后 45 d~8 月龄的犬。这个时期是犬生长发育的主要阶段。为了获得发育良好、体质健壮的幼犬，须创造各种条件，对幼犬进行科学的饲养管理。

(1)犬生长的概念

生长发育是犬生命过程中的重要阶段，营养物质则是生长发育的物质基础。不同品种犬、同一品种犬不同的生长阶段，生长发育的规律不尽相同，对营养物质的需要也不同。生长是极其复杂的生命现象，其奥妙至今尚未被完全揭示。从物理角度看，生长是犬体尺增长和体重增加；从生理角度看，则是机体细胞的增殖和增大，组织器官的发育和功能的日趋完善；从生物化学角度看，生长又是机体化学成分，即蛋白质、脂肪、矿物质和水分等的积累。最佳的生长体现在犬有一个正常的生长速度和成年犬具有功能健全的器官。为了取得最佳的生长效果，须供给犬营养平衡的饲料。

(2)生长的一般规律

①总体的生长

犬体尺增长与体重增加密切相关。一般以体重反映整个机体的变化规律。在犬的整个生长期中，生长速度不一样。绝对生长速度——日增重，取决于年龄和初始体重的大小。图 1-29 是体重随年龄变化的绝对生长曲线，总的规律是慢—快—慢。在生长转折点(拐点)以下，日增重逐日上升；过转折点，逐日下降；转折点在性成熟期内。相对生长速度——相对于体重的增长倍数、百分比或生长指数随体重或年龄的增长而下降。图 1-30 是犬增重与体重的比例的对数随体重的变化，为一下降的直线。这表明犬体重（年龄）愈小，生长强度愈大，从营养学上考虑，需要的饲料养分浓度愈高。

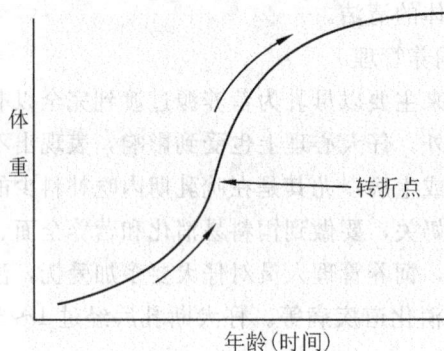

图 1-29　绝对生长曲线

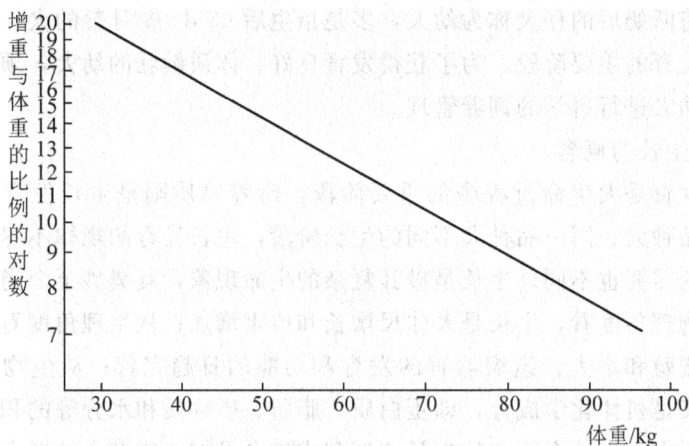

图 1-30　相对生长曲线

②局部生长

整体生长由各组织器官生长汇集而成，主要是骨骼、肌肉和脂肪组织的增长。犬各种组织的生长速度不尽相同，从胚胎开始，最早发育和最先完成的是神经系统，其次为骨骼系统、肌肉组织，最后是脂肪组织。

（3）幼犬的生长发育特点

幼犬的生长发育是一个很复杂的生物学过程，且可通过营养调控较易定向培育而达到预期育种目标。掌握幼犬的生长发育规律，就可在其生长期的不同阶段调整其饲料结构、改变饲养水平，促进或抑制犬体某些部位、器官和组织的生长发育，以改变犬体外形结构和工作性能，使其向人们所希望的方向生长发育。幼犬生长发育的特点主要有以下几个方面：

① 增重迅速

如德国牧羊犬，在 2～3 月龄时，平均每天增重 200 g 以上。至 8 月龄时，体重可达成年体重的 50%～70%。犬的绝对体重虽随年龄增长而增加，但其相对体重则随年龄增长而降低。到成年时体重稳定在一定水平上。

② 犬体组织的生长顺序

犬体各组织器官生长顺序大体是：神经组织→骨骼→肌肉组织→脂肪组织。

③ 身体各部位生长次序

犬生后头 3 个月主要生长躯体，这个时期主要是骨骼与肌肉生长；在 4～6 月龄，主要增加体长，增重也比头 3 个月快。犬 7 月龄后，主要增加体高。因此要根据犬的生长发育规律，制定合理的饲养管理方案。

(4) 幼犬的饲料

① 2～3 月龄犬的饲料

2 月龄犬刚断乳离开母犬，其消化机能还很弱，所以要求饲料中养分充裕、质地柔软、纤维含量低，易消化、适口性好。例如，肉、内脏、鱼等动物性饲料应煮熟后喂给；牛乳和奶粉等乳制品喂量不能过多，否则会引起消化系统疾病，这是由牛乳与犬乳的成分差异悬殊造成的。犬乳和奶粉成分比较见表 1-7。

表 1-7　犬乳和奶粉成分比较

成分 类别	干物质/%	蛋白质/%	碳水化合物/%	灰分/%	脂肪/%
奶粉	23.0	3.1	14.0	0.5	5.4
犬乳	23.0	9.72	3.11	0.91	9.26

犬乳中蛋白质含量是牛乳的 3 倍，前者特点是高蛋白、高脂肪、低乳糖；牛乳或奶粉是低蛋白、低脂肪、高乳糖。犬乳与牛乳的成分比较见表 1-8。犬对乳糖的消化能力很弱，若喂给大量的牛乳或奶粉，会引起大肠内剧烈发酵，而发生消化系统疾病。

表 1-8　犬乳与牛乳的成分比较

犬乳	高蛋白质	高脂肪	低乳糖
牛乳	低蛋白质	低脂肪	高乳糖

2～3 月龄犬的饲料组成应是：鸡肉、牛肉、内脏等动物性饲料所占比例约为 40%、骨粉或磷酸氢钙约为 5%，余者是米饭或面包渣混有少量新鲜蔬菜，再滴加少量的鱼肝油。需要强调的是：不能频繁地改变其食物组成和居住环境，因幼犬对食物或环境的适应能力很差。

② 4 月龄犬的饲料

对于 4 月龄的犬，可喂给干燥饲料。其饲料可由米饭、肉、鱼、肝、蔬菜等组成，另加少量的矿物质和维生素等预混料，每天喂料 3～4 次。饲料的供应量应视犬的品种和体型大小而有所不同，无法以一定量来规定。在此期间，要常观察犬的粪便情况，依据粪便来调整饲料的组成和供量，供应量随着月龄的增大而逐渐增加。

③ 5～8 月龄犬的饲料

5～8 月龄犬的饲料可完全是干型饲料，其原料组成为能量饲料（米饭、面包、玉米等）、蛋白质饲料（肉类、内脏、鱼粉、豆粕等）和矿物质、维生素等预混料。

(5)幼犬的饲养

断奶后的幼犬正处于生长发育阶段，正确地饲养幼犬显得特别重要。良好的饲养条件可促进幼犬的生长发育，并能改善体型。反之，在饲养条件差的情况下，犬的骨骼和肌肉均发育不良，直到成年时仍保留幼犬的体型，即侏儒型。

① 饲养方法

断乳后的幼犬由于生活条件的突然改变，完全靠人工饲养。在其发育的过程中，更加需要有丰富的蛋白质和易于消化的能量饲料以及矿物质和维生素。供给幼犬的基本饲料原料有肉、乳、蛋、大米、蔬菜以及骨粉、鱼肝油等。对幼犬要分阶段饲养。不同月龄幼犬日粮原料供量参考值见表 1-9。

a.1.5～2 个月龄为第一阶段，幼犬增重特别快，以牧羊犬为例，平均每日增重 150～250 g。因此，对 2 月龄左右的犬，每天应喂 6 次（每隔 2.5～3 h 喂 1 次），方能满足其生长需要。

表 1-9　不同月龄幼犬日粮原料供量参考值　　　　　　　　　单位：g

原料	月　龄			
	1～2	3～4	5～6	7～8
鲜乳	500～1 000	500	400	—
瘦肉	100～200	300	400	500
大米	50～150	150～250	400～500	500
蔬菜	50	100～150	200～400	500
食盐	5～10	10～15	20	20
鱼肝油	适量	适量	适量	适量
钙磷片	适量	适量	适量	适量
每天饲喂次数(次)	6	4	3～4	3

b.3～4月龄为第二阶段，此阶段幼犬的食量有所增加，要增加喂量，每天喂4～5次。

c.5～6月龄为第三阶段，此阶段饲料中肉比例应增大，而乳的用量可减少，每天喂3～4次。

d.7～8月龄为第四阶段，该阶段的日粮组成与成年犬日粮组成相近，但要比成年犬每天多喂1次，即每天喂3次。

② 饲养幼犬时注意事项

a. 喂料定时、定量，不应剩料。食后应将食具拿走，否则易招来苍蝇，不卫生。

b. 饲料原料须新鲜优质，不应是剩菜剩饭，特别是肉鱼类更要新鲜，以防发生胃肠疾病和中毒。

c. 食具用后洗净，放在日光下暴晒，或煮沸消毒，或用热水烫洗。

d. 细心观察犬吃食的表现，据此可了解犬的健康状况、饲料的适口性和喂量是否合适等。

e. 防止犬"偏食"，不可只喂肉、乳之类的食物，要使幼犬逐步适应配合饲料。

f. 要保证其饮水的清洁、卫生、充裕。

(6)幼犬的管理

科学地管理幼犬，不仅能保证犬体的正常发育，而且对犬良好生活习惯的形成也有直接的影响。对幼犬的管理要做好以下几个方面的工作。

① 新环境的适应

犬断奶后，生活环境发生很大变化，原来的生活规律被打乱，因此让其尽快熟悉、适应新的环境，是很重要的一项内容。

② 幼犬舍的卫生

刚断乳的幼犬大小便没有规律，常在犬床、垫草上大小便。因此，保持幼犬舍的卫生，成了幼犬管理工作中的重要环节。为了保持幼犬舍干燥和清洁，每天至少打扫犬舍 1 次，发现粪便和脏物要随时清除；要保持舍内通风、干燥；要及时清除潮湿、污脏的垫草；要勤刷、勤晒犬床和垫子；还要定期刷洗和消毒幼犬舍。也要做好幼犬舍周围的卫生工作。要训练幼犬在指定的地点大小便，以养成良好的生活习惯。

③ 搞好幼犬体表的卫生

由于幼犬皮肤薄，比较敏感，毛短而软，因此做犬身清洁时要轻刷、轻拭，使其有舒适感。每天应最少给幼犬擦拭 1 次。

洗澡是清除皮肤、皮毛污垢的一种比较好的方法。洗澡次数视季节而定。夏季可常给幼犬洗澡，春秋两季可选晴朗天气进行。冬季非特殊需要一般不给幼犬洗澡。如果气温在 15 ℃ 以下时，应在室内用温水洗浴，冬季应有取暖设备。幼犬开始时对洗澡不习惯，会挣扎躲避，这时要轻轻抚拍，使幼犬感到舒适，慢慢就习惯了。洗澡的水温要略高于幼犬体温，过高或过低的水温对犬都有不适感。洗澡前将消毒干燥的酒精棉球塞在幼犬耳道以免进水发炎。用清水冲净肥皂水后，用干毛巾擦干或热风吹干犬身。然后再轻刷一遍犬身。

④ 引导幼犬运动

散放幼犬让其运动，不仅可增强幼犬的体质和各器官的机能以及促进犬的神经活动，而且能使犬养成良好的习惯，有利于幼犬的训练与调教。幼犬的散放和运动是幼犬训练中非常重要的一项工作。

a. 2～3 月龄幼犬的运动

以自由运动为宜。除了让幼犬在活动场上自由活动外，还应在活动场上放些木球、棍棒之类的东西，让幼犬自发地玩耍，或用物品逗引幼犬，使其活动。此外，还应常带幼犬到清净的环境散放运动。初时可随同母犬一起活动。当幼犬对管理人员有一定依赖性后，可由管理人员带领到舍外活动。随着幼犬长大，散放运动的时间应逐渐延长，由每次运动 30 min 左右，逐渐增加到 1 h，但要间歇地进行。在散放中，可引导幼犬越过自然小沟、跨小障碍物、上土堆、攀登小山，上、下楼梯等对其加以锻炼，但不能硬行强迫。

b. 4～5 月龄幼犬的运动

训练牵引犬，使其习惯被牵引后，可牵引它到户外散步，熟悉环境。起初时，散步方式为常步，后渐渐改为快步，最后变成跑步。跑步约 100 m 后，再常步，待犬呼吸频率恢复正常后，改为快步、跑步，如此反复运动，共行大约 2 km 为宜。运动中牵引人员手里可拿着犬最喜欢的物品，以吸引它的注意力，提高它的兴奋性，这样会培养出它活泼的运动神态。

c. 6～8 月龄幼犬的运动

6～8 月龄犬的体力渐渐强了，运动量也要逐渐增多。早晚须带出户外运动，运动路程要增加，速度要加快。日常管理人员可骑自行车牵犬运动，开始时慢跑，后渐渐改为快跑、快奔，再恢复慢跑，如此反复几次，共行路程大约 5 km 为宜。

⑤ 给幼犬驱虫

寄生虫对幼犬的生长发育影响很大，轻则导致幼犬腹泻便血，重则引起贫血甚至死亡。因此，要定期对幼犬粪检、定期驱虫，以保证犬体健康。此外，要经常仔细检查犬的皮肤被毛有无外寄生虫，若有，要及时灭杀。

对幼犬，一般在 20 d 时第 1 次驱虫；50 d 时第 2 次驱虫；90 d 时第 3 次驱虫，以后每 2 个月进行 1 次驱虫。在每次驱虫前须进行粪检，按所患寄生虫的种类投药。为了防止污染环境，驱虫后排出的粪便和虫体应集中堆积发酵以确保杀死寄生虫虫卵。

⑥ 给幼犬防疫

幼犬的抗病力较成年犬弱得多，易患多种传染病。对幼犬危害最大的病毒性传染病，有犬瘟热、病毒性肠炎、狂犬病等。特别是近年来发现的犬细小病毒病发生率高，致死率有时高达 100％，其中以 4～16 周龄的幼犬发病率最高，经对症治疗抢救，死亡率也高于 30％。犬瘟发病率也很高，一旦幼犬染上此病，死亡率高达 100％，目前对此病只能是以预防为主，尚未有好的治疗方法。另外，务必要做好狂犬病防疫工作，以保障犬、人健康。总之，对幼犬的防疫工作千万不要忽视，要加强检疫，严格执行消毒和隔离制度，做好防疫注射，发现疫情抓早抓严，即争取早发现、早隔离、早治疗、严格消毒。

⑦ 打耳号

为了便于对犬的管理和建立犬档案，对 3～4 月龄犬应打上终身耳号。方法是：抱住幼犬，在犬耳内侧少毛处用酒精擦净消毒，并用麻醉剂，再用棱针刺上所需号码或证号，刺的深度须破真皮，或用耳号钳钳上号码，最后再涂上墨汁、酒精各 5％的液体，这样即可留下终身不褪的蓝黑色耳号。

⑧ 断尾与截耳

给有些品种犬断尾和/或截耳后，能使其外表更加美观。有的犬经断尾后性情变得温驯。断尾和截耳是技术性较强的外科整形手术，须请兽医来做。断尾应在犬生后1～2个月内进行。方法是：术部剪毛、消毒，局部浸润麻醉，再在术部上方3～4 cm处用止血带结扎止血。助手将尾部固定，保持水平位置。术者用外科刀环形切开皮肤，然后向上推移1～2 cm，在尾关节处用骨钳截断。结扎血管充分止血后，用碘酊消毒，撒上消炎粉，将皮瓣缝合，再用碘酒消毒即可。以上是全断尾的手术步骤。若是不全断尾，在预定断尾处按全断尾法进行即可。

不是所有的犬都要截耳。为了使有些玩赏犬更加美观，对其整形修饰而截耳。截耳一般应在犬出生后2～3个月内进行。截耳时，给犬戴上口笼，助手保护好犬头部，先在术部剪毛，后常规消毒，局部浸润麻醉，用手术刀切开预定处皮肤，分离皮肤和软骨，向耳根方向分离2 cm，在该处切除软骨，余下皮肤自然形成一个套，充分止血后，撒上消炎粉或青霉素粉，缝合皮肤，用纱布和脱脂棉包裹上，外边用包扎绷带固定，防止犬挠抓。

(7)对幼犬的调教

① 对2月龄幼犬的调教

视犬的表现，便一般可推测犬主人的性格。如犬不安分、缺乏稳重，其主人可能是急躁、冒失之人；犬喜欢攻击、咬人，其主人可能是胆大冒险之人。当然，特殊情况除外。

由此可见，犬的性情是可塑的，易受主人的性格和行为影响。对犬调教时要充分注意到这点。在开始调教时，先要让犬知道自己的名字。为此，在喂料前，先将犬抱起来轻呼它的名字，这样做几次后，犬就可记住。若再呼它的名字时，犬就知道是在叫它。

养犬让人最烦恼的是犬随地大、小便，因此调教犬定点大、小便是最重要的一项工作。幼犬约2 h就小便1次，一天大便达3～4次之多，且大多数幼犬具有在自己窝里大、小便的习惯，或喜欢在椅垫上大、小便。因此，可找一张报纸，放在走廊或厕所内，训练它在报纸上大、小便。具体方法是：幼犬要大、小便的征兆是在屋内四处走动，到处乱闻，这时应将犬抱到报纸上，让它在报纸上大、小便。如此反复几次，犬就可记住大、小便的地方，以后就可固定下来。当它主动到报纸上大、小便时，待其排完便后，就立即给犬一点可口的食物作为奖赏，以强化这种行为。如果犬随地大、小便，可将它抓到排便场所叱责一顿，而后用报纸清理干净，再将它抓到报纸上让它闻闻。采用上述方法调教犬大、小便，5 d 左右，便可见成效。

② 对 3 月龄幼犬的调教

a. 教犬"等一下"的方法

"等一下"是犬日常生活中常要接受的指令，因此教犬"等一下"的项目十分重要。在吃食前教犬"等一下"，效果可能最好。不仅犬学得快，且可磨炼犬的耐性，使它吃食时又显得有教养。具体方法是：将食物放在犬面前，一只手压住它的鼻子，叫"等一下"，以命令它等一下。口令须以坚决的口气发出，如它向前，可再喊"等一下"，然后强行将犬拉退。开始时，时间不宜过长，稍后发出"吃"的命令，这时的口气须温和，让犬有安全感。用上述方法逐渐延长"等一下"的时间，直到不需要用手制止，只要喊"等一下"犬就安静地等待为止。此后，可教犬"坐下"。"坐下"口令发出后，立即将犬按倒坐下，如此反复多次，就可教会。

b. 教犬养成不乱吃东西的习惯

不吃盆里的食物，而乱吃其他东西是幼犬常犯的毛病。犬的习性及其口腔与牙齿的构造，使它有衔起东西吃的习惯。因此，要犬规规矩矩地在盆中吃食是很不容易的。要保证犬吃食的环境安静，不能有其他人或其他犬的打扰。食盆大小和深浅要适宜，食物也不要装得太满，约 6 成满即可。

犬在吃食时，主人要在旁边观察。如果犬吃一半就到处跑，应把食盆拿开，不再喂给。如果幼犬把食物衔出来吃，应立即制止，大喊"不行"，然后把衔出来的食物放在食盆内。如犬改为规规矩矩地吃食，主人可轻抚一两下犬头部，以示赞赏。"不行"的叱责，不要过于强烈，否则会使犬不知所措，不敢回去吃食。

③ 对 4～5 月龄幼犬的调教

4 月龄幼犬乳齿开始脱落，长出恒齿。因新牙齿的刺激，幼犬牙齿非常痒，为了止痒，它常会乱咬皮鞋、拖鞋和换洗的衣物等，这时要立即制止，并大喊"不行"。为了纠正这种恶习，最好给幼犬买牛皮玩具，以代替乱咬的东西。

④ 对 6 月龄幼犬的调教

6 月龄的幼犬，乱吃东西的现象还会发生，而且最严重。这是因为乳齿已脱落，恒齿已长出的缘故。但这种现象会逐渐消失。雄性犬 6 月龄时已性成熟。人抱着它时，有时会见其背部弯起，腰部前后运动，做爬跨的动作，此时幼犬阴茎会充血而勃起，并流出一些分泌物。这种现象多见于小型犬种（因小型犬种性成熟较大型犬种早）。若发生这种现象，就要对它严厉叱责"不可以"，然后打其腰部，分散其注意力。或者放下，迫使它长时间运动，以消耗其过剩的精力。

⑤ 对 7 月龄幼犬的训练

7 月龄幼犬散步时常会拼命地拉主人向前跑，这时训练犬一定要在主人的左侧随着主人走才行，此科目被称为"随行"。当犬一旦拉直牵引带、超过主人过多距离时，要叱责"停"，再用牵引带将犬拉到左侧，命令犬"随行"；如果犬不听，就用棍子打犬的鼻子（不可过重），再命令犬"随行"，如果犬遵命做了，一定要称赞它"好！"不断说"好！""好！"是维持主人与犬之间感情的必要语言。

挖洞是犬野生时遗留下来的习性，猎犬的这种习惯更为严重。犬在庭院中挖洞，会破坏地面或花草树木，出现这种情况，应及时纠正或制止。具体方法是：犬在挖洞时，要严厉叱责。如果洞已挖完，也应将犬拉到洞前痛骂一顿，然后用土或石头将洞封起来。

⑥ 对 8 月龄幼犬的训练

犬长到 8 月龄，不但身体已接近成犬体形，且智力的发育也基本成熟，对所居住的环境已完全熟悉和适应。因此，犬会以家中的"主人"自居，或是反抗主人的命令。此期被称为犬的"反抗期"。此时，只是大声叱责犬"不可以"是不起作用的，要用手将犬的鼻部拽在地上，让它知道这是一件错事。主人在强制教训犬时，家中任何人不可因看着犬可怜而表现出同情的表情。这种训练是需要家人协助的，否则，将来会发生咬伤人的事件，其后果不堪设想。

3. 种公犬的饲养管理

种公犬对犬业的发展和种质改良提高起着极其重要的作用。种用是饲养种公犬的目的，饲养种公犬的目标，是保持其健壮的体质，旺盛的性欲，产生量多质优的精液以及较长的种用年限，并能将其优良性状稳定地传给后代。因此，养好种公犬是发展犬业的一项重要工作。

(1)养好种公犬的关键

营养、运动和合理种用是养好种公犬的三要素。饲料是维持种公犬生命活力，产生优质精子和保持较强配种能力的物质基础。因此应供给种公犬优质的饲料。运动是增强犬体新陈代谢，锻炼神经系统和使肌肉强健的重要措施。合理的运动可增进食欲，促进食物消化，增强体质，提高繁殖机能。若运动不足，将严重影响其种用性能。种公犬的合理种用主要是指初配年龄和配种频率。一般来说，种公犬的初配年龄为 17～19 月龄。配种频率为每周 1 次。也可根据种犬的品种、年龄、体况等酌情掌握。

（2）种公犬的饲养管理方法

①对于配种任务较重的种公犬采取"一贯加强饲养"的方式；对配种任务较轻的公犬采取"配种时加强饲养"的方式。

②给种公犬喂食要做到"四定"（定时、定量、定质、定温）。每顿不要喂得太饱，日粮容积不宜过大，以免造成垂腹，影响配种性能。每天供给种公犬充足的饮水。对种公犬要采用生理酸性饲料，以提高其精液品质，从而增强受精作用，提高繁殖机能和仔犬的生活力。组成饲料的原料种类要多样化，以相互弥补养分的不足，增强饲料的全价性。饲料的适口性要好。

③单独饲养，以利于安静休息，减少外界干扰，也能杜绝相互爬跨和养成自淫的恶习。

④加强运动，以增进食欲，促进消化，增强体质，提高繁殖机能。一般要求种公犬上、下午各运动一次，每次不少于 1 h。夏季应在早晨和傍晚运动，冬季宜在中午运动。但在喂料前后，应禁止犬做激烈运动。

⑤定期称重，以掌握种公犬的营养状况。生长期的种公犬，要求体重逐渐增加，但不宜过肥。成年犬的体重应无大的变动。

⑥定时梳刷种公犬的被毛。梳刷的方法是从前到后，从上到下，顺着毛向进行。不可逆着毛向梳刷，以免给犬带来痛苦和使被毛蓬乱。一般是先梳理，后用毛巾、软皮革等软物质进行擦拭，使被毛光亮，增加魅力。在梳理过程中，应细心观察被毛的状况，及时发现是否有体表寄生虫，以便早期控制。犬在吃食时最好不要梳刷，以免有隐患的尘埃和皮屑掉入食盆被犬吞食。为了增加种公犬被毛的光泽，可在毛巾上涂些小动物油（baby-oil）后再擦拭，特别是那些被毛粗糙、脆弱者，更能增加其光洁度。

4. 母犬的饲养管理

（1）配种前母犬的饲养管理

对配种前母犬的基本要求是身体健康，体况适中，按期发情，适时配种，受胎率高。可将配种前母犬分为两种：后备母犬和断奶后到发情配种这一段时间的成年母犬（空怀母犬）。

① 后备母犬的饲养管理要点

a. 要求其饲料营养价值高、适口性好、易消化。

b. 单独饲养，一方面可避免合群时吃食相互争夺；另一方面易于观察后备母犬的采食情况与精神状况，及早发现隐患。

c. 日常喂食应做到定时、定量、定质、定温，建立稳定的喂料制度。

d. 加强运动和日光浴。但在犬进食后，应控制其剧烈运动，以免影响其消化机能。后备小母犬的运动量不宜过大，否则软嫩的四肢在较重的身体压迫下可能变形。

e. 应保持犬舍干燥、清洁卫生、定期消毒。并定期对其免疫、驱虫等。

② 空怀母犬的饲养管理要点

空怀母犬的饲养水平原则上是其维持营养水平。但对于体况较差的母犬，在配种前，应进行"短期优饲"。这种"短期优饲"，可促进母犬尽早发情，并能多排卵。对于那些体况适中或一般的母犬，应按维持营养水平饲养。而对于那些体况好甚至肥胖的母犬，其饲养水平应低于维持营养水平，以免造成母犬过于肥胖而影响种用性能，使得受胎率和窝产仔数降低。在管理上，空怀母犬应有充足的运动时间，以保持匀称的体型、结实的身体。母犬发情滴血后，犬的漫游时间增加，对其应细心看护，并观察母犬的发情进程和行为变化情况，以便做到适时配种。

（2）促进母犬正常发情与排卵

仔犬个体的发生，起源于受精卵。因此，要繁育大量的优良仔犬，除了需要获得量多质优的精液外，还须每头母犬正常发情和排出大量健康的卵子。母犬排卵数的多少虽与遗传有关，但也取决于饲养管理的质量。

一般情况下，成年母犬在一个发情期内排卵数为 20 个左右（此为潜在繁殖力），但实际产仔仅 10 只左右或更少（实际繁殖力），约有 40% 的卵子中途死亡，可见只要切实加强饲养管理，还有相当潜力可挖。

在养分供应上，要全面、丰富，尤其是蛋白质，在给予足够数量的同时，一定要注意其质量。对矿物元素钙、磷、硒、碘、铬等与维生素 A、维生素 D、维生素 E、维生素 B_2、生物素、叶酸、维生素 B_{12} 等也要给予充分重视。无论是后备母犬或是经产母犬，都应使其保持适度的体况。如果母犬太肥或太瘦，都可能会不发情，排卵少，卵子活力弱，易造成空怀等。此外，适宜的阳光和运动以及新鲜空气、保持犬舍内清洁卫生等，对促进母犬发情和排卵都有很大作用。另外，还可用人工催情技术，如公犬诱情（公犬和母犬关在一起）、注射孕马血清（皮下注射，每次 3 mL）、绒毛膜促性腺激素（肌肉注射，每次 500 单位）等激素催情，也能起到一定效果。

（3）妊娠母犬的饲养管理

做好妊娠母犬的饲养管理工作，关系到其胚胎的正常生长发育、窝产仔数、仔犬初生重、日增重等，也与母犬产后泌乳力以及下一繁殖周期的发情有关。母犬从空怀到妊娠，机体发生一系列的生理变化。在饲养管理过程中，应满足母犬及其胎儿的各种生理需求：在营养上，保证母犬及其胎儿的营养需要；在管理上，要保胎，防止流产，杜绝因管理不当而引起的死胎、弱胎。让母犬得到充足的运动，体质保持中上等水平，以使母犬窝产仔数多，仔犬初生重大、活力强。

① 妊娠母犬的生理变化

妊娠母犬的主要生理变化是体重增加和代谢强度增大等。

a. 体重增加　妊娠母犬的增重由两部分组成：一是母犬子宫及其内容物（胎儿、胎衣和胎水）的增长；二是母犬本身营养物质的积累。

• 子宫及其内容物的变化　妊娠期间，随着胎儿的生长发育，子宫也在生长：肌纤维增粗，内层急剧增长，结缔组织和血管扩张。胎衣和胎水也迅速增长。胎重的增长速度在妊娠期各个阶段是不一样的：前期慢，中期快，后期最快。胎重的 2/3 是在妊娠期最后 1/4 时间内增长的。随着胎儿的生长，胎体化学成分也不断变化：水分含量逐渐减少；蛋白质、能量和矿物质含量逐渐增加。胎体成分中将近一半以上的能量、钙和磷是在最后的 1/4 妊娠期内增长的。

• 母犬本身的增重　妊娠母犬增重快于饲喂相同日粮的空怀母犬，这种现象称为孕期合成代谢。妊娠母犬具有较强的贮积养分的能力。在实际养犬中，妊娠母犬与空怀母犬都基本上按维持营养水平饲养，但妊娠母犬的增重明显快于空怀母犬的增重。其主要原因是：妊娠母犬对养分的利用率较高；妊娠母犬沉积的成分多是水和蛋白质等，而空怀母犬沉积的成分主要是能值高的脂肪。母犬在妊娠期内贮存养分，对产后的泌乳和健康有利。

b. 代谢强度增大　妊娠母犬代谢强度增大，最初是由于甲状腺和脑下垂体等一些内分泌机能的增强，以后是由于胎儿的生长需要，通过母犬供给胎儿的养分逐渐增加。在整个妊娠期，母犬的代谢率平均提高 $11\% \sim 14\%$。在妊娠后期，其代谢率提高幅度可达 $30\% \sim 40\%$。

② 妊娠母犬的营养需要

妊娠母犬需要养分不只是为了自己，更重要的是为了胎儿。若妊娠母犬营养不足，则所产的仔犬弱小，或有缺陷，甚至流产或死产。科学地配制饲料，供给足够的养分，是养好妊娠母犬的关键。

a. 妊娠母犬对能量的需要

尽管妊娠母犬存在着特有的孕期合成代谢，但由于本身营养物质的贮积、胎儿的快速生长和日益增大，其营养需要量仍比空怀母犬多。母犬在孕期营养水平过高或过低，不但影响当期的繁殖机能，而且还影响其终身繁殖机能。过高的营养水平会使母犬肥胖，致使脂肪在乳腺内积存，引起母犬产后泌乳量下降；母犬腹腔内脂肪沉积过多，会阻碍子宫的伸展，从而影响子宫内胎儿的生长发育，因此产仔数少，死胎、弱胎多。若饲料能量水平过低，又使青年母犬自身的生长发育受阻，影响乳腺功能，延迟母犬产后发情，受胎率下降，仔犬死亡率增大，弱犬数增多。

如果妊娠母犬饲料中所含能量、蛋白质或其他营养素不足时，一般会导致胎儿发育受阻和新生仔犬生活力降低。试验证明，在妊娠最后 20 d 营养不足，母犬高度消瘦，子宫内的胎儿虽未死亡，但仔犬平均初生重降到正常重量的一半。在营养缺乏期间，肝重仅为正常情况的 8%；到妊娠末期，肝重仅为营养状况良好的母犬所产仔犬肝重的 1/3。肝脏的发育缺陷主要是由于缺乏蛋白质供应。

b. 妊娠母犬对蛋白质的需要

母犬在妊娠期间，胎儿以及母体本身都要贮备一定量的营养物质，代谢旺盛。一般按干物质计算，包括胎儿的子宫内容物干物质中有 65%～70% 是蛋白质，其中富含各种必需氨基酸。因此，应供给妊娠母犬蛋白质含量高、品质好的饲料，这样才能保证母犬的健康、胎儿的正常发育以及母犬产后的正常泌乳。妊娠母犬在怀孕的最后 20 d，胎儿和乳腺内蛋白质沉积很快，这个时期蛋白质的需要量约比维持需要量高 80%。胎重与蛋白质需要量成正比。

饲料蛋白质过低不仅对妊娠母犬当期繁殖机能产生影响，而且对以后的繁殖机能也有深远影响，尤其对青年母犬更是如此。

在确定妊娠母犬蛋白质供量时应注意以下两点：

• 妊娠期由前到后，妊娠母犬对蛋白质的需要量不断增加。

• 蛋白质需要量的增加与能量需要量的增加是平行的，即要求保持妊娠母犬饲料中相对稳定的适宜的能量蛋白质比例。

c. 妊娠母犬对矿物质的需要

钙和磷在母犬生殖活动中起着重要作用。母犬缺钙，不仅引起骨质疏松（动用骨骼中贮存的钙），而且还可导致胎儿发育阻滞甚至死亡。钙离子能促进精细胞的糖酵解过程，从而加强精子的活动。钙离子还能促进精子和卵子的结合以及精子穿过卵细胞透明带。但是，钙离子浓度过高，又会对精子活动产生不良影响，也会使体内磷、锰、铁、镁和碘等元素的代谢紊乱，脂肪消化率下降。

缺磷可导致母犬不孕或流产，其可能的原因是：①磷是核酸合成的基本原料，而核酸是犬胚发育的原料。②磷不足时，β-胡萝卜素转化为维生素 A 的能力下降，维生素 A 也是犬胚发育所必需。母犬饲料缺磷，可引起卵巢机能下降，发情延迟，受胎率仅为 50% 左右，而母犬饲料中有足够的磷，则受胎率可达 80% 以上。如果磷不足也可引起幼犬佝偻症、母犬产后骨软症或骨质疏松症。但过量的磷会引起甲状腺功能亢进，骨骼中大量的磷进入血液，造成骨组织营养不良，易产生长骨折和跛行。母犬对钙和磷的需要量分别为 0.75%和 0.6%，钙、磷比例保持在 (1.5~2)∶1。

母犬缺锌，会引起发情周期紊乱，出现假发情、屡配不孕、怀孕母犬分娩推迟、窝产仔数减少、仔犬成活率低。锌是肾上腺皮质的固有成分，并在垂体、性腺中含量高。锌不仅影响垂体促性腺激素的释放，而且对下丘脑—垂体—性腺轴的功能活动起着协调作用。母犬缺锌后，许多生殖激素如促卵泡激素(FSH)、促黄体生成激素(LH)等的合成和分泌量减少。

母犬饲料锰含量过低时，其生殖机能受损或下降，表现为乏情、发情不明显、不规则发情或发情期延迟，即使配种，受胎率也很低。锰影响生殖机能的机理尚不够清楚。一些研究发现，锰参与胆固醇的合成。缺锰时，胆固醇及其前体合成受阻，从而性激素合成障碍。

铜参与一些酶的合成。母犬缺铜时，生殖机能紊乱，胚胎早亡。母犬补铜后，其胚胎成活率提高，窝产仔数增加。铜能增强前列腺素的作用，因此可能通过前列腺素而对生殖机能产生影响。

铁对母犬体内犬胚的影响似乎不大(这是因为实际生产中母犬一般不会缺铁)，但对生后仔犬健康和生长发育影响很大。因此，一些人提倡，给妊娠母犬补充易通过胎盘的铁制剂(如氨基酸铁)，以增加仔犬的铁储。

母犬缺硒时表现不规律发情或根本不发情，受胎率低。有的母犬虽能排卵和受胎，但胎儿在母体内不能正常发育。然而，硒过多，对生殖机能也有不利的影响。硒中毒时，母犬受胎率和产仔数均下降，仔犬生长发育缓慢，还可导致胚胎畸形。母犬饲料中硒含量以 0.1~0.3 mg·kg^{-1}为宜。

缺碘能引起母犬生殖机能下降。母犬缺碘常引起流产，妊娠期延长，分娩困难，胎衣不下或产弱仔。碘可能通过参与甲状腺素的合成而影响母犬的生殖机能。缺碘会抑制甲状腺素的合成，而甲状腺素与下丘脑—垂体—性腺轴的功能活动有关。另外，甲状腺素能促进蛋白质的合成，从而促进胎儿的生长发育。

铬是葡萄糖耐受因子的组分，是胰岛素发挥最大功能所必需的微量元素。在饲料中添加铬可通过提高胰岛素活性而改善母犬的生殖机能。研究表明，母犬采食含铬(吡啶羧酸铬)0.2 mg·kg^{-1}的饲料，窝产仔数能明显增加。

d. 妊娠母犬对维生素的需要

维生素 A 为维持母犬生殖机能及胚胎发育所必需。Kirkwood 等(1988)报道，给母犬补饲维生素 A，可提高犬胚存活率和窝产仔数。母犬缺乏维生素 A 后，性周期紊乱、流产或产死胎、弱胎、畸形胎或瞎眼仔犬。母犬长期缺乏维生素 A 则会出现阴道干燥和过度角质化，易发生细菌感染以及一系列的继发病变。特别是对眼睛、呼吸道、消化道、泌尿及生殖器官的影响最明显。维生素 A 可能通过影响固醇类物质合成而发挥对生殖机能的作用。缺乏维生素 A 后，孕酮合成和分泌量减少。

给维生素 A 营养充裕的母犬补饲 β-胡萝卜素(β-C)，可提高母犬窝产仔数。这是因为：β-C 除作为维生素 A 前体外，尚有直接作用。其可能的机理：①β-C 作为抗氧化剂保护卵巢与子宫中合成固醇类物质的细胞免受氧化损伤。②β-C 调控靶组织的核酸合成。③刺激"子宫乳"分泌。

维生素 D 也可能影响母犬生殖机能。维生素 D 的缺乏，会使胎儿死亡率增高，也可能使母犬空怀。已试验证实：鼠甲状腺细胞体外培养时，1,25-(OH)$_2$-D$_3$能促进其合成促乳素。

众所周知，维生素 E 对生殖机能有积极作用。正因如此，维生素 E 又名生育酚。维生素 E 对生殖机能的作用方式是：作为抗氧化剂保护生殖膜；参与前列腺素的合成，而前列腺素是很重要的生殖激素。

在传统饲养实践中，总认为母犬从其饲料中能获取足量的叶酸。但近些年的研究表明，采食常规饲料的母犬叶酸营养不足。在其饲料中加较多量的叶酸，能显著提高母犬生殖机能(窝产仔数增加)。叶酸之所以对母犬生殖机能有明显的积极作用，是因为母犬是多胎动物，其子宫内胚胎细胞增殖强度大，需要大量的嘌呤、嘧啶物质，而叶酸就参与嘌呤、嘧啶等物质的合成。补饲叶酸增加窝产仔数，主要是提高了胚胎存活率，而不是增加排卵量。

生物素是维持生殖道、甲状腺、肾上腺和神经系统正常机能的重要因子。

犬缺乏生物素后，主要表现为后腿痉挛，足裂缝和干燥并出现以粗糙和棕色渗出物为特征的皮炎。生物素参与前列腺素的合成(参与羧化反应)。前列腺素与生殖机能有关，如能促进子宫肌肉的生长，使其伸长，增大子宫内的空间，从而促进其内的胎儿发育。前列腺素还能使子宫与输卵管收缩，可被用于引产。前列腺素能溶解黄体，从而被用于治疗持久性黄体，提高妊娠率。

　　B 族维生素在母犬体内主要代谢途径上作为辅助因子发挥作用。所有的 B 族维生素均为生殖及胚胎生长发育所必需。例如，B_{12}、泛酸、胆碱等不足，都能单独地阻碍妊娠。另外，维生素 C 参与氧化型叶酸的还原过程，而叶酸为胚胎发育所必需。

　　③ 喂料技术

　　在实际喂料中，给怀孕前期的母犬日喂 2 次，2 顿的间隔时间尽可能长些，以利于犬对饲料的充分消化。在怀孕后期，给母犬日喂 3 顿。喂料时间应相对稳定。在特定时间内，母犬有规律地分泌消化液，对食物的消化率最高。

　　在冬季，母犬忌冷食，食物的温度应在 15～30 ℃之间；夏天从冷库或冰箱中拿出的食物，不能马上喂母犬，须加热到适当温度。

　　食物的饲料组成应根据各地情况灵活掌握，但必须保证食物含足够的营养物质。在犬食欲一般的情况下，可先让犬将较好的食物成分吃掉，以免其混在别的成分中一起浪费掉。条件许可时，最好采用颗粒饲料。颗粒饲料具有饲用方便、适口性好、营养全面、利于保存等优点，值得推广。

　　④ 管理要点

　　在母犬妊娠期间，除了一般性管理外，主要应做好保胎工作，防止因疾病和管理不当引起流产，并让犬适度地运动，增强体质，防止难产。

　　a. 防病　母犬的健康直接影响着胎儿的健康。妊娠期间用药，可能不利于胎儿的生长发育。一般来说，注意母犬的饮食、饮水卫生，对犬体、犬舍及其周围环境进行严格有效的消毒防疫，可确保妊娠母犬的健康。

　　b. 运动　忽视母犬的运动是错误的，忽视妊娠母犬的运动，更是错误的。犬是需要剧烈运动的一类动物。在妊娠前期，母犬的运动量可以很大，不亚于空怀母犬，只是要选择适当的运动方式。在野生条件下，妊娠母犬与别的犬一样，须长距离地追斗才能获取足够的食物，甚至它在妊娠前期需要付出更多的努力，猎取大量的食物，积累更多的体储，为妊娠后期猎食活动不便，营养需要量又增多作准备。因此，妊娠前期母犬可以有很大运动量而不至于流产。运动方式可用自行车中速牵引或抛物衔取。每次运动以犬不致疲劳为度，每天运动2～3次，每次运动后，再散放15 min或更多时间。

在妊娠后期，母犬的运动速度要降低，严禁一切剧烈的运动，应以慢跑和散放为好，每天运动3～4次，每次运动时间适当延长。

另外，妊娠母犬在运动过程中，应保护其腹部，不可受到碰撞踢打，不要跳高，不急转弯。

运动对妊娠母犬除有促进血液循环和新陈代谢，增强食欲，利于胎儿生长发育的作用外，还有预防难产的作用。适当的运动，可使母犬子宫肌的弹性增强，分娩时有助于胎儿的转位和娩出，减少难产发生率。母犬难产，除了产道先天性狭窄和胎儿过大外，几乎都与妊娠期内运动量不足有关。

⑤ 饲养妊娠母犬应注意的问题

a. 妊娠母犬食欲不够好　有些母犬妊娠后食欲不够好，属正常现象。其原因可能有以下几种：①饲料结构发生变化，妊娠母犬不习惯；②饲料中某些养分如维生素B族、矿物质钙、磷、锌、钾不足；③饲料中某些养分如维生素A、维生素D、维生素E又过多；④气温过高；⑤运动过少或过多。对此找出具体原因，再对因解决。

b. 异食癖　有相当多的母犬在妊娠期间有异食癖，具体表现是，胡乱地啃咬东西，如啃咬食盆、木块、砖块、石块、碎布等。异食癖严重的母犬，易出现流产或产弱胎、怪胎，其仔犬死亡率高。妊娠母犬产生异食癖的原因可能是饲料中某种或某些养分如钙、磷、矿物质、维生素D等不足，它为了获取而胡乱啃食。

防治方法：按营养需要配制饲料，给妊娠母犬提供营养全价平衡的饲料。若妊娠母犬已发生异食癖，则先检查饲料配方是否合理，必要时测定饲料中某些养分如钙、磷等的含量，找出原因，再对因治疗。

c. 保持妊娠母犬肥瘦适中　妊娠母犬不论是太肥还是太瘦，都不利于胎儿的正常发育。因此养犬者应控制妊娠母犬的体况。若妊娠母犬较肥或很肥，应适当减少饲料中能量饲料如油脂类、谷实类饲料的用量；适度增加运动量（增加运动次数、延长运动时间），以消减母犬体内脂肪量。经常观测母犬的体重变化，并手测母犬皮下脂肪的厚度。当达到正常体况时，对妊娠母犬就按常规标准饲养管理。若妊娠母犬较瘦或很瘦，就要适当增加饲料中能量饲料如油脂类、谷实类饲料的用量，并增加喂料量，使它丰满起来。当达到正常体况时，对妊娠母犬就按常规标准饲养管理。

⑥ 做好产前准备

在产前 1～2 周，可将母犬转入产犬房。在母犬产前 1 周左右，应做产前检查。要做好产犬房的消毒卫生工作，防止疾病传播。产犬房要备有产犬板、产犬箱；在冬季要有防寒保暖设施；在夏季要有防暑降温设备。准备好接产工具和备用药品，安排技术人员值班，随时准备接产。

(4)哺乳母犬的饲养管理

母犬哺乳期通常为 45 d。在一般情况下，母犬可以自行照顾新生仔犬，不需要人专门护理。仔犬一出生就可本能地寻找母犬乳头，并吸吮乳汁。同时，母犬也本能地转动身体帮助仔犬哺乳和温暖它们，并常舔净它们的排泄物，以保持仔犬的清洁。但是，初生仔犬软弱无力，调节体温的机能不完善，消化力弱，有些母犬母性不强，不能很好地照顾仔犬。在这种情况下，为了保证哺乳母犬的健康和仔犬的正常发育，提高其成活率，加强对哺乳母犬及其仔犬的饲养管理工作是非常必要的。

① 产后母犬的护理

母犬分娩后，其器官组织形态、生理机能和体力等都需一定的时间恢复。在分娩和产后一段时间内，母犬整个机体，特别是生殖器官发生着迅速而急剧的变化，机体的抵抗力降低；产出胎儿时，子宫颈口开张，产道黏膜可能被损伤；产后子宫内又积存大量恶露，都为病原微生物的侵入和繁殖创造条件。因此，对产后母犬应该妥善护理，以促进母犬机体尽快恢复常态和正常生理机能。先要注意产后母犬外阴部的清洁和消毒，如尾根和外阴周围黏附有恶露时，应将其擦洗干净，并防止蚊蝇叮咬。产后几天内应给予母犬质量好且易消化的饲料，喂量不宜多。母犬产后 3～5 d 后，饲料渐换为标准的哺乳饲料。分娩后，因某些原因可能使母犬出现一些病理现象，如胎衣不能排出，阴道或子宫脱出，产后乳汁缺乏或乳房急性炎症等。若是这样，应立即请兽医治疗。

② 提高哺乳母犬的营养水平

据测定，母犬在哺乳仔犬的最初 15 d，平均每昼夜产乳约 700 g；中间 15 d，平均每昼夜产乳约 1 000 g；最后 15 d，平均每昼夜产乳约 500 g。每 100 g 犬乳中，含 11.2 g 蛋白质(相当于牛乳的 3 倍)、9.6 g 脂肪(相当于牛乳的 2.5 倍)、3.1 g 乳糖(与牛乳相当)、0.325 g 钙(相当于牛乳的 3 倍)、0.222 g 磷(相当于牛乳的 2.3 倍)、164 kcal 能量(相当于牛乳的 2.2 倍)。由此可见，哺乳母犬的营养需要量大(维持需要、泌乳需要，甚至补偿妊娠期营养亏损的需要)，因此要对哺乳母犬丰足饲养。首先，哺乳母犬的饲料应适口性好、易

69

消化；其次，哺乳母犬的饲料中能量、蛋白质及必需氨基酸、各种维生素、各种必需矿物元素、必需脂肪酸等应充裕，且比例适当；最后，要尽可能使哺乳母犬多吃料，每日适当增加喂料次数，喂料间隔时间要均匀；但也要注意控制母犬食量，不要使它吃得太多，以免消化不良。

③ 加强对哺乳母犬的管理

为增进哺乳母犬的健康，预防其疾病发生和传染给仔犬，要保持母犬的清洁。每天要给母犬梳刷；每天用消毒药水浸过的棉球给母犬擦洗1次乳房。在天气暖和时，每周可用温水和药皂给母犬洗1次澡；每天要带母犬出外散放2～3次，每次散放时间可逐渐由半小时增至1 h左右，禁止使役或做剧烈活动，特别是不准打骂、惊吓母犬，以免母犬受刺激后减少泌乳量。要做好产房（或保育房）的卫生工作。除每天清扫外，还要勤换床垫，产床也应每周晒1次和每周消毒1次。要保持产房（或保育房）的安静，让母犬休息好，禁止大声叫喊和生人观看，以免激怒母犬，造成踩死、吞食小犬的现象发生。此外，要做好夏季的防暑和冬季的保温工作。

5. 役用犬的饲养管理

役用犬或称工作犬，可做许多不同的工作，如导盲犬，在繁华地区拽着拐杖为盲人领路；牧羊犬翻山越岭，驱赶和保护着放牧的羊群；猎犬要追捕、堵截猎物；巡逻犬或护卫犬要随时准备着搏斗而且还要熬夜；杂技犬要求身材娇美，动作灵巧，经常需要做高难度的动作。

役用犬对能量需要量较大或很大，这主要获取决于其工作性质和工作量等。役用犬有休息日、训练日和工作日，因此，它每天的能量需要量不同。通常在寒冷气候下，行程较远、翻山越岭的牧羊犬的能量需要量多，是其维持需要量的2～3倍。雪橇犬长期处于寒冷环境中，需要很多的能量，这不仅是拉运工作的需要，而且要保持体温。北极的雪橇犬（爱斯基摩人的厚毛狗），其能量维持需要是 $2\ 800 \sim 3\ 200\ kcal \cdot d^{-1}$（休闲时），工作时至少要增加到 $5\ 000\ kcal \cdot d^{-1}$。做难度大的工作有时可导致应激反应，这时需要更多的能量，包括应激反应所需要的能量和肌肉运动所消耗的能量。工作的艰难和应激反应易造成几种临床症状，包括腹泻、脱水、应激综合征、劳累性横纹肌溶解、胃扩张、肠扭转、内脏出血、应激性贫血和骨折等。因此，在饲养管理役用犬时务必要注意到这些意外问题或事故。

役用犬的饲料应能量多，维生素丰富，钙、磷、钠、钾等充裕，消化率高，适口性好，其他养分足够。配制役用犬的饲料时，务必要注意这几点。有了这种饲料，饲养役用犬还是较简单的。基本做法是：役用犬工作强度大，要喂给它尽可能多的食物，但要避免一次喂得过饱，可分开喂，即役用犬在工作前应给予少量食物，工作期间休息时喂些食物，工作完成后给予大部分食物。役用犬做一般工作时，每天可喂2～3次，每次以吃饱为度。役用犬在工作期间，务必要给予其充足的饮水。对于休闲的役用犬，要控制其食量，以免肥胖，影响役用性能。

6. 病犬的饲养管理

病犬的食欲不佳是饲养管理病犬时要面对的重要问题。诱导病犬吃食，通常是困难的。犬生病时消耗养分多。如发热的病犬，体温每升高1℃，新陈代谢强度一般要提高10％，这就意味着体内养分消耗多于正常犬。又如发生传染性疾病时，其免疫球蛋白的合成与免疫系统代谢活动均加强。为了满足这种需要，必须有足够的蛋白质和其他养分供应。因此，大多数情况下犬在患病期间营养需要量实际上高于健康犬。但多数疾病会影响到消化机能，使其食欲不振或拒食。怎么办？要在饲料配制上和饲喂方法上下工夫。病犬的饲料应适口性好，应是它平时最喜欢吃的食物，要易于消化，维生素、矿物质等养分要充裕，蛋白质含量不宜过高。

病犬的食欲均不好，食物稍不适口，就会不吃。因此，要尽可能增进其食欲。如将大蒜粉、肉汤、煮熟的碎肝加入饲料中，可提高其适口性。要针对不同病症，给予对症食疗。如有些疾病（尤其是伴有体温升高），会引起唾液分泌量减少，口腔干燥，咀嚼和吞咽食物困难，这时应给予流质或半流质食物，同时提供充足的饮水。患有胃肠道疾病，尤其是伴有呕吐和下痢的疾病，会有大量的水分随着排泄物一起排出，如不及时补充，将导致机体脱水。因此，对这类病犬，要补充足够的水分，如大剂量静脉输液或令其饮用，喂给刺激性小、易消化的食物，要做到少喂多餐。

7. 老龄犬的饲养管理

一般来说，犬7～8岁就进入老龄期，但由于品种、环境和管理条件不同，其老化的程度也有所差异。最明显的老化症状是：体力、运动欲、持久力等渐渐减退；皮肤变得干燥、松弛，缺乏弹性；易患皮肤病，脱毛增多，一些深色的被毛，如黑色或棕色毛变成灰色，口吻周围长出白毛；对外界刺激的反应迟钝，精力减退，出现怠慢。到了9岁左右，眼睛混浊，或者视力减退，体力渐弱，体重减轻。到了10岁以上，所有体内器官渐渐萎缩。因此，对老龄犬应根据其生理特征，采用科学的饲养管理方法，不能以壮年犬要求来对待老龄犬。老龄犬需要营养丰富的饲料，不但蛋白质、脂肪含量高，维生素丰富，而且粗纤维含量要低，以利于消化。老龄犬骨骼变得脆弱，如能喂给牛奶、乳酪等更佳。牛、猪等的骨头会伤害牙齿，不宜喂给。食物要柔软或半流状。老龄犬一般因嗅觉减退而食欲不佳，消化力减弱。因此，对其应采取多餐少喂的饲养方法，每天喂食 3 次，每次使它吃 7～8 分饱。

要禁止老龄犬做复杂、高难度和强度大的动作。老龄犬性情也会发生变化，行动迟缓、很易疲劳。因此带它散步的路程不宜长，步速要缓，途中应给予休息，以免过度疲劳。散步回来后，让其充分休息，提供足够的饮水。另外，让老龄犬多做些有兴趣的自由活动，但不可过量。

老龄犬抗病力较弱，既怕冷又怕热。因此，对其在夏天要做好防暑工作，在冬天又要做好保温工作。平时要注意观察犬的行为表现，如发现异常及时请兽医治疗，并且做好护理工作。

1.4.6　犬的不同季节的管理特点

随着季节的变化，犬的生理状态也发生一些改变，以适应各种气候。因此，在不同季节管理上也有差别。

1. 春季

春季是犬发情、交配、繁殖和换毛的季节。要注意对发情母犬的管理，如梳理被毛、预防皮肤病等。犬在发情期间，其生理功能和行为会发生一些特殊的改变。发情母犬会到处乱走，因此要看管好它，不可任其外出自由交配。公犬常为获得配偶而争斗，易受伤，若受伤要及时处理。

春季是犬换毛季节。厚实的冬季毛将要脱落，若不及时梳理，不洁的皮肤会引起瘙痒，犬以抓挠和摩擦身体来消除瘙痒感，这就易将皮肤弄破，引起细菌感染。不洁的被毛易擀毡，为体外寄生虫和真菌的繁殖提供有利场所，引起皮肤病。因此，春季应注意对犬被毛的梳理和清洁，预防皮肤病。

2. 夏季

夏季空气潮湿，气候炎热，应注意犬的防暑、防潮，预防食物中毒。犬在气温高、湿度大的环境中，由于身体散热困难易中暑。为此，要避免犬在烈日下活动，犬舍应移至阴凉处，在炎热天应常为犬冷水浴。若发现犬呼吸困难、皮温升高、心跳加速等症状时，应赶快用冷湿毛巾冷敷头部，移到通风阴凉处，并立即请兽医治疗。用水冲洗犬舍后，一定要待晾干后方能进犬，被水淋湿的犬要及时用毛巾揩干。

在夏季，饲料易霉变发酵，因而引起食物中毒。因此，犬食应是经加热后冷却的新鲜食物，喂量要适当，不应有剩余。对已发酵变质的食物要倒掉，不得怕浪费而留用。因为变质食物中可能含有细菌毒素，即使高温处理也不能将其破坏。犬吃了含有毒素的食物，即可引起食物中毒，若治疗不及时就会死亡。故每当喂食后不久，若发现犬有呕吐、腹泻时，应速请兽医诊疗。

夏季气温高，食欲减退，应减少犬的肉食，而增加新鲜蔬菜和肉汤或适当改变饲料种类，多供给清水。另外，应常清洗犬的眼睛和耳朵，并防止其皮肤湿疹。

3. 秋季

在秋季，犬新陈代谢旺盛，食欲大增，采食量增加，夏毛开始脱落，秋毛开始长出。秋季又是一年中第 2 个繁殖季节，对其管理方法与春季有不少相似之处。秋季食物丰盛，供食量要增加，为过冬做好体内养分的储备工作。要常梳理犬的被毛，以促进其冬毛生长。深秋季节昼夜温差大，要做好犬舍夜间的保温工作，防止犬感冒。

4. 冬季

冬季天气寒冷，对犬的管理重点应放在防寒保温、预防呼吸道疾病等方面。气温降低，机体受冷空气袭击，或管理不当，不注意防寒保温，运动后又被雨淋风吹以及犬舍潮湿等都会引起感冒，严重的会继发气管炎、肺炎等呼吸道疾病。预防感冒的有效措施就是防寒保温，加厚垫褥，并及时更换，保持干燥，防止贼风；在天晴日暖的时候，要加强犬的户外运动，以增强体质，提高抗病能力。晒太阳不仅可取暖，阳光中的紫外线还有消毒杀菌的功效，并能使皮肤中 7-脱氢胆固醇转化为维生素 D_3，促进钙质的吸收，有利于骨骼的生长发育，防止仔犬发生佝偻病和成年犬发生骨质疏松症。

1.4.7　犬的运输

运输犬时，应根据当地交通条件、路程远近与有关规定（办好检疫证明等）选乘适当的交通工具。运输应以安全、方便、迅速为原则，并要有专人护送。在运输犬过程中，要做好以下工作：

（1）运犬箱是装犬的必备用品，要求轻便、坚固、容积适中。箱门须能关插与上锁。犬箱可用木材、角铁或硬塑料制作，但一定要有通风和排尿空隙。如在冬季运输，应在犬箱内加垫草。为防止途中损坏，应携带必要的修理工具。

(2)如短途运输或条件许可无须装箱时，应给犬佩戴皮制口笼，始终由护送人员牵引直至终点。

(3)长途运输应携带犬用食具，如车、船上无食品供应，又不中转换乘时，还要准备足够的食品和饮水。犬的脖圈和牵引带一定要牢固，以备途中散放使用。

(4)为了应急，需携带少量的常用药品和器械，以便及时给犬医治。如果病情严重，就要停止运输，赶往附近的兽医部门诊治。对患有病症特别是传染病的犬，不得运输。

(5)上下车船装卸或中转待运时，护送人员要亲自监督或动手装卸，不准委托代办。上车或船后，要检查犬的安放位置是否安全、卫生。如发现犬的附近有农药或可能危害犬健康的其他物质或患传染病的动物时，应及时向有关人员提议，调换位置。

(6)运输途中要防止群众围观逗引犬，对围观群众要耐心劝退，注意安全和保密。

(7)到达运输目的地后，可带犬散放片刻。根据途中饮食情况，可喂一点流质食物。然后，将犬安置在清静地方休息。

1.5　宠物犬的繁殖

1.5.1　犬的性成熟

出生后的公、母犬发育到一定时期开始表现性行为，具有第二性征，其生殖器官及生殖机能达到成熟阶段。公犬能产生具有受精能力的精子，母犬的卵巢有发育成熟的卵泡，并能排卵，即为性成熟。

犬出生后达到性成熟的月龄，依犬的品种、所在地区、气候环境、饲养管理状况以及个体不同而有所差异。一般来说，小型犬性成熟早，为出生后6～10个月，大型犬则较晚，为出生后18～24月龄。公犬的性成熟一般稍晚于母犬。

性成熟后，即出现规律性的发情，如果让其交配，就可怀孕、产仔。但此时虽已性成熟，但尚未达到体成熟，体内的各器官还没有发育完善，即最好不繁殖。如果此时交配受孕，对母犬和仔犬都不利，不仅仔犬出生时可能会弱小、成活率低、体型小，而且母犬的发育也将受到影响。最佳繁殖时间，中、小型犬在 1～1.5 岁以后，大型犬在 2 岁以后，某些名贵的纯种犬繁殖时间应再晚一些。

1.5.2　母犬的妊娠与分娩

1. 母犬的妊娠

（1）交配适期

要得到较高的受胎率，必须使卵子和精子在活力最强时相遇。因此，要清楚排卵的时期，排卵后卵子保持受精能力的时间，交配后精子到达输卵管的时间以及精子在输卵管中保持受精能力的时间。

犬的交配适期应该是排卵前 1.5 d 到排卵后 4.5 d 之间。犬的卵真正保持受精能力的时间是排卵后第 60～108 h（48 h 内）。

（2）妊娠期

犬的妊娠期，一般来说是交配后 58～63 d，有 5 d 的范围，从着床到分娩的天数基本是固定的。

2. 母犬的分娩

（1）产前准备

在预产期前几天，怀孕母犬就会自动寻找屋角、棚下等隐蔽的地方，叼草筑窝，这是母犬固有的本领，表示不久就要分娩。这时应为犬做好分娩的准备工作，搞好卫生。母犬产前 5～10 d 就要准备好清洁、保温的产房，更换垫褥，用 0.5％次氯酸钠液或消毒液喷洒消毒，保持空气流通。母犬的臀部和乳房可用 0.1％的新洁尔灭液清洗。

安排好产床或产箱。母犬分娩前，犬床除清扫消毒外，周围应装好 20 cm高的围栏，以防垫草和仔犬掉下，也可起到防湿和隔热作用，必要时应安装护仔栏。

备好接产用具。如剪刀、灭菌纱布、棉球、70％酒精、5％碘酒、0.5％来苏儿、0.1％新洁尔灭等。

（2）临产预兆

母犬临产前 3 d 左右，体温开始下降，正常的直肠温度是 38～39 ℃，分娩前会下降 0.5～1.5 ℃。当体温开始回升时，表示即将分娩，这是预测分娩的重要指标。这时乳房迅速发育，腺体充实，分娩前两天，可从乳头中挤出少量清亮的液体或少量初乳。分娩前 24～36 h，母犬食欲大减，甚至停食，行动急躁，常以爪抓地，尤其是初产母犬，表现更为明显。分娩前 3～10 h，开始阵痛，母犬坐卧不宁，常打哈欠，张口呻吟或尖叫，抓扒垫草，呼吸急促，排尿次数增多，坐骨结节处下陷，外阴肿胀，如果见有黏液流出，说明几小时内就要分娩。分娩通常多在凌晨或傍晚，在这两段时间里应特别留心观察。

(3)分娩过程

分娩时间的长短，因产仔的多少、母犬的身体素质等不同而有差异。一般为3～4 h，每只胎儿产出的间隔时间为10～30 min。正常情况下，母犬会本能地妥善处理一切，无需人去特殊护理，尤其是一些土种犬，分娩极少发生问题。但是，一些名贵的玩赏犬或纯种犬的这种本能很差，需要人帮助，因此，在分娩时，应有人在一旁静观，发现问题及时处理。

母犬分娩常取侧卧姿势，回顾腹部，出现努责、呻吟、呼吸加快，然后伸长后腿，这时可以看到阴门先有稀薄的液体流出，随后第一个胎儿产出。此时胎儿尚被包在胎膜内，母犬会迅速地用牙齿将胎膜撕破，再咬断脐带，舔干胎儿身上的黏液，若第一个胎儿能顺利产出，则一般不会发生难产。

犬是多胎动物，每胎产仔数一般为6～9只，少则1～2只，多则16只，最高纪录是25只。判定分娩是否结束，一般以母犬在产出几只胎儿之后变得安静，不断舔仔犬的被毛，2～3 h后不再见其努责，即表明分娩已结束。但也有少数隔数小时后，再继续分娩其他胎儿的。分娩时应注意的事项：①犬分娩场所应微暗，这样可避免母犬兴奋。四周应无嘈杂声，严禁围观，否则会使母犬过分紧张而引起难产。②注意观察母犬咬断脐带的动作，发现母犬有"食仔癖"时应及时制止。③母犬产后吃胎盘是正常现象，这具有催乳作用，但吃得太多，会引起消化障碍，一般吃两三个即可。④当孕犬已从阴门流出多量的稀薄液体达数小时，或胎儿露出阴门10 min还不能全部产出时，说明难产，这时要给予助产或做剖宫产。⑤分娩后，若阴道内仍有较多的鲜红色排泄物流出，则预示产道可能有大出血，应立即用脱脂棉将阴道堵塞，迅速送兽医站治疗。

(4)产后护理

母犬分娩结束后，其外阴、尾、乳房等部位会变得污秽不洁，要在不影响休息的情况下，用温水洗净并擦干，更换已污染的垫褥，注意产房保温、防潮。母犬分娩后不久，由于体力消耗过大，身体很虚弱，仔犬此时行动不灵活，要特别注意防止母犬挤压仔犬，如听到仔犬短促的吠叫声，应立即前往察看，及时取出被挤压的仔犬。

谢绝陌生人参观，更不要用手去摸或抓仔犬。因分娩后母犬有很强的护仔本能，非常敏感，见有陌生人来到近前，为了护仔，会攻击围观者，甚至将仔犬吃掉。

母犬产后 6 h 一般不进食，除了大小便以外，总是在窝内休息。这时可给温水让其饮用，产后两三天内，母犬对吃食仍不感兴趣，因此，每日应多次饲喂质高量少的食物。

刚生下的仔犬虽双眼紧闭，但可凭借嗅觉和触觉寻找乳头，开始吮乳，体弱的仔犬往往不能及时找到乳头或被挤在一旁。要进行人工辅助，最好将其放到乳汁丰富的乳头旁。要注意母犬的授乳情况，如果产后母犬长时间不回产箱或仔犬长时间乱动、乱叫，可能是母犬无乳或生病的表现，要考虑采用人工哺乳或寄乳。要做好冬季仔犬的防冻保温工作，可增加垫草、垫料，犬舍门口挂防寒帘等。若犬舍温度太低，也可用红外线加热器或红外线灯取暖。若仔犬靠在一起相互取暖，说明温度偏低，若仔犬远离加热器，说明温度偏高，可据此调节至仔犬所需的适宜温度。

1.6　宠物犬的常见疾病诊断及主要防治措施

1.6.1　细小病毒病

细小病毒病是犬的一种具有高度接触性传染的烈性传染病。临床上以急性出血性肠炎和心肌炎为特征。

1. 症状

被细小病毒感染后的犬，在临床上可分为肠炎型和心肌炎型。肠炎型：自然感染的潜伏期为 7～14 d，病初表现发热（40 ℃以上）、精神沉郁、不食、呕吐。初期呕吐物为食物，呈黏液状、黄绿色或有血液。发病 1 d 左右开始腹泻。病初粪便呈稀状，随病状发展，粪便呈咖啡色或番茄酱色样的血便。以后次数增加、里急后重，血便带有特殊的腥臭气味。血便数小时后病犬表现严重脱水症状，眼球下陷、鼻境干燥、皮肤弹力高度下降、体重明显减轻。对于肠道出血严重的病例，由于肠内容物腐败可造成内毒素中毒和弥散性血管内凝血，使机体休克、昏迷及死亡。血象变化，病犬的白细胞数可少至 60％～90％（由正常犬的每立方毫米 12 000 个减至 4 000 个以下）。心肌炎型：多见于40 d 左右的犬，病犬先兆性症状不明显。有的突然呼吸困难，心力衰弱，短时间内死亡；有的犬可见有轻度腹泻后死亡。

2. 预防

发现本病应立即进行隔离饲养。防止病犬和病犬饲养人员与健康犬接触，对犬舍及场地用2％火碱或10％～20％漂白粉等反复消毒。

3. 治疗

(1)早期应用抗体：犬细小病毒单克隆抗体，免疫球蛋白，二联王，强力犬康，二联高免血清等特异性疗法进行治疗，临床应用越早治疗效果越好。

(2)对症治疗：补液、止血、止吐、抗菌消炎，防止继发感染。可用：必佳抗菌，恩利，炎毒120，天祥复克，氧氟沙星，头孢曲松钠、猫犬灵、抗炎止痢饮等进行对症治疗。病犬常因拉稀、脱水而死，因此补液是治疗本病的主要措施。输液中要严格控制输液量和输液速度，注意心脏的功能状况，否则易造成治疗失败。当病犬表现严重呕吐、腹泻时需纠正脱水、电解质紊乱和酸碱失衡，可静脉注射乳酸林格氏液，25％葡萄糖液，盐酸山莨菪碱注射液，2次/日。

(3)口服补液法：当病犬表现不食、心率加快、无呕吐、具有食欲或饮欲时，可给予口服用补液盐：任犬自由饮用或深部灌肠。

(4)输血疗法对本病有较好的治疗作用：可输白蛋白和氨基酸，配合中药调理，可用犬细小病毒防治1号、犬细小病毒防治2号、犬细小病毒防治3号。

1.6.2　狂犬病

狂犬病，又称疯狗病、恐水症，是由狂犬病病毒引起的一种人和所有温血动物(人、犬、猫等)的直接接触性传染病。

1. 症状

人一旦被含有狂犬病病毒的犬咬伤而又没能及时救治，死亡率是百分之百。所以作为宠物的犬一定要注意狂犬病的免疫。患有狂犬病的病犬临床表现极度兴奋、狂躁、流涎和意识丧失，最终全身麻痹死亡。本病的潜伏期长短不一，一般为15 d，长者可达数月或半年以上，潜伏期的长短和感染的毒力、部位有关。

2. 预防

用灭活或改良的活苗免疫可预防狂犬病，其免疫程序是：3～4月龄的犬首次活苗免疫，一岁时再次免疫，然后每隔2～3年免疫一次。3～4月龄的犬进行灭活苗首免后 3~4 周进行二免,之后每隔一年免疫一次。狂犬病对人的危害也很大,人一旦被狂犬病病犬咬伤,如不在 24 h 之内注射疫苗,一旦出现狂犬病症状,死亡率高达 100%,所以宠物主人一定要按免疫程序定期给其宠物注射狂犬病疫苗,防止被犬咬伤。对于家养的大型犬一定要圈养、拴养,防止散养咬伤他人,人一旦被不明的犬咬伤后应立即到防疫部门进行紧急免疫。

3. 治疗

建议立刻用清水或肥皂水清洗伤口,用酒精进行简单的消毒,再用碘酒消毒,打抗狂犬病血清或抗狂犬病免疫球蛋白,应在被可能传染狂犬病的动物咬伤或舔到伤口后 4 h 内注射狂犬病疫苗。

1.6.3　破伤风

破伤风是由破伤风梭菌侵入伤口,并在伤口内生长繁殖,分泌毒素,造成机能紊乱的疾病。临床上主要表现出运动神经系统应激性增高,全身肌肉持续性痉挛收缩等特征。

破伤风梭菌在自然界分布很广。当犬在户外活动造成破伤后均有可能感染本病。所以在户外破伤后均应到兽医部门立即注射破伤风毒素疫苗。

1. 症状

本病潜伏期为 5~10 d,长的可达几周。受伤的部位离头部越近,发病越快,且症状越重。

犬和其他动物相比,对破伤风毒素的抵抗力较强。临床上多见局部性肌肉强直性收缩。但部分病例可见有全身性强直痉挛,牙关紧闭,怕光、怕声音、怕惊吓,稍有刺激患犬即可表现兴奋、肌肉强直、形如木马、口角后吊、两耳直立且靠拢,瞬膜外露,手触患犬全身肌肉僵硬。由于呼吸肌痉挛可见有呼吸困难。咬肌收缩使患犬咀嚼吞咽困难。

破伤风的病程差异很大,严重病例有的在 2~3 d 内死亡,有的缓慢发生并不严重。大多在出现症状后 3~10 d 死亡。康复期可能持续很长时间,有时4~6 周后仍可观察到运动不灵活及肌肉僵硬的症状。大多数病例预后不良,因进食困难,造成营养不良、衰竭死亡。但局部强直的患犬预后良好。

2. 诊断

本病根据临床症状及由破伤后出现肌肉强直性收缩且体温正常大多可以

确诊。

3. 治疗

消除病原、中和毒素、镇静解痉、抗菌消炎的对症治疗方法。(1)肌肉或静脉注射破伤风抗血清 3～5 万单位/次，每日 1 次，连用 3 d。(2)抗菌消炎。青霉素 5 万单位每千克体重，每日 2～3 次，连续注射一周。

1.6.4　犬瘟热

犬瘟热是由犬瘟热病毒引起的犬的一种高度接触性、致死性传染病。早期症状类似感冒，随后以支气管炎、卡他性肺炎、胃肠炎为特征。病后期可见有神经症状出现，如痉挛、抽搐。部分病例可出现鼻部和脚垫高度角化(硬脚垫病)。

1. 症状

犬瘟热潜伏期为 3～9 d。症状多种多样，与毒力的强弱、环境条件、年龄及免疫状态有关。犬瘟热开始的症状是体温升高，持续 1～3 d，然后消退，很似感冒痊愈的特征。但几天后体温再次升高，持续时间不定。可见有流泪、眼结膜发红、眼分泌物由液状变成黏脓性。鼻境发干，有鼻液流出，开始是浆液性鼻液，后变成脓性鼻液。病初有干咳，后转为湿咳，呼吸困难。呕吐、腹泻、肠套叠，最终以严重脱水和衰弱死亡。

2. 预防

(1)本病的预防办法是定期进行免疫接种犬瘟疫苗。免疫程序是：首免在 50 日龄进行；二免在 80 日龄进行；三免在 110 日龄进行。三次免疫后，以后每年免疫一次，目前市场上出售的六联苗、五联苗、三联苗均可按以上程序进行免疫。

(2)一旦发生犬瘟热，为了防止疫情蔓延，必须迅速将病犬严格隔离，病舍及环境用火碱、次氯酸钠、来苏儿等彻底消毒。严格禁止病犬和健康犬接触。对尚未发病有感染可能的假定健康犬及受疫情威胁的犬，应立即用犬瘟热高免血清进行被动免疫或用小儿麻疹疫苗做紧急预防注射，待疫情稳定后，再注射犬瘟热疫苗。

3. 治疗

在出现临床症状之后可用大剂量的犬瘟热高免血清进行注射，可控制本病的发展。在犬瘟热最初发热期间给予大剂量的高免血清，可以使机体增加足够的抗体，防止出现临床症状，达到治疗目的。对于犬瘟热临床症状明显、出现神经症状的中后期病，即使注射犬瘟热高免血清大多也很难治愈。

1.6.5　犬冠状病毒病

犬冠状病毒可使犬发生程度不同的胃肠炎症状，有频繁呕吐、腹泻、沉郁、厌食等症状。本病一年四季均可发生，以冬季多发，病犬是主要的传染源，可通过呼吸道、消化道、粪便及污染物传染。本病一旦发生，同窝犬、同室犬很难控制，均可造成感染。本病经常和犬细小病毒病、轮状病毒病及其他胃肠道疾病混合感染。

1. 症状

本病传播速度快，几天后可蔓延全群，潜伏期 $1\sim3$ d。临床症状轻重不一，有的无明显症状，有的可呈现致死性胃肠炎症状。病犬表现嗜睡、衰弱、厌食。初期可见有持续性数天呕吐，随后出现腹泻，粪便呈稀粥样或水样，黄绿色或橘红色，恶臭，有时粪便中混有少量黏液，有的粪便中可有少量血液，病犬表现高度脱水，消瘦、眼球下陷、皮肤弹力下降。多数病犬体温变化不大，白细胞数量正常或稍低。本病在幼犬发病时有一定的死亡率，有的幼犬死亡很快，成年犬发病一般不死亡，对症治疗后 $7\sim10$ d 可恢复。

2. 治疗

对症疗法：静脉输液、止吐、消炎、防止继发感染。次氯酸钠和漂白粉是本病有效的消毒剂。对症疗法后大部分犬均可治愈。

1.6.6　皮炎

皮炎是皮肤真皮和表皮的炎症。

1. 病因

皮炎的病因多种多样。大致可分为：机械性、化学性、真菌性、寄生虫性、过敏性等因素。

机械性：颈环擦伤、自体挫伤、搔抓引起的外伤、烫伤、冻伤、放射性损伤等。

化学性：化学洗浴剂涂擦刺激性药物，脓性分泌物长期刺激。

真菌性：小孢子菌、石膏样小孢子菌、须发癣菌。

寄生虫性：蠕形螨、芥螨、蝉、虱、蚤、血吸虫、钩虫等。

另外食物过敏、药物过敏均可导致皮炎的发生。

2. 症状

皮肤出现片状、条状或不定形状红肿，有渗出物时可有痂皮覆盖，当皮肤有损伤时可有糜烂或溃疡出现，局部有痛痒感。当皮肤被大量炎性渗出物覆盖及慢性皮炎时，可见有皮肤被毛脱落，皮肤增厚、有皲裂。

患真菌性皮炎时，患部脱毛，局部有白色粉末状痂皮，痂下及周围有红色突起。患寄生虫性皮炎时，头部、背部、腹部可见有发红的疹状小结，表面有黄色痂皮，并有脱毛现象和剧痒感。

3. 治疗

(1)脱敏止痒。口服或肌肉注射皮质激素，波尼松 1 mg 每千克体重，地塞米松 0.15~0.25 mg 每千克体重。

(2)慢性皮炎可用醋酸去炎松软膏或醋酸氟轻松软膏涂抹。

(3)磺胺类软膏局部涂抹。

(4)对于有细菌感染的皮炎，可全身应用抗菌素疗法，肌肉注射青霉素或庆大霉素，每日 2 次。

皮肤病是一种常见疾病，特别是那些皮肤有很多皱褶的犬，比如沙皮犬，因为皮肤会不停地摩擦，皮褶里又容易藏污纳垢，所以患上各种皮肤病的可能性比其他犬要大得多。

1.6.7 湿疹

湿疹是皮肤的表皮细胞对致敏物质引起的炎症反应。其特点是皮肤出现红斑、丘疹、水疱、糜烂、痂皮等皮肤伤，并有热、痛、痒症状。

1. 病因

湿疹的发病原因较复杂，一般和过敏性体质有关，在外界物理因素、化学因素作用下，如机械性压迫、摩擦、咬、抓、蚊虫叮咬；某些内用药物、外敷药物、消毒药物；皮肤不洁、污垢刺激，犬舍潮湿等因素刺激机体，使皮肤发生过敏，引起湿疹。

2. 症状

急性湿疹：病初患部呈点状或形态不同的红斑性湿疹。患犬可见有瘙痒感。随着病情的发展可出现丘疹期、水疱期、脓疱期、糜烂期。脓疱期、糜烂期大多有微生物感染，皮肤散有异常臭味。但几期均有皮肤瘙痒感。有时犬因搔抓、摩擦造成皮肤损伤使皮炎加重。典型的急性湿疹呈湿润性的小丘疹，并在丘疹上有散在的小水疱，有的可见有糜散状态。

慢性湿疹：多因急性湿疹转变而来。重复刺激、反复发作，特点是皮肤增厚、脱屑、色素沉着、被毛粗硬、逆立、瘙痒加重。多见于背部或四肢。

3. 治疗

脱敏、制止渗出、防止感染、促进康复。

(1)肾上腺皮质激素疗法：口服地塞米松片 0.2 mg 每千克体重，或口服醋酸波尼松片 1.0 mg 每千克体重。患部皮肤涂布醋酸氟轻松或醋酸去炎松软膏。防止皮肤感染，可和红霉素软膏交替涂抹。

(2)脓疱期可用青霉素、庆大霉素肌肉注射，防止感染。症状较重的病例，可和地塞米松注射液混合肌肉注射，每日 2 次。

第 2 章
猫的饲养

猫在动物分类中属于脊索动物门、脊椎动物亚门、哺乳纲、食肉目、猫科、猫属、猫种。现今世界上猫的品种有百余种，远没有其他畜禽类的品种多。猫品种的分类方法主要有以下几种：①根据生存环境分为家猫和野猫。野猫是家猫的祖先，家猫是人们驯化饲养的猫，但家猫不同于其他家畜，它不过分地依赖于人类，仍然保留着独立生存的本能，一旦脱离人的饲养，会很快地野化。②从品种培育的角度，分为纯种猫和杂种猫。所谓纯种猫是指人们按某种目的精心培育而成的，一般要经过数年、几代才能接近纯种，很少有基因突变。杂种猫是指那些未经人工改良，任其自然繁殖发展的品种，其后代的遗传性很不稳定，就是在同一窝猫中，也可能有几种不同的毛色。但杂种猫也并不是杂乱无章的，在一定的范围内，经过若干年的自然选择，也可能形成具有一定特性的品种。③根据毛的长短分为长毛猫和短毛猫，世界上短毛猫品种较多，但长毛猫比较受欢迎。猫的品种名称大多取自国名、地名，我国常以毛色来给猫命名。

2.1 猫的品种

1. 波斯长毛猫

原产国为英国，祖先为非纯种短毛猫，起源于 1980 年，长毛异种，橙色眼睛，白色波斯长毛猫，个性平和而友善，是可爱的伴侣动物。橙眼和蓝眼白猫的差异在于橙眼白猫并没有先天性耳聋，但与其他白色猫一样，有被晒黑的危险。特征：在某些白猫中，"畸趾"发生率很高，"畸趾"意思是"多趾"。虽然在展示时会被视为一个严重缺陷，但不致引起残疾，也不会妨碍健康。需要特别指出的是，与橙眼黑猫相比，橙眼白猫更受欢迎，因为在欧洲，黑色被认为是黑暗与邪恶的象征。

图 2-1　波斯长毛猫

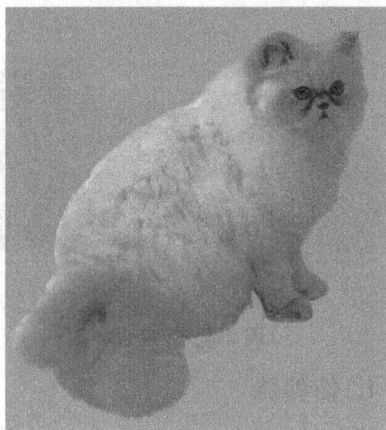
图 2-2　重点色长毛猫

2. 重点色长毛猫

　　原产国为美国，祖先为长毛猫与暹罗猫杂交培养而成，起源于 20 世纪 20 年代，短毛异种，乳黄重点色美国短毛猫，个性温和。1935 年，有人沿用原美国繁殖计划成果，开始研究建立此品种。原先黑色长毛猫同暹罗猫杂交已产下三只黑色短毛小猫，后来，培育者让其中的两只小猫交配，得到一只长毛小猫，取名为"初进社交界的少女"。再把它和它的父亲放到一起交配，便获得一只重点色长毛小猫。此培育程序显示普通单色和短毛的特征属显性特征，并非小猫同时携带重点色和长毛基因。特征：身体是乳白色，重点色则为较深的乳黄色。就外形来说，类似典型的长毛猫，头大而圆、身体矮胖。公猫面部重点色的面积较大。重点色的颜色浓度均匀；小耳、间距宽、耳位低；较长的颈毛形成"毛领圈"悬至两前腿间；粗壮的短腿，脚掌上长有丛毛；乳黄重点色上不能有任何白色；短尾，尾毛浓深。

3. 挪威森林猫

　　原产国为挪威，祖先为安哥拉猫与短毛猫杂交培养而成，起源于 16 世纪 20 年代，短毛异种，黑白欧洲短毛猫，个性爱冒险。虽然曾经有人说安哥拉猫随船来到挪威，与本地短毛猫交配后生出了此种猫，但其起源至今还是个谜。在挪威的饲养历史已有几百年，但直到1930年才真正引起培育者的兴趣。特征：体格健壮，体形大，肌肉发达。

图2-3　挪威森林猫

图2-4　伯曼猫

4. 伯曼猫

原产国为缅甸，祖先为非纯种猫，起源不祥，短毛异种，个性聪明、温柔。传统伯曼猫重点色是海豹色，属于近期培养出来的较新品种。颜色对比不如重点色较新的猫那样清楚，但脚掌上的白色毛区却非常明显，并在后腿略向上延伸。特征：身体不是纯白，略带点金色，重点色为乳黄色。成猫整个面部包括须垫在内都有颜色。

5. 安哥拉猫

原产国为英国，祖先为东方短毛猫杂种，起源于20世纪60年代，短毛异种，国外白猫，个性顽皮而友善；东方猫血统的多育特性为这些猫在数量上迅速增长提供了保证。虽然它们已逐渐变得类似于原来的土耳其安哥拉猫，但还保有东方猫叫声响亮的特点。现在育猫者尤其注重被毛的品质，并已培育出比以往更多的颜色

图2-5　安哥拉猫

品种。然而，头却变得更长，更呈棱角，耳朵也更大，从这一点还是可以由外貌上把它们与传统的土耳其安哥拉猫区别开来。特征：白色一直是安哥拉猫的传统颜色。虽然蓝眼白猫中时常会出现聋子，但这些猫仍然很受欢迎。

6. 苏格兰折耳猫

原产国为英国，祖先为非纯种短毛猫，起源于 20 世纪 50 年代，短毛异种，蓝乳色和白色短毛苏格兰折耳猫，个性温和。苏格兰折耳猫是理想的宠物，个性温顺，往往能和包括狗在内的其他宠物和睦相处。它们和类似品种的短毛猫一样长有圆脸，中等大小的耳朵像帽子般盖在头两侧，鼻梁微凹，眼睛呈圆形，表现出其友善个性。特征：被毛上的有色毛区互不连接，有色毛区内不应有白色，独特的中长型被毛，不贴身体。

图 2-6 　苏格兰折耳猫

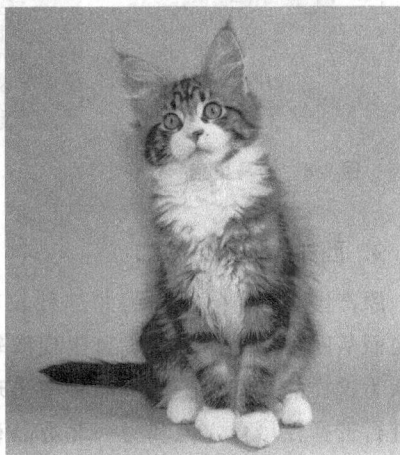

图 2-7 　缅因猫

7. 缅因猫

原产国为美国，祖先为非纯种长毛猫，起源于 18 世纪 70 年代，短毛异种，白色美国短毛猫，个性独立。在灭鼠剂出现之前常被带着出海在船上捕鼠，因此养成了睡在家中某个角落，或某个似乎感觉不是很舒适的地方的习惯。特征：与体形相比头显得较小，成猫有颈垂肉，头形稍宽；耳朵大而突起，耳尖端长有丛集毛；胸部宽阔、肌肉发达，是符合"劳碌命"的血统。

8. 索马里猫

原产国为美国，祖先为长毛阿比西尼亚猫，起源于 1967 年，短毛异种，个性外向。体型中等，体格健壮，比例协调；头呈楔形，侧看时略弯曲，鼻梁稍稍凹陷；耳朵竖起，两耳间距宽，耳尖上有丛集毛。特征：所有银色索马里猫的每根白色毛上都有适当的异色斑点。

图 2-8　索马里猫

图 2-9　西伯利亚森林猫

9. 西伯利亚森林猫

原产国为俄国，祖先为非纯种长毛猫，起源于 11 世纪，短毛异种，个性机灵而活跃。这个品种中虎斑出现率较高，可能是与野猫交配的结果。现在人们认为这样的交配会降低本品种中出现单色猫的可能性。虽然人们至今尚未对其进行选择性培育，但和另一北方品种挪威森林猫的情况一样，有人已开始正式培育这个品种。西伯利亚森林猫的传统颜色是金虎斑色。特征：身体长，被毛中的白色区清晰地衬托出斑点状虎斑。

10. 威尔斯猫

原产国为加拿大，祖先为长毛马恩岛猫，起源于 20 世纪 60 年代，短毛异种，橙眼白色马恩岛猫，个性聪明。虽然威尔斯猫是长毛品种，浓密的被毛却不易缠结，极易梳理。因与无尾有关系，故从不在威尔斯猫中进行同种交配，培育程序中，长尾猫担负极重要的作用。特征：除巧克力色、淡紫色和喜马拉雅型猫外，所有颜色的威尔斯猫只要眼睛颜色和被毛颜色相称都受到承认。就外形来说，与马恩岛猫类似。

图 2-10　威尔斯猫

11. 美国硬毛猫

原产国为美国，祖先为非纯种短毛猫，起源于 1966 年，长毛异种，个性顽皮而活泼。美国硬毛猫的毛鬈曲，每根护毛呈钩形或末端鬈曲，甚至耳内毛亦如此。被毛比普通猫稀薄。特征：厚厚的被毛呈大波浪状，头上尤其显著。总体来说，被毛外观和触感很像小羊毛，而身体下方和下巴下方的毛并不太粗糙，胡须通常卷曲。值得一提的是，这些猫可培育出任何颜色和图案，但血统中只允许有美国短毛猫。眼睛颜色总是和被毛颜色一致。硬毛猫出生时被毛紧密而卷曲，至少要四五个月大时才能完全长好。

图 2-11　美国硬毛猫　　　　　　　图 2-12　欧洲短毛猫

12. 欧洲短毛猫

原产国为意大利，祖先为非纯种短毛猫，起源于 1982 年，长毛异种，乳黄色波斯长毛猫，个性敏感。欧洲短毛猫强壮耐劳，适应能力强。乳黄色的淡色系往往很少。欧洲短毛猫远不如其英国或美国亲戚闻名。在数类品种已建立稳固的根基情况下，很难说服培育者来发展这些短毛猫。特征：乳黄色猫颜色深度不一，暖色调带浅红色不讨人喜欢，带有清晰虎纹的猫同样不讨人喜欢。然而这种近期才有的缺陷很难克服，甚至同一窝猫仔颜色也有深有浅。

13. 缅甸猫

原产国为泰国，祖先为非纯种短毛猫，起源于 15 世纪，长毛异种，乳黄色蒂法尼猫，个性顽皮。各种颜色缅甸猫的幼猫通常毛色很浅，也可能略带虎斑。乳黄色成年缅甸猫脸上有时会有虎斑纹，身上也可能略带其他斑纹，但不能出现在体侧和身体下方，如果有白色斑块则被视为严重缺陷。特征：成猫的乳黄色较深，而双耳的颜色比背部的颜色深。

图 2-13　缅甸猫

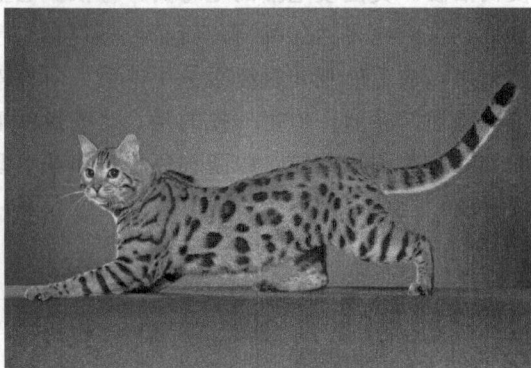

图 2-14　孟加拉猫

14. 孟加拉猫

原产国为美国，祖先为亚洲豹猫交叉配种，起源于 1963 年，长毛异种，个性友善而温柔。特征：孟加拉猫的斑点纹非常特别，与虎斑猫完全不一样。大大的斑点呈水平状分布，很像玫瑰花形。因为具有野猫血统，激动、不易抑制的叫声是主要特征之一。

15. 日本截尾猫

原产国为日本，祖先为非纯种短毛猫，起源于 2 世纪，长毛异种，红白长毛日本截尾猫，感情丰富。因为尾毛比身体其余部分的毛长，所以尾巴竖立时像高射机关炮。特征：颜色是重要特征。黑色、红色和白色(称"杂色")组合的玳瑁色图案猫是最受欢迎的。

图 2-15　日本截尾猫

2.2　猫的性格特征及生活习性

1. 聪明、敏感

猫的智商很高，能很快适应生活环境，并能利用生活设备，如正确使用便盆、打开与关闭饮水器、辨别人类的好恶举止，甚至能预感一些事情的发生，如主人外出等情况。猫的这些特点，是由于其大脑半球发育良好，大脑皮层发育较完善。小猫在 5 月龄前依赖于母猫和主人的帮助，是由于小猫的大脑尚未完全发育。而成年猫则记忆力极强，去过一次医院打针后，再去时十分紧张；从离家几十千米的地方返回十分常见。猫还能预感某些自然现象，如地震的发生。此外，看似在家中猫生活得无忧无虑、自由自在，实际上它能敏锐地觉察主人的态度变化。

2. 孤独、爱嫉妒

猫作为宠物的独立性很强，天性孤独是猫在长期进化过程中形成的特点，野猫在自然界中是以个体活动为主的，只有在繁殖期，公母猫才聚在一起。因此，家猫保持了这一天性，表现为多疑和孤独，并喜欢在居所环境区域内建立属于自己的活动领地，不喜欢其他猫闯入。母猫生小猫后，能独立哺育幼猫而不太依赖主人。猫的习性，决定了猫喜欢外出活动，不愿做自己不喜欢的事情，会表现出反抗强迫行为。因此，养猫者应先与猫建立信任，善待猫，与猫和平相处，才能获得猫的认同与"友谊"，让猫盲目服从主人是不现实的。

妒忌心强是猫的普通特点。如果家中同时养有多只猫，主人喜爱或抱起一只猫，另外的猫常有不满的声音或破坏举动，这是猫注重主人对它的情感与态度的表现，充分利用这一特点，可进一步培养人与猫的感情。

在家中生活时间长的猫，还会对家庭中小孩的出现与主人对新生儿的爱抚表现出妒忌，并发泄这种情感。

3. 爱清洁

猫每天都会用爪子和舌头清洁身体，洗脸与梳理毛发，每次大便后都将粪便盖好或埋好，十分爱干净。这种行为，并非是打扮行为，而是生理需要。

猫总是在吃食、玩耍、运动或睡醒后开始梳理被毛。舌头舔被毛，刺激了皮肤毛囊中皮脂腺的分泌，使毛发润滑有光泽，不易沾水，同时可以舔食一定量的维生素 D，促进骨骼发育。运动后，猫体内产生的热量需要散出，用舌头将唾液涂抹到皮毛上，利用唾液中的水分蒸发而散热，是一种调节体温的方法，可以降温解暑。此外，梳理毛发还能促进毛发新生，去除体表寄生虫，有利于健康。

猫儿拉屎——"盖"了，是一句十分流行的俗语。为什么呢？原来，这种掩盖粪便的行为，是野猫为了防止天敌追踪而形成的本能，不是为了讲卫生。家猫仍保持这一天性，才享有"卫生先进"的美名。

4. 喜夜行

猫眼的夜视能力强，白天眼睛瞳孔眯成一条缝，夜间目光炯炯，保持着肉食动物昼伏夜出的生活习性。猫在白天多睡觉，而在早晚其体内各种机能活动旺盛，此时吃食，消化与吸收效果均好。

猫夜间活动可能给主人的生活带来不便，但这种本性不能完全消失，只要耐心加以训练，可以在相当大的程度上调整其夜游的习性，使之与人类的活动与休息规律相接近。

5. 嗜睡

经常可以见到猫蜷缩在沙发上、床上、家具顶上或窗台上懒洋洋地睡觉，爪子和身体其他部位常常不自主地动一动，这都是正常现象。虽然猫好睡，但通常小猫和老猫的睡眠时间比壮年猫长，天气温暖时比寒冷季节的睡眠长，吃饱后比饥饿时睡眠长。睡眠最少时是在发情期，激素的作用使得猫顾不上休息。

猫睡觉次数多，但却容易醒。这是因为猫的睡眠分深睡和浅睡两个阶段。深睡时，肌肉松弛，对环境中声响的反应差，一般约持续 6～7 min。接着是 20～30 min 的浅睡阶段，此时猫睡眠轻，易被声响吵醒。由于猫的深睡与浅睡是交替出现的，所以猫睡觉时很警觉。

6. 猫捕性

野生的猫靠捕食猎物而生存，因此，捕猎是猫的本能之一，是生存的技能。见到猎物后，猫立即进入捕猎状态，等待猎物靠近或慢慢地接近猎物，在有效距离内飞身捕食，牙齿与利爪并用，攻击并捕获猎物，享受猎物。

家猫由于不必为填饱肚子而奔波，有时，主人可以见到猫将捕获的猎物——活的鱼、鸟、蛇和老鼠带回家，戏耍一番后再享用，不留神时还会吓人一跳。母猫将活的猎物带回窝，做示范给小猫，则是传授捕猎技能。

家猫捕食的目标不仅仅限于老鼠，有时，家中鱼缸中的观赏鱼也可能成为猫的美餐。即使猫已吃饱，也不会放弃进入视线中的猎物。

2.3　猫所需要的营养物质

猫是肉食动物，日粮中必须有动物肉类才能生存，但这并不是说猫不喜欢或不需要一些水果和植物类食物。人类所必需的大多数日粮成分同样对猫也很重要，但是人与猫对各营养成分的比例要求差异很大。动物性产品（捕杀的猎物）不仅给猫提供肌肉，而且提供皮、骨、内脏器官，它们几乎含有猫赖以生存所必需的所有营养成分。

猫所需要的营养成分和其他动物相同，主要包括水、蛋白质、碳水化合物、脂肪、维生素和矿物质六大类。

1. 水

成年猫体内含有 60％的水分。水是动物体内重要的营养物质，它能维持正常生理活动和进行新陈代谢。当猫体内水分丢失 10％时就会引起严重后果，失水 20％可导致死亡。

每天猫的饮水量与食物干物质的比例为 3∶1，幼猫的需水量稍大于成年猫。猫的饮水量还与食物的性质有关，若饲喂液体食物，猫每天需约 30 mL水；若喂固体食物，猫每天需约 200 mL 水。

喂水的方法如下：将水盛入食具或专门的饮水用具中，猫渴了会自行饮水，每天喂水 1 次，每次 300 mL 左右，喂水时，应将上一次未饮尽的水倒掉，重新盛入清洁水。

2. 蛋白质

（1）蛋白质对机体的作用

蛋白质是重要的营养物质，对维持猫的健康、促进生长发育、保证组织修复等方面起着十分重要的作用，是其他任何营养物质所不能替代的。蛋白质进入消化道后逐级降解，最后分解为氨基酸而被机体吸收。氨基酸分为必需氨基酸和非必需氨基酸两种。必需氨基酸在体内不能合成，或者是合成的速度太慢或合成的量太少，满足不了猫生长发育的需要，这类氨基酸必须通过食物供给。猫需要的必需氨基酸种类较多，因此，饲养猫时必须提供富含蛋白质的食物。一般来说，动物性蛋白质比植物性蛋白更适宜于猫的营养需要。如果保证给猫摄食高蛋白食物，如肉类、鱼类、鸡蛋、动物内脏等，猫的生长发育就快，身体强壮，对疾病的抵抗力强。尤其是新鲜的肉类、鱼类，更适合猫的口味。若长期饲喂低蛋白质食物，则猫会生长发育不良、体重减轻、食欲下降、被毛逆乱无光泽。

（2）蛋白质饲料的种类

最理想的蛋白质饲料是各种瘦肉、生肉、半熟肉、熟肉、鱼类，鸡蛋，其次是屠宰场的下脚料，如血块、脚、头、肉皮、内脏器官、油渣（脂肪榨油后剩下的残渣）、鱼粉、骨粉。此外，蚱蜢，蝇、蛹等均是很好的高蛋白饲料。

（3）饲喂蛋白质饲料的量

饲喂成年猫的固体食物中，蛋白质成分不应低于 21％，对生长发育期的猫则不应低于 33％。如果饲喂给猫的是含有 70％左右水分的液体状食物，对成年猫蛋白质含量不应低于 6％，对幼猫不应低于 10％。一般来说，一只成年猫（1 周岁以上）每日每千克体重需蛋白质 2～3 g，处于生长发育期（断奶后至成年前）和哺乳期的猫，需要蛋白质的量要更高一些。猪肉、牛肉、羊肉、鸡肉、火鸡肉、鸭肉和兔肉的蛋白质含量均为 20％～22％。

（4）饲喂蛋白质饲料应注意的问题

①长期饲喂单调的蛋白质饲料会使猫厌食，进而出现营养缺乏的现象。因此，应经常不断地调换蛋白质饲料。如这周用鱼喂猫，则下一周应喂猪肉，再下一周可变换成猪肝或猪肺等。

②用富含蛋白质的肉类食物喂猫时，应控制煮肉的时间，时间过长，会引起蛋白质结构发生变化，并破坏肉中的维生素和矿物质。

③饲喂怀孕期或哺乳期的母猫时，可以在猫的食物中补加 1％的牛磺酸（即氨基乙磺酸）。

④在鼠类盛行的地带，由于老鼠是猫猎食的主要对象，饲喂时可相应减少猫食物中的蛋白质含量。

⑤用动物的脏器喂猫时。应注意以下几点：肝脏中含有大量的维生素 A，若猫吃了太多的其他动物的肝脏，易出现维生素 A 中毒；用其他种动物的肝脏喂猫时，一般每周不得超过 1 次；用肺脏喂猫，既安全，营养也丰富，最好将肺脏切成小块后喂给猫吃。

3. 碳水化合物

（1）碳水化合物对机体的作用

猫的日粮（每日食物）中没有碳水化合物时，对其生长发育影响极小，因此，碳水化合物不是猫必需的营养物质。但猫消化吸收碳水化合物的能力较强，碳水化合物可提供能量，并转化为脂肪，加之含碳水化合物的食物大多价廉，因此，含碳水化合物的食物常成为家庭饲养猫的主要饲料。

(2)含碳水化合物饲料的种类

包括玉米、大麦、小麦、燕麦、高粱、土豆、红薯及其成品，如馒头、面包、饼干等。玉米、大麦、小麦中碳水化合物（淀粉）占 70％～75％，蛋白质占 7％～14％，脂肪占 2％～5％。面包中含 45％的碳水化合物，8％～9％的蛋白质，2％的脂肪。大米已除去种皮，含 85％的碳水化合物，7％的蛋白质和少量维生素。红薯或木薯含 95％的碳水化合物。

(3)含碳水化合物食物的饲喂量

猫能充分消化吸收玉米、小麦中的淀粉。煮熟后的米饭，味美可口，猫特别喜欢吃，鉴于这类食物价廉，可以将它作为猫食物的主要或基础部分，然后在此基础上添加 20％～30％的蛋白质饲料及适量的脂肪、维生素等。

(4)饲喂碳水化合物食物的注意事项

①在碳水化合物食物中加入过多的水分变成液体状食物，一般不适合猫的口味。因此，应该给猫干米饭、面包和馒头。切忌将米饭或面食加入水后再喂猫。

②谷物如小麦、玉米加工粉碎不仔细，猫吃后不容易消化吸收。因此，应将小麦、玉米等谷物产品磨成细粉后煮熟喂猫。

③猫不能充分消化吸收乳糖和蔗糖，由于牛奶中的乳糖含量高，有的猫喝了牛奶后会发生腹泻或腹胀。遇此情况，应立即停止饲喂。

④从谷物分离出来的麦麸或米糠中含有大量可消化的纤维和磷。麦麸对粪便的形成过程有良好的影响，可减少腹泻和便秘的发生。但应用煮熟后的麦麸喂猫，因为未煮熟前磷以肌醇六磷酸的复杂形式存在，不易被机体利用，而一经煮熟则可使其分解，机体便可吸收磷。

4. 脂肪

(1)脂肪对机体的作用

体内脂肪是贮存能量和供给能量的重要物质，它的产热量是同质量糖类、蛋白质的 2 倍多，脂肪也是构成组织细胞的成分和脂溶性维生素溶剂。脂肪进入体内被逐级降解为脂肪酸而被机体吸收。大多数脂肪酸可在体内合成，但有一部分不饱和脂肪酸不能在机体内合成或合成量不足，必须从摄取的食物中得到补充，称为必需脂肪酸，如亚油酸、花生四烯酸等。若猫的食物中长期缺乏适量的脂肪，则猫容易出现喜卧少动、皮屑增多、缺乏性欲、公猫睾丸发育不良或母猫不发情等现象。

（2）脂肪类饲料

可喂给猫的脂肪类饲料包括各种动物的脂肪、食用油、黄油、鱼脂、果仁和蔬菜种子。

（3）脂肪类食物的饲喂量

给猫饲喂脂肪类饲料的主要目的是提供必需脂肪酸。猫的食物中必需脂肪酸的含量不能低于1%。蔬菜种子内含有大量的亚麻酸，动物脂肪特别是猪脂和鸡脂内也含有一定量的必需脂肪酸。

猫能吃富含脂肪的食物，有时食物中脂肪占其中干物质的64%，也不引起猫出现任何异常反应。一般来说，脂肪占猫食物干物质的15%～40%为好，而幼猫最好饲喂约含22%脂肪的食物。需要注意的是，饲喂含脂肪多的食物，容易引起肥胖症的发生。

（4）饲喂脂肪类食物的注意事项

①脂肪比任何其他食物的适口性均好一些，易消化吸收，并在胃中停留的时间较长，这样吃食后猫有饱胀感而不会发生过食现象。因此，应在猫的日粮中加入一些含脂肪的食物。

②有些养猫者常用煎炸过多次的植物油添加于食物中喂猫。其实，这种油中含有过氧化物和其他有毒物质，因此，应禁止饲喂这种植物油。

5. 维生素

维生素是各种动物的必需营养物质，其主要功能是控制和调节代谢作用。各类维生素的需要量及其饲喂方法如下：

（1）维生素 A

猫不能将植物（如蔬菜）内的胡萝卜素转变为维生素 A，因此每天需要补充500～700 mg 维生素 A，病猫、怀孕猫和哺乳猫还应多供应一些。鲜肝是最好的维生素 A 来源。缺乏维生素 A 会出现怕光流泪、生长缓慢、繁殖障碍等现象。

（2）维生素 D

猫可在日光照射下自行合成维生素 D，因此，维生素 D 缺乏性佝偻病很少见。维生素 D 过多会引起中毒，造成骨骼中钙沉积不均，肺脏或肾脏等软组织钙化。因此，不宜用维生素 D 制剂喂猫。

（3）维生素 E

猫需要维生素 E 的量较大，每天约 5 mg。缺乏维生素 E 时，常导致黄脂病（脂肪组织炎）的发生。

(4)维生素 K、维生素 C、维生素 B_2

猫体内能合成这些维生素，因此不必给猫喂这 3 种维生素。

(5)维生素 B_1

维生素 B_1 对猫很重要，每天饲喂 0.4 mg 为宜。怀孕期、哺乳期和病猫的需要量还要大一些。

(6)维生素 B_6

猫最易缺乏维生素 B_6，表现为抽搐、消瘦、贫血和结石性肾病。猫每天需要维生素 B_6 0.2~0.3 mg，或每千克饲料中加入 4 mg。

(7)烟酸

也叫维生素 PP，猫自身不能合成烟酸，靠从食物中获得，每天需要2.6~4.0 mg。

(8)叶酸

猫需要从食物中获取叶酸。鲜肝、嫩草是极好的叶酸来源，或可在每天食物中添加 0.1 mg 叶酸。

(9)泛酸

猫每天需从食物中摄取 0.3~1.0 mg 泛酸。

6. 矿物质

(1)矿物质对机体的作用

矿物质是动物机体组织细胞的主要成分，是维持机体酸碱平衡和渗透压平衡的基础物质，并且还是许多酶的主要成分。

(2)矿物质的需要量及饲喂方法

①氯化钠　在猫食中加氯化钠(可用食用盐代替)，除用以满足猫的正常生理需要外，还可刺激猫多饮水，以防止尿结石症。氯化钠对腹泻和呕吐的猫也有好处。一般可在猫的食物中加入 1%~2% 的氯化钠。

②钙与磷　钙和磷是对猫最重要的矿物质元素，每天每只猫的钙摄入量不应少于 200 mg，哺乳猫不应少于 400 mg。骨骼中含有大量的钙，因此，喂时应喂带骨的鸡肉、猪肉和鱼肉。以动物性食物为主食的猫，一般不会缺磷。食物中钙与磷的比例应是 1:(0.9~1.1)。

③微量元素　微量元素虽然量小，但生理功能却很大。猫如果缺铜、铁容易发生贫血，过量又会发生中毒。成年猫可吸收利用食物中的铜、铁，不会出现缺乏。以牛奶为食的幼猫，如不额外补充就可能发生铜、铁缺乏。猫每天平均需要铁 5 mg，铜 0.2 mg。碘是组成甲状腺素的主要成分，猫的食物中如缺

碘，30 周后甲状腺机能下降，体积逐渐缩小。猫缺碘表现为：生长缓慢，被毛稀疏，皮肤增厚变硬，头部水肿变大，行动迟缓，性机能下降，不易受孕，有的难产，胎儿可能出现腭裂。如食物中碘含量过大，又会造成甲状腺功能亢进，表现为易兴奋、好动，短时间活动后又出现疲劳，气喘，体温升高。处于生长发育阶段的猫日需碘量为 100～400 mg，哺乳猫需要量稍多一些。

其他微量元素如锰、锌、钴等，对猫的正常发育也是非常重要的。

2.4 猫的饲养管理

2.4.1 猫的常用饲料

目前，我国大多数的养猫者并不一定为猫特别调制饲料，只在饭中配以适量的鱼和肉。一般情况下，这样也不会影响猫的生长发育。但为了使猫更加健康地发育，根据其营养需要，将各种饲料按一定比例混合，制成营养比较全面的日粮，还是十分必要的。

饲料是所有动物生命活动的物质基础，因此，猫饲料营养成分的优劣，显著地影响着猫的生长发育。猫饲料来源极其广泛，种类繁多，但可划分为三大类，即动物性饲料、植物性饲料和矿物质饲料。

1. 动物性饲料

动物性饲料的蛋白质含量比较高，是猫机体蛋白质的主要来源，也是脂肪的主要来源。因猫是食肉动物，所以，动物性饲料是猫的主要食物，应占到日粮的 80％～85％以上。动物性饲料主要有肉类、鱼类、鱼粉、骨肉粉、血粉、动物内脏和屠宰场的下脚料等。这些动物性饲料不仅蛋白质含量高，而且质量也好，例如肉粉中含蛋白质 55％，赖氨酸 3.0％，苏氨酸 1.8％，精氨酸 3.5％。鱼粉中包括 80％的鱼肉和 20％的鱼骨，钙和磷的含量也很高，一般含 5％～6％的钙和 2.5％～3.0％的磷。这些钙、磷都易被猫消化、吸收和利用。屠宰场的下脚料和骨肉粉也是很好的动物性饲料，蛋白质含量高，可达 45％～55％，钙、磷的含量分别为 6％～10％和 3％～5％，赖氨酸 2.0％～3.0％，精氨酸 3.0％～3.5％，蛋氨酸 0.53％～0.67％。血粉的蛋白质含量最高，达到 80％左右，此外含蛋氨酸 1.0％，胱氨酸 1.4％，赖氨酸 5.3％，但钙和磷总量只有 0.25％左右。另外，蝇、蝇蛹等也都是很好的高蛋白饲料。

2. 植物性饲料

植物性饲料通常指农作物及其副产品饲料。主要包括玉米、小麦、大麦、大米、土豆等含淀粉多的谷物以及含蛋白质较高的饼类饲料，如豆饼、花生饼、芝麻饼、葵花子饼等。谷物饲料是猫营养中碳水化合物的主要来源，但是一般蛋白质含量较低，而且氨基酸的含量也不平衡，含钙很少，含磷不足。除有少量硫胺素外，其他维生素的含量很低。另外，猫偶尔会吃青草或一些蔬菜，可以获得部分维生素和矿物质，但这种现象并不常见，大部分维生素和矿物质是从动物性饲料中获得。

饼类饲料中蛋白质含量较高。一般在 40%～45%。不同的饼类营养成分的含量不同，如豆饼含蛋白质 44%，赖氨酸 2.9%，蛋氨酸 0.6%；花生饼含蛋白质 40%，赖氨酸 1.6%，蛋氨酸和胱氨酸总量为 1.05%；葵花子饼和芝麻饼的蛋白质含量分别为 35% 和 40%，蛋氨酸含量分别为 1.6% 和 1.5%。饼类饲料是猫食入蛋白质的另一种来源，但植物性蛋白的利用率比动物性蛋白低。所以饼类的营养价值比动物性饲料低得多。饼类饲料如果加工方式不好，或者被环境污染，就会含有毒有害物质。在饲喂猫时，应加强管理。如在花生收获后，如果没有及时晒干，或被雨水淋湿，容易发霉产生黄曲霉毒素，对猫是有害的。另外，在生黄豆内含有胰蛋白酶抑制剂，会抑制胰蛋白酶的分解作用，影响蛋白质的消化吸收，而且还含有红细胞凝集素和皂角素，都是有毒物质，所以不能用生黄豆粉直接喂猫，要榨油后才能使用。

3. 矿物质饲料

矿物质饲料主要指骨粉、碳酸钙、磷酸氢钙和食盐等。食盐主要是供给氯和钠的需要，骨粉和磷酸氢钙既补充磷，又补充钙，而且钙和磷比例适当。

4. 饲料配方及处理

(1)饲料配方

在配制猫的日粮时，首先应了解常用饲料成分的营养价值和猫的营养需要。常用饲料的营养价值见表 2-1，成年猫的营养需要见表 2-2。

在制定猫的饲料配方时，首先要考虑满足蛋白质、脂肪和碳水化合物的百分比要求，然后再考虑维生素和矿物质的添加量。而不同品种、不同年龄、不同阶段猫的饲料配方应有所不同，常见的饲料配方见表 2-3。配制猫的日粮，不仅应保证营养的全面，还要讲究卫生。要选用新鲜、清洁、适口性好的饲料配制日粮，不使用发霉变质的饲料。

表 2-1 猫常用饲料营养成分表

营养成分 饲料名称	粗蛋白质(%)	钙(%)	磷(%)	蛋氨酸(%)	胱氨酸(%)	赖氨酸(%)	苏氨酸(%)	精氨酸(%)	异亮氨酸(%)
玉米	8.0	0.02	0.25	0.17	0.13	0.22	0.36	0.46	0.36
大麦	11.6	0.03	0.36	0.18	0.22	0.50	0.36	0.45	0.40
麸皮	14.0	0.14	1.10	0.18	0.27	0.57	0.45	1.01	0.57
小麦次粉	16.0	0.11	0.76	0.17	0.24	0.70	0.50	0.95	0.70
豆饼	42.0	0.20	0.60	0.60	0.62	2.70	1.70	3.20	2.80
豆粕	44.0	0.22	0.60	0.62	0.65	2.85	1.70	3.40	2.80
花生饼	45.0	0.20	0.50	0.40	0.65	1.55	1.40	4.70	1.80
芝麻饼	42.0	2.0	1.30	1.45	0.60	1.37	1.71	5.06	2.28
葵花子饼	41.0	0.40	1.00	1.60	0.80	2.00	1.60	4.20	2.40
秘鲁鱼粉	62.0	5.0	3.00	1.80	0.60	4.70	2.30	3.20	5.00
国产鱼粉	50.0	7.0	3.50	0.92	0.70	4.00	2.00	3.00	2.50
肉骨粉	45.0	10.0	5.90	0.53	0.26	2.20	1.48	2.70	1.70
肉粉	55.0	7.0	3.80	0.75	0.30	3.00	1.80	3.50	1.90
蚕蛹粉	65	0.2	0.90	2.70	0.70	4.30	3.10	3.60	4.90
蝇蛹	65.0	0.5	1.70	2.30	0.50	3.20	2.00	2.50	2.30
酵母	49.0	0.5	1.60	0.80	0.60	3.80	2.60	2.60	2.90
石粉	—	36..0	—	—	—	—	—	—	—
骨粉	—	29.0	12.6	—	—	—	—	—	—
磷酸氢钙	—	21.0	17.0	—	—	—	—	—	—

表 2-2 成年猫的营养需要(每千克干饲料中含量)

营养成分	含量	营养成分	含量
蛋白质	28%	硒	0.1 mg
脂肪	9%	维生素 A	1万国际单位
亚油酸	1%	维生素 D	1千国际单位
钙	1%	维生素 E	80国际单位
磷	0.8%	维生素 B_1	5 mg
钾	0.3%	维生素 B_2	5 mg
氯化钠	0.5%	泛酸	10 mg
镁	0.05%	烟酸	45 mg
铁	100 mg	维生素 B_6	4 mg
铜	5 mg	叶酸	1.0 mg
锰	10 mg	生物素	0.05 mg
锌	30 mg	维生素 B_{12}	0.02 mg
碘	1 mg	胆碱	2000 mg

表 2-3　不同发育阶段猫的饲料日粮（g）

饲料成分	瘦肉	米饭或馒头	牛奶	动物脂肪	青菜	鱼肝油	酵母	食盐	骨粉
哺乳期	10	40	50	1	—	0.5	0.3	0.3	2
断奶期	60	90	100	2	70	2	0.5	1.5	5
育成期	80	110	130	3	80	3	1.0	3.0	7

（2）饲料处理

无论是动物性饲料还是植物性饲料，在饲喂之前都要经过加工处理，目的是增加饲料的适口性，使猫愿意取食，提高饲料的消化率，防止有害物质对猫的伤害作用。为了保证清洁卫生，饲料必须洗净，除去血污、泥沙等。猫吃食很挑剔，混有泥沙或污秽不洁的食物，它宁肯饿着也不吃，甚至它自己吃剩的食物，也不愿再次采食。因此，喂猫的饲料要干净，每餐少食，一日多餐。

各种肉类要煮熟，切成小块或剁成肉末，与其他饲料拌喂。生肉里有时含有寄生虫或传染病病菌，猫吃后可能引起疾病。但肉也不要煮得太熟，煮的时间长了，会破坏蛋白质的结构和损失大量的维生素，一般煮到半熟就可以。在某些情况下，可适当喂些经过检验的无菌无病的生肉，以满足猫对某些维生素（如烟酸）的需要。生肉必须新鲜，死亡的畜禽肉绝对不能生喂。饲喂带骨肉要防止卡住食道或刺伤胃肠。用内脏喂猫一定要洗干净，煮熟后切成小块饲喂。肝脏中维生素 A 含量高，每周喂 1 次就够了，喂多了会引起维生素 A 中毒。脾脏有缓泻作用，每周喂两次比较合适。

骨头可制骨粉，制作时先将骨头上的肉刮净，然后把骨头砸碎，上火烘焙，最后研成粉末即可。如果条件允许，可直接买骨粉饲喂。

猫爱吃鱼，但有的鱼（如红色金枪鱼）吃多了，反而容易造成营养失调。有的主人用生鱼头和鱼内脏直接喂猫，这是不科学的，易引起猫的腹泻，还可能使猫感染寄生虫和传染病菌，所以要煮熟切碎再喂。各种谷物和麦麸、米糠类要喂熟食，否则猫吃后不消化。猫喜欢吃干食，不愿吃液体状或糊状食物。可将大米做成米饭，面粉做成馒头、面包，玉米面做成饼或窝窝头供猫食用。

2.4.2　猫的分类饲养管理

1. 小猫的饲养管理

小猫出生时，体重一般为 70～90 g（一胎多仔的仔猫个体轻一些），身高10～16 cm，眼睛尚未睁开，耳朵倒闭，既听不见又看不见，它们不能行走，完全依靠母猫而生存。5～10 d 开始睁眼，8～20 d 眼睛完全睁开，眼睛的颜色为灰蓝色，大约在 12 周时开始变色，16～20 d 时，小猫开始爬行，3～4 周时开始能吃固体食物，大约在第 8 周可完全断奶。

小猫生长发育上的里程碑是：8～20 d 能睁眼；16～20 d 会爬；21～25 d 会走；3～4 周能吃固体食物，大小便定点训练；4～5 周能跑、嬉戏、狩猎练习；8 周乳牙长齐并出恒牙，可断奶；6 月龄完全独立于母猫。

(1)胎儿期护养

临产前，胎儿的中枢神经系统发育较快，特别是大脑，此时对激素类药物十分敏感。雄性激素注射到母体后，可导致雄性胎儿的中枢神经系统发育不良，进而引起猫成年后出现行为异常。因此，临产前应尽量避免使用激素类药物。研究证实，若母体肾上腺素水平较高，易导致胎儿大脑的异常生长发育。所以，应尽量避免刺激母猫分泌肾上腺素的各种因素。比如，不带猫外出旅行，不让孕猫乘船，保持猫窝舒适柔软，猫窝内不铺木板等较硬的材料，保证猫窝周围安静，避免人或其他动物打搅。

(2)新生仔猫的哺育

出生后 2 周内，仔猫大脑发育极快，神经元的生长发育主要在这个阶段，在此之后大脑结构几乎没有多大的发育和改变。在仔猫出生后几天，大脑细胞便停止增殖。因此，这个阶段合适的饲养管理对仔猫的大脑生长发育十分重要。

①加喂牛奶　由于生长发育的需要，食物中营养物质特别是蛋白质的含量应高一些。如果食物中蛋白质含量仅为正常水平的 1/3～1/2，对大脑生长发育影响极大，重者引起大脑发育阻滞。一般而言，若一窝仔猫数多，则易发生营养不良，特别是一窝中最小的猫常患此病。若一窝中有较强的仔猫长时间控制着母猫的乳头，就更加剧了乳汁缺乏。为此，应给较弱的仔猫加喂牛奶，同时加强哺乳母猫营养。

②应激处理　应激处理新生仔猫是一种新出现的饲养方法，它可以加速中枢神经系统的成熟，进而对许多系统器官的发育有促进作用。其方法是，用手触摸仔猫 3～5 min，或用微电流刺激仔猫 20～30 s，或突然将仔猫暴露于十分恶劣的环境(如寒冷环境)中 1 min，从仔猫出生后第一天开始，每天刺激 1 次，连续 10～20 d。经应激处理后的仔猫，睁开眼睛时间早，很早就出现协调的运动，被毛长得快，体重增加快，并且还对成年后的生活有影响，表现为对恶劣环境或陌生环境适应能力强，抗病力也强，身体健壮，活泼大方。

③同窝生活　当仔猫睁开眼睛、耳有听力(对呼唤有反应)时，周围环境的事和物开始对猫起作用。除猫妈妈的爱抚外，对于仔猫来说，就数与其他同窝伙伴一起生活最重要了。同窝伙伴不仅可以在一起玩耍，而且还是温暖和舒服的来源。同窝伙伴一起玩耍，可以代替猫妈妈的照料，并且那种天生的社会行为——自私的、有限度的群体生活便形成了，学会了怎样威胁其他猫，什么时间逃走，什么时间进攻。若因某种原因，母猫产仔后死去，应将同窝仔猫放于一个猫窝中饲养，同窝伙伴一起生活、相互玩耍可代替部分母爱。饲养单只孤儿猫比同时饲养 3～4 只孤儿猫的成活率小得多。

④孤儿猫的喂养　孤儿猫是指那些在出生后不久至断奶前，由于种种原因失去妈妈的猫仔。喂养孤儿猫主要应注意控制室温和人工喂奶。若孤儿猫在出生后 24 h 内就失去了妈妈，则控制好室内温度极为重要。1 日龄的最适环境温度为 32 ℃，2～14 日龄的最适温度为 27～29 ℃，15 日龄以后最适温度为 21 ℃。

给孤儿猫进行人工喂奶，关键是要有耐心。鲜牛奶浓度大，应冲淡后饲喂。可用下列方法调配：取鲜牛奶 3 份，温开水 1 份，鱼肝油 2 滴，葡萄糖 2 匙放入一杯中，均匀搅拌，然后盛入婴儿用的奶瓶内，将猫抱起后，使头适中，不要高抬，缓慢地将奶嘴插入嘴内。不要强行将牛奶倒入口内，尽量让仔猫自己吮吸。如果开始时仔猫不会吮奶，可缓慢挤压奶瓶一滴一滴地喂给。出生 1 周内每 2 h 喂奶 1 次，每次喂给 1～2 mL。在初期，若能找到奶羊或奶牛的初乳更为理想。1 周以后喂奶量应增加到每次 3～4 mL。值得一提的是，人工喂奶时，还应模仿母猫舔仔猫的动作，喂完奶后，用粗糙的湿毛巾轻轻地擦仔猫的腹部，这有利于食物的消化和大小便的排出。

2. 繁殖母猫的饲养管理

(1)生产周期

母猫从发情、交配开始，直到怀孕、分娩、哺乳、断奶、再重新发情大约需 20 周时间，其中发情持续时间为 3～7 d，妊娠期为 58～72 d，分娩、哺乳期为 6～8 周，断奶后 2～4 周再发情。

(2)妊娠猫的饮食护理

母猫妊娠后，随着胎儿在母体内的逐渐长大，生活行动较过去有一些改变，如活动量减少、跑跳稳重、食量增加等。妊娠初期，一般不需要补充特殊食物和进行特殊护理。随着胎儿在母体内的逐渐长大，采食量明显增多，当妊娠一个月后，用手轻压猫的后腹部，即可感觉到胎动。此时除了应增加食物的供给量外，还应给孕猫补充富含蛋白质的食物，如猪肉、牛肉、鸡肉、鸡蛋和牛奶等。在妊娠后期（最后 3 周），孕猫采食量增加 20%～30%，但由于腹腔内胎儿已长大，占据了腹腔的一定空间，因此猫的每次采食量有限，此时，应采用多餐少食法饲喂，每天喂食增加至 4～5 次，夜间还可给猫喂食。但是，在保证怀孕猫营养需要的同时，还应防止猫食入过多，避免母猫产前过于肥胖，造成难产，因此应减少富含碳水化合物的食物（如米饭、馒头）的供给量，而应补充蛋白质类食物。在产前适当给猫食物中添加一点钙剂，如葡萄糖酸钙或药用碳酸钙都行，每天每次可喂食 0.1～0.3 g。

（3）妊娠猫的其他护理

①适当运动

孕猫进行适当运动，不仅有益于健康，而且有利于正常分娩。在妊娠后期更应注意孕猫的运动。每天可将猫抱到室外去活动或晒太阳半小时左右；或者让猫在室内或阳台上活动至少 1 h。

②保持孕猫安静

孕猫比较喜欢安静，不愿受人或其他动物打搅。因此，除了要人为地让猫适当活动外，应尽量避免打搅或惊动它，并应将猫窝放至安静、干燥、温暖、有阳光的地方。

③防止母猫流产

母猫流产一般不常见，当营养缺乏或营养成分不全，有机械性的碰撞，以及得了某些疾病时会发生流产。

母猫怀孕期间，食物中缺少蛋白质、维生素可能会引起流产；食物中脂肪含量过高，引起母猫肥胖也会造成流产；缺钙和维生素 E 引起的妊娠中毒也会造成流产。所以，猫在怀孕期间应特别注意食物中的营养成分，既要全面，又要适量。

孕猫被碰撞、踢打、挤压也可造成流产。因此，在怀孕期间不应打猫，就是抱它时也应特别小心，动作要轻，以防流产。

怀孕期间，患有下痢、肠炎及子宫疾患也容易引起流产。因此，应注意孕猫的防病治病工作。

3. 老龄猫的营养与饲喂

衰老是不可避免的，细胞结构及生化结构的改变也是不可阻止的，而这两者决定着肌肉、神经和其他组织的结构与功能。无论如何，供给老年动物所需要的特殊食物对它们大有好处。

　　有关老龄猫营养需要方面的研究甚少，老龄猫的发病率却在增加。重要的是我们能诊断这些疾病并做恰当的治疗和预防。饲养老龄而健康的猫的目的是延长寿命，保证生命质量。

　　猫到生命的老年期时，其外表和行为几乎没有明显的变化。但猫也会出现如人类生命的后 30 年所表现出的生理变化，实际上关于猫何时为老年这个问题有许多说法。兽医认为猫超过 6 岁就易发生与年龄有关的疾病。公认的是，6～7 岁的猫活动量普遍减少，脂肪沉积增多，体重增加。

　　对猫来说，关键之处在于维持稳定的体重，避免肥胖，因为肥胖容易引发各种疾病。肥胖症被认为是猫最普遍的营养性疾病。需要深思的是，喂给高能食物还是提供低能食物。由于老龄猫的饮食习惯已固定，所以低能食物是不可取的，少量的适口性极强的食物更好一些。不做自由采食，定时给予少量食物更好，这也可以详细监测猫的摄入量。甲状腺功能亢进是中老龄猫的常见病之一，通常伴有食欲减退和体重减轻，这些猫可以用高能量、适口性好的食物喂饲。

　　牙结石（牙垢）和牙龈疾病是老龄猫最常见的两种疾病，通常导致牙齿脱落。牙病可以通过终生保持口腔卫生而避免。供给干食品有助于清洁牙齿。如果老龄猫的牙齿不好，可给予细碎的或浸湿的食物。

　　经常供给新鲜饮水，因为老龄猫的体温调节能力不健全，对渴的敏感性降低，二者协同则会造成脱水。

　　与犬相同，有关猫消化道的吸收效率及酶活性变化的资料很少，消化道紊乱并不十分令人担忧，这类疾病中大多数病例是由于肠便秘或结肠嵌塞引起的。普遍认为随年龄的增长，消化道只有很少的变化，但老龄动物最好吃些消化率高的食物。另外，如果消化道功能失常，聪明之举是保证摄入充足的维生素。如果限制猫的日粮或猫食欲不好，应额外添加维生素（保证最大量），确保只限制能量摄入而不影响营养的摄入。临床病例中，肿瘤的发生率最高。有些迹象表明，维生素 A 和维生素 E 可能抑制某些退行性变化。

　　目前还不清楚猫慢性肾衰的前置性因素是什么，老龄猫普遍发生肾衰，且没有性别和品种的区别。有人认为无论是在生命的早期还是后期，大量摄取蛋白质都是不利的，但目前尚无资料支持这种观点。对于这种病的治疗包括限制口粮中蛋白质的量，但如果对健康老龄猫也如此对待的话是不明智的，这会导致蛋白质的缺乏。明智的做法是食物中高生物价值的蛋白质水平应恰当。另外，与肾衰有关的物质也包括钠和磷，应在日粮中同样供给充足的钠和磷以满足老龄猫的需要。

2.4.3　猫的不同季节的饲养管理

一年四季由于气温不同，猫的生理状态也不一致，因此不同季节，对猫的饲养管理措施应有所不同。一般来说，猫的抗寒能力较抗热能力强，能在 $-5\ ℃$ 的环境正常生活，但气温超过 $36\ ℃$ 时，猫的食欲减退，体质下降，并易诱发疾病。

1. 春季的饲养管理

猫一年四季均可发情，但以早春（1～3 月份）成年母猫发情居多。处于发情期的母猫表现为活动增加，精神极度兴奋，有时卧地打滚儿，在夜间常外出走动，并发出很强的尖叫声，随地排小便（含吸引公猫的一种激素），以此来招引公猫。公猫夜间也外出游荡，遇到母猫后围着母猫走来走去。公猫间为了争夺配偶常相互用爪抓挠而引起外伤。因此，在春季时应禁止小猫（性成熟前，即 6 月龄前）外出，以免交配过早，耗伤元气，影响生长发育，可将小猫关在猫窝或猫笼中饲养。若母猫已达性成熟（10 个月～1 岁），主人又希望猫怀孕的话，最好能寻找较为健壮的成年公猫与母猫交配。若条件不允许，可让母猫夜间自行外出交配。若不希望母猫怀孕的话，就应给母猫做绝育手术，或关在室内或猫窝内。国外也有人用喂避孕药的方法来避免猫怀孕。

假如饲养的是公猫，为了饲养管理容易，最好能在公猫长到 6 月龄时，将公猫去势。公猫的去势术较为简单，一般的兽医均会做此手术。假如饲养的是未去势的成年公猫，在春季时要限制猫外出。当看管不严，猫夜间外出寻求配偶时，由于公猫间因争夺配偶而争斗，常引起外伤。因此，对外出回家的猫，要进行仔细检查，发现外伤则应用 75％酒精或 2.5％碘酊消毒，并撒上消炎粉，伤重者应及时找兽医治疗。春季也是猫换毛的季节。严寒的冬季过后，覆盖全身的被毛即将更换。此时，如不经常给猫梳理，不洁的毛易擀毡，为体外寄生虫和真菌的繁殖提供了有利的场所，容易引起各种皮肤病的发生。因此，春季应注意给猫勤洗被毛，以预防皮肤病的发生。

2. 夏季的饲养管理

猫喜欢温暖的气候，对寒冷有一定的抵抗力，但对高热的气候不大适应。在夏季，气候炎热常影响猫的食欲，大多数形体消瘦、喜卧懒动。另外，夏季高温、潮湿的环境最适合真菌、细菌的繁殖，此时食物最容易腐败变质。如饲养管理不当，喂给已霉败或正在霉败的食物，在进食后数小时，猫就可能出现浑身哆嗦、食欲减退或废绝、不时呕吐、哀叫声不断、拉稀、腹痛打滚儿等症状。换言之，假若出现上述症状可怀疑是食物中毒，应立即找兽医诊治。夏季饲喂给猫的食物应经过加热处理，以新鲜的熟食为宜。

饲喂食物的量应适当，防止食盆内出现剩食。下次喂食时，一定要将食盆清洗干净，有的养猫者明明知道食物如猪肉、鱼肉已经变质，但扔掉又心痛，便用来喂猫，这是绝对禁止的。变质的食物中除了含有大量细菌外，还有细菌产生的毒素。喂变质食物后，猫会很快出现中毒症状。

夏季养猫还应注意防暑。由于猫体表缺乏汗腺，体热不易散出，特别是长毛猫如波斯猫，被毛长而厚实，体热更不易散失，因此在高温潮湿的夏天，饲养管理稍有不当，便易引起猫中暑。若猫出现呼吸困难、体温明显升高、精神恍惚、心率加快等症状时，便可怀疑为中暑，应立即用冷水冲洗猫的头部，并用湿冷毛巾放于猫的头面部，还可用针刺破耳上及尾上的血管放血，如放不出血时，可用剪刀剪去耳尖或尾尖，便可放出血液，同时保证室内通风。上述措施如不见效，应立即转送兽医院急救。夏季，应将猫窝放于通风凉爽的地方，有条件的家庭还可给猫配制一个小电扇，定时定期给猫吹风。应禁止长时间抱着猫，因为这样会增加猫的身体热量。

3. 秋季的饲养管理

秋季气候温和凉爽，猫的采食量增加，因此应适当增加食物供给量。秋季是猫的另一个繁殖季节，如养猫者不希望交配繁殖，在夜间应将猫关在室内或猫窝内饲养；如猫已外出求偶交配，则在回家时，应对猫进行仔细检查，有无外伤及产科病症(如阴门内分泌物增多、阴门红肿或流出脓液等)，并作相应的处理。秋天昼夜温差大，容易感冒，继发气管炎、肺炎等呼吸道疾病，应防止猫被雨淋或受寒。

4. 冬季的饲养管理

冬季气温低，光照时间短，当天晴时应让猫多晒太阳，特别是正在生长发育中的小猫，尤其需要阳光的照射。增加光照时间，可以促进猫对钙的吸收，并促进骨骼的生长发育。

冬季不适宜在室外养猫。室内养猫同样也得注意保温防寒，如在猫窝中铺垫旧的棉套或棉衣。此时，猫最容易养成上主人的床或钻入主人被窝中睡觉的坏习惯，应及时通过训练予以制止。

2.4.4　猫的调教

1. 调教的生理基础

动物在神经系统的参与下，对体内外的各种刺激发生的全部应答性反应叫反射。动物的反射又可分为非条件反射和条件反射两大类。非条件反射是动物生来就有的先天性反射，是动物在进化过程中适应于变化着的内外环境而产生和发展起来的神经反射活动，这类反射常常是维持动物生命的最基本和最重要的反射活动，如猫生下来就会吃奶等。

条件反射是动物出生后，在生活过程中，适应于生活环境逐渐形成的神经反射活动，这种反射是保证动物机体和周围环境保持高度平衡的高级神经活动，是在饲养管理过程中形成的习惯和通过训练而培育起来的各种能力，以及一切属于个体特有的反射活动。

调教猫利用的就是猫的条件反射。在驯猫时，驯养员发出的口令、手势，猫并不理解其真正含义，而是通过训练养成一种习惯。一听到某一口令，看到某一手势，猫就会做出相应的动作。

调教猫不仅仅是为了让它做一些惹人喜爱的动作，还包括让它养成良好的生活习惯，如训练猫到准备好的便盆进行大小便，这样才不至于影响主人的正常生活。

2. 调教的注意事项

在调教时应有耐心，不要急于求成，调教过程应遵循循序渐进的原则。

调教中，对猫应尽可能地友好，口令应柔和，不要过于粗暴刺耳。调教某一动作成功后，必须给予一定的"奖励"，如轻轻地抚摸猫头部、背部的被毛，或给予少量可口的食物。

猫调教成功后，在平时的生活中，应经常让它做一做训练的动作，做成功后，再给予"奖励"，以巩固训练形成的条件反射。

3. 调教的内容

(1)在便盆上大、小便的调教

猫喜欢清洁，一般情况下不会随地大、小便，小猫从小受到母猫的影响，就会到一定的地点进行大、小便，但对刚买回的小猫则要进行必要的训练。

首先要在猫窝附近放一只塑料盆做便盆，在便盆内铺上 3～4 cm 厚的沙土、锯末或炉灰等吸湿性强的垫料，上面放一层带小猫粪便的垫料。当看到刚买回的小猫绕来绕去，焦急不安，是小猫要排便的表示。这时应尽快将其带到便盆，让它闻一下便盆内垫料的味道，不久小猫就会排便。排完便，小猫会用前爪扒垫料将粪便盖住，有时盖一半、留一半。

当发现小猫排完便，或发现便盆内垫料堆成小丘时，应尽快将垫料倒掉，清洗便盆后换成干净的垫料。在训练过程中，清理便盆后，再留一点带小猫粪便的垫料，以免小猫闻不到自己排便的气味，下次就可能找不到便盆排便。

（2）在抽水马桶上大小便的调教

虽然猫很爱清洁，也很容易通过训练让它在便盆内排便，但是便盆须经常清洗，垫料也要经常更换，而且猫的粪便发出的气味特别难闻。因此，在城市居民中训练猫在抽水马桶上大、小便可获得一举数得的效果。

训练前，在抽水马桶座圈下面放一塑料板或木板，并在塑料板或木板上铺上适量的沙土、炉灰、锯末等垫料。发现猫要排便时，将它带到抽水马桶上，不久它就会排便。等猫养成习惯，能够自己在塑料板或木板上大、小便后，逐渐减少垫料的量，猫慢慢地就会养成站在马桶座圈上大、小便的习惯，这时就可将塑料板或木板拿开。

训练中，人最好不要使用抽水马桶，放的垫料应经常更换，一般每天一次，如果猫因为摔进马桶而不愿再去抽水马桶大、小便，那只能从头开始训练。

（3）不上床的调教

猫很喜欢钻到人的被窝里睡觉，这种习惯很不好。因为猫的一些疾病，如钱癣、弓形体病等很容易传染给人，因此，训练猫不上床很有必要。

首先训练猫在自己的窝里睡觉，训练前应为猫准备一个温暖、舒适的窝。冬天，应在窝里铺上垫草或褥垫。南方室内没有暖气，可在猫窝里放一只暖水袋。如果采取这些措施，猫还是不愿在窝里睡觉，可在窝的上面盖上一个罩子使它不能往外跑。经过几次训练后，猫就不会往外跑，当然也就不会钻被窝。

如果猫白天也喜欢上床或钻被窝，可以拍打猫的臀部，并大声训斥，将猫赶下床。由于猫对主人的情绪很敏感，这样反复多次后就可以改变猫上床的坏习惯。如果这种方法不能奏效，还可以尝试以下方法：事先准备2～4只玩具水枪，当发现猫上床后，可以站在猫看不见的地方，用吸满水的水枪向猫喷水，猫受到突如其来的袭击马上就会逃走，反复进行数次猫就不再上床了。值得注意的是，切不可让猫发现有人在向它喷水。否则，这种方法就难以获得良好的效果。

109

(4)扒抓木柱的调教

猫很喜欢用其锐利的脚爪扒抓物体，如树干或木器。有时也会在地上进行扒抓。对于室内养猫，如果不注意对其的训练，往往会发生抓坏家具，抓坏地板的情况。

猫在扒抓物体时，还有这样的一种习惯，那就是总喜欢在同一地方或同一部位反复扒抓。这是因为猫脚上有丰富的腺体，可分泌黏稠有味的液体，在扒抓过程中，涂擦于被抓物体的表面，这些黏液的气味会吸引猫再次到同一地点去扒抓。另外，猫睡醒后，伸完懒腰，常会发生扒抓行为。根据猫扒抓的这些习惯可采取相应的措施进行训练。

训练前应先准备一根木柱，长 70 cm 左右，直径 20 cm 左右比较合适，直立固定于猫窝附近，以便于猫扒抓，木柱的质地应坚实。

训练应从小开始。训练时，将小猫带到木柱前，用两手抓住猫的两条前腿，将两只前脚放置于木柱上，模拟猫的扒抓动作，这样猫脚上腺体的分泌液即可涂在木柱上。经过多次训练，再加上分泌液气味的吸引，猫就会到木柱上去扒抓。养成这样的习惯，它就不会再到家具上扒抓，从而保护家具的整洁、美观。

对于养成扒抓家具习惯的猫，在训练时，应先在被扒抓部位的外面盖上塑料板、木板等，再在扒抓部位前面适当的位置放置一根坚实的木柱或木板，可用同样的方法训练猫在木柱或木板上扒抓。等猫养成在木柱或木板上扒抓的习惯后，可缓慢移动木柱或木板到合适的地方。每次移动木板的距离不应过大，以 5～10 cm 为宜，切勿操之过急。

(5)识别招引口令的调教

如果留心的话可以发现，多数猫的主人只要喊一声猫的名字，做一个手势，如喊一声"猫咪，过来"，再做一个招手的手势，猫就会跳到主人的怀中。

其实，让猫"来"的动作是最基本的动作，一般情况下都会训练成功。在训练前应给猫起一个名字，在每次喂食前叫一声它的名字，等到不喂食时，叫猫的名字，它也产生反应。训练时，也叫一声猫的名字，等猫抬头看时，再叫一声"过来"，同时做招手的手势。刚开始时，猫可能不过来，可以将它抱起来，然后抚摸它的头、背部被毛，或者给以可口的食物进行奖励。渐渐地，在喊完口令，做完手势，猫就会自己跑过来跳到主人的怀中，这时，千万不要忘记给猫以奖励。

　　(6)跳环动作的调教

　　训练前，应先准备一只铁环，可用粗铁丝弯成一圈，将接头焊在一块铁板上。使铁丝环和铁板垂直，环的直径可视猫的大小而定。训练时，先将铁环放置于地板上，然后将猫带到铁环前，面向铁环，先叫一声猫的名字，待猫抬头后，用手指向铁环，同时喊"跳"，如猫不愿跳，可用左手轻轻推其臀部，等猫从环中走过应给予食物和抚摸的"奖励"。经反复训练，在喊完口令、做完手势后，猫就会自己从环中走过。

　　逐渐升高铁环的高度(可在铁板下垫一块砖)，然后用同样的方法进行训练，直到猫在口令和手势发出后，能顺利跳过铁环。再继续升高铁环的高度，直到 30～60 cm，如果猫还能顺利跳过的话，就算大功告成了。

　　(7)打滚动作的调教

　　虽然猫在玩耍时，偶尔会出现打滚的动作。但是，如果不经过训练，它就不会听从口令而打滚。

　　训练猫打滚，不需受时间、地点和工具的限制，随时都可以训练。先将猫带到草坪或平整的地上，室内地板也可以，喊一声猫的名字。待猫抬头后，再喊一声"滚"的口令，如猫无动于衷，可用手将猫轻轻按倒，使它打滚，然后给予食物或抚摸的"奖励"。经过反复训练，猫可以随着口令而打滚。

2.5　猫的繁殖

2.5.1　猫的性成熟

　　猫的成熟是以性成熟为标志的，公母猫的性成熟时间大致相同。一般来说，母猫到 6～8 月龄时，卵巢上的卵泡发育成熟，能排卵，并出现周期性发情表现，如果让其交配，就能怀孕产仔。公猫性成熟在 7～9 月时，这时公猫的睾丸能产生精子，具有繁殖后代的能力。但此时的猫身体各部分并没有完全发育成熟，特别是骨骼、肌肉及内脏器官还在生长发育。如果此时就让公猫开始交配，母猫怀孕产仔，这对公母猫及其后代的身体健康均十分不利，不但严重影响它们的生长发育，使其早衰，而且所生后代多发育缓慢、体型瘦小、多病、成活率低，本品种的优良特性也会出现退化。因此，一定要等到猫体成熟，才可让其交配繁殖。特别是作为种猫的公猫，为了保证品种的纯正性，更要待其身体成熟才可配种。母猫比公猫成熟要稍早一些。一般情况下，短毛品种的公猫出生后 1 年，长毛猫 1～1.5 年配种为好，母猫最早也要到 10～11 月龄，即母猫在第二或第三次发情时配种为宜，还有些名贵品种，配种时间还应再迟些。

母猫性成熟后，卵巢内便有卵子开始成熟，母猫从第一次卵子成熟时开始到下次卵子成熟称为一个性周期，即发情周期，母猫的性周期为 15～28 d，发情持续时间为 3～7 d。

在自然条件下，除夏天最热的三伏天以外，猫均可发情。但猫最佳的繁殖季节是春、秋两季。母猫发情时，活动增加，常外出游荡，特别是在夜间表现更为躁动不安，外窜寻找公猫，发出粗大的尖叫声以吸引公猫。一个性周期中母猫的求偶期可持续 2～3 d。当母猫看见公猫后，立即表现出接受公猫交配的姿势：骨盆区域或整个后躯上提，尾不时左右摆动，后肢不停地做踏步运动。当主人用手抚摸发情母猫的颈背部和会阴区域时，母猫也常表现出接受交配的姿势。根据这一特点，可判断母猫是否处于发情期。

除上述表现外，如果仔细观察发情母猫的阴部，可见阴门红肿、湿润甚至流出黏液，如用消毒的棉棒蘸取阴道分泌物涂在载片上，姬姆萨染色后用油镜检查，根据观察到的细胞的变化，可将猫的性周期分为四个阶段：①发情前期，以大而有核的细胞为主；②发情期，出现角质化细胞；③发情后期，以中性白细胞为主；④发情间期，有许多有核上皮细胞和有少数中性白细胞。

猫开始发情，表明卵子已成熟，已为交配怀孕做好准备。母猫在发情期间，由于性欲的冲动，精神始终处于兴奋的状态，食欲大幅度降低，此时要求饲喂营养丰富的饲料，并多供饮水。

2.5.2 猫的交配与妊娠

1. 交配

母猫的性周期为 15～28 d，平均 22 d。发情继续时间 3～7 d，一个性周期的求偶期持续 2～3 d，猫的交配应在发情期内进行，以在求偶期内交配受孕率最高。如当阴道分泌物涂片出现中性白细胞后(即发情后期)，交配很难成功。一般来说，配种的适当时间是在母猫发情后的第二天晚上进行，往往一次即能配准，为保险起见，次日可再交配一次。猫交配喜欢在夜间进行，不愿让人看，也不喜欢灯光。因此给猫选择交配场所时，应注意保持环境的黑暗和安静，最好是在夜间进行，主人如要观察交配是否成功，可在暗处或在室外通过玻璃窗观看，不可走动而发出声响。

给猫配种时，要把母猫放到公猫的住处。如果公、母猫从未见过面，不能直接合笼，应在交配前将母猫关在笼内，放在公猫的住处或笼附近，让公猫与其亲近，待彼此熟悉后方可合笼，公猫受到母猫的刺激便很快进行交配。倘若母猫不愿意接受交配或公猫不理母猫，此时不可将它们放在一起，以免引起争斗，发生伤害。可另换公猫试试，若还不行，则可能发情不充分或假发情，要等真发情并达发情高潮时再进行交配。

当发情母猫接受交配时，公猫会一边发出尖锐的叫声，一边接近母猫，当母猫蹲伏下来时，公猫会用牙齿揪住母猫颈部疏松的皮肤而爬上母猫的背部，并用前爪揉母猫的两侧。但由于公猫的阴茎是向后指的，于是公猫用后腿使身体放在适当的位置上，并做一系列迅速的腰荐部挺伸动作，经过 2～3 min 的时间，才能将阴茎插入阴道内，此时公猫会发出响亮的叫声。射精后，公猫放开母猫或母猫通过打滚等将公猫抛下。一般情况下，公猫在交配结束后会迅速跳开躲到一边去，而母猫则留下来舔舐其前体躯和阴道等处至少 5 min 时间。此时母猫绝不允许公猫再度爬跨，进行第二次交配。主人如想知道交配成功与否，除观察交配动作和听其声音外，还可以取交配后的母猫阴道分泌物进行显微镜检查，以有无精子为最可靠的根据。

给母猫配种时，如果想得到优良品种的后代，应选择本品种内优良品种的公猫，但禁止近亲（三代以内）繁殖。一般选配时要注意具有相同缺点的公、母猫不可交配，否则缺点会巩固下来。初配的母猫要找已经配过种的公猫来配，而初配的公猫应与产过仔的母猫交配。

公猫在整个配种期内，由于一直处于发情状态，性欲旺盛，会消耗大量而优良的精液，加上由于性冲动而食欲不振，必然使其体力下降。此时要注意公猫的饲料营养，力求做到食物体积小、营养高、口味好、易消化。因为此时的饲养管理好坏，对种猫配种性能和精液品质有密切关系，能直接影响母猫的受胎率、胎产仔数及成活率等。公猫也会产生阳痿，公猫阳痿主要是由于食物中缺乏维生素 A 所致，由于环境的影响也可能导致猫阳痿，调治方法可在猫食中每天加入 2～3 滴鱼肝油。

2. 妊娠

猫属刺激性排卵动物，交配后 24 h 卵巢排卵，卵子在输卵管与精子相遇，完成受精过程，此时猫就受孕了。猫的发情表现持续 3～6 d 后消失。交配未成功的母猫维持发情 1 周左右。间隔 2～3 周又开始下一次发情。母猫交配后要 20 d 左右才能看到怀孕的征候。此时的母猫，乳头颜色逐渐变成粉红色，乳房增大，食量逐渐增加，喜欢静而不愿动，活动量减少，行动小心谨慎，不愿与人玩耍，睡觉的姿势一反常态，喜欢伸直身子躺着睡，睡觉时间增多，外阴部肥大且颜色变红，排尿频繁，不再发情。

怀孕 1 个月左右，母猫腹部开始明显增大，轻压其后腹部即能触摸到胎儿的活动。触摸检查要在空腹进行，用手掌托住后腹部，手指向腹内轻轻按压，切忌用力按压或挤压，以免引起流产。同时母猫的乳房明显膨胀，食欲旺盛，体重增加。

此时对孕猫要增加营养，并精心护理，让其适量运动，避免损伤，还要选择产房，准备分娩。

2.5.3　猫的分娩与哺乳

猫妊娠期平均为 63 d，一般在预产期前一周就应进行充分准备，以迎接新生命的诞生。

1. 产前准备

在预产期前 1 周，主人就要为猫准备好产箱或产窝，并将它放在一个温暖、阴暗、安静的地方，以免产期提前而措手不及。产箱可用木板钉制，也可用硬纸箱代替，规格为长 50 cm、宽 40 cm、高 30 cm，一般以猫的四肢能伸直并留一定空隙为宜。产箱的门要用一个高 7~8 cm 的门槛，以防仔猫跑出。产箱的内表面应光滑，不能有露头的钉子或其他尖锐突出的部分，以免划伤母猫和仔猫。产箱也不能刷油漆或其他涂料，避免异味对猫的不良刺激或因仔猫舔咬而引起中毒。产箱使用前要进行彻底消毒，可用 1% 的热碱水刷洗一遍，再用自来水冲净晾干备用。产箱底部要铺垫棉絮、布片等保温物品，但不宜使用干草、刨花等物，因为仔猫出生后会在箱内乱跑，如果钻进杂物中不能被母猫发现就容易被压死，或出现其他意外。冬季要多铺一些，不可用热水袋或灯泡进行保温。而夏季要注意产箱的通风和降温。产箱最好放在阴暗、干燥、冬暖夏凉的地方，也可用砖将产箱垫高以利通风。产箱的顶盖最好做成活页型，可随时打开，以便观察母猫及幼仔的生活情况。

产前用温热的淡盐水将母猫的乳头洗净、擦干，以确保幼仔能顺利、卫生地吃到初乳。母猫临产前还要准备毛巾、剪刀、消毒药水、温开水等，以备难产时用。

2. 分娩

在预产期前几天，要随时观察，及时发现母猫临产征兆，做好分娩准备和护理。随着分娩的临近，孕猫活动越来越少，并频频舔其腹部和外生殖器周围；腹部明显膨大下垂，乳头清晰可见，有时还会有乳汁流出。此时孕猫精神紧张，极易攻击其他动物和人。临产当日母猫一般不进食，躲进产房不出来，因此，临产的母猫在没有疾病的干扰下，突然停食，这是临产前的重要预兆。临产前 12～24 h，孕猫体温下降 1 ℃左右。临产前几小时，孕猫子宫开始阵缩，并感到阵痛而显得不舒服，精神也焦躁不安，待在产箱不愿出来。有的孕猫会侧身躺下，呼吸急促。在阵痛间歇，孕猫可能会大量饮水。如果发现阴门有黏液流出，则说明马上要分娩了。此时如果孕猫不在产箱，应快将其放入产箱，并轻轻抚摸，待其情绪稳定，然后让它单独待在产箱内，禁止经常观看，更不允许触摸它。

　　猫分娩一般要持续 1～3 h，主要由产仔数决定。一般正常情况下母猫依其母性的本能，完全可以自己处理分娩过程中的一切事宜，无须旁人帮助。但家猫，特别是名贵品种猫有时需要主人协助。因此分娩过程中，主人可在旁静观，发现问题及时处理，但不要发出响声，人走动越少越好，特别是生人。分娩时第一个仔猫能否顺产很重要，如顺产，则整个分娩过程一般不会出现难产。

　　分娩时，母猫侧身而卧、不断努责，以加速分娩过程。阴门中流出较多黏液，来增加产道的润滑程度，加速分娩过程。当胎儿将要产出时，首先看到阴门鼓出，然后是一层白色薄膜，薄膜里面裹着胎儿。常常是先产出头部，爪子放在头两侧，然后产出身子和尾部。产出的仔猫被裹在胎衣里，随后母猫将胎衣囊撕裂，咬断脐带，然后把胎衣和胎盘吃掉，以舌舔净仔猫身上羊水、鼻子里的黏液，有时还会看到母猫像在"打"幼仔，这是刺激小猫的循环和呼吸系统，都是正常现象。第一个幼仔生出后，间隔 0.5～1 h，开始分娩第二个胎儿，母猫一般会从第一个幼猫身边挪开。主人还要观察第二个胎儿分娩的全过程，防止母猫压着或伤害已产出的仔猫。一般产出 3～4 只仔猫后，经 1 h 不再见母猫努责，则表示分娩结束。此时母猫已很疲劳，要让它好好休息，不要打扰它，有时也可给它饮少量牛奶或温糖水。

　　猫也会出现难产，这就需要有经验的人给予助产。如果是头先产出，这是顺产产位，有的猫由于身体虚弱，产力不足也会发生难产，此时可用牵拉的办法助产。一个人抓住母猫的肩部，另一人用纱布垫住露出的胎儿部分，送回盆腔约 1 cm；再轻轻转动一下胎儿的身体，然后趁母猫努责时向外小心牵拉，一般情况下，胎儿能顺利产出。臀位性难产，要一人按住母猫的头部，另一人左手轻轻按压母猫的腹腰部，右手拇指和无名指从羊膜上轻拉胎儿后腿，然后用食指和中指贴在胎儿的背上，将胎儿的体躯腹部弯曲成虾状，就能顺利产出。如果两前爪先出，可用食指和中指探进产道内，顶住胎儿的胸部，趁母猫努责间歇向子宫内送胎儿，同时用手勾住头部，使其进入产道，处于顺产产位而产下。助产时动作要轻稳，耐心细致，以防止伤害。回送胎儿一定要在母猫停止努责时，而向外拉则一定要随着母猫的努责慢慢牵拉。若经助产，胎儿还难以产下，则要考虑剖宫产。

猫分娩时要注意以下事项：

第一，分娩时一定要保持安静、阴暗，防止猫过分紧张而造成难产。观察时如发现孕猫破水 15～24 h 仍不见胎儿产出，或见胎儿已露出阴门 5 min 还不能全部产出，则说明母猫难产，需要助产，必要时考虑剖宫产。

第二，分娩过程中，一定要清点胎盘数量。一般在胎儿产出后，胎盘随即排出，并被母猫吃掉。如胎盘不下，后果严重，如不及时发现和处理，可能会感染、腐败，甚至危及母猫的生命。

第三，母猫分娩时会有少量出血，如果分娩结束后，阴门里有鲜红的排泄物排出，则预示着产道将会大出血，此时要多用脱脂棉将阴道塞住，送兽医站诊治。

3. 哺乳期

分娩后 1～2 h，母猫即开始给仔猫哺乳。在出生后的头 3 周，仔猫的食物全部是母猫的乳汁。在产后最初两天，母猫除了吃食饮水外一般不离开产窝，但随着仔猫的长大，母猫离开产窝的次数逐渐增多。母猫停留在产窝中哺乳的时间与产仔数有关。若仔猫 3 只以上，则母猫有 70% 的时间在产窝中照料仔猫；若仔猫仅 1～2 个，则母猫在窝中哺乳时间明显减少。

在初次给新生仔猫哺乳时，母猫会围着仔猫转来转去或在仔猫附近躺下，不时舔触和唤醒仔猫。母猫一般呈弓形姿态侧卧，使乳房特别是乳头充分暴露给仔猫，在出生后 2 h，仔猫眼睛尚未睁开，主要靠触觉、嗅觉来寻找母猫的乳头。每个仔猫在出生后 2～3 d 内便确定了自己吮吸的乳头，因此仔猫间很少发生争乳头的现象。所以不要人为地改变仔猫吮乳的位置。

在仔猫出生后的头 3 周，母猫在哺乳仔猫的同时，还不停地舔触清理仔猫的被毛及其外生殖器。舔触被毛可使仔猫体表皮毛整洁，舔触外生殖器可促进仔猫排粪和排尿。

出生 3 周后，仔猫的眼睛和耳朵功能已基本完善，仔猫常离开猫窝，在窝外跟随母猫活动。此时，仔猫的需乳量大，母猫既可在猫窝内也可以在窝外哺乳。

出生 4 周后至断奶前，仔猫的食物仍然是乳汁。随着时间的推移，母猫开始拒绝为仔猫哺乳，母猫表现为躺下将乳区朝向地面或爬于某一较高的物体上，以拒绝哺乳。当母猫拒绝哺乳时，应考虑断奶，将仔猫与母猫隔离饲养。

2.5.4　断奶

小猫长至 7～8 周龄(约 50～55 d)时，体重一般能达到 600～1 000 g。此时小猫活泼好动，已完全具备独立生活的能力，是最佳断奶时间，将小猫和母猫隔离饲养即可。

一般情况下不应提前断奶。如果由于某些特殊原因，必须提前断奶，则应在 3 周龄前喂小猫牛奶，除适当加少量谷物类食物外，还应补充少量的细末状牛肉或猪肉。每次喂小猫食物的量应少一些，每天饲喂 6 次。8 周龄后，每天喂 2～3 次。

2.6　猫的常见疾病诊断及主要防治措施

2.6.1　猫瘟热

猫瘟热是猫泛白细胞减少症，又称传染性肠炎，是猫科动物的一种高度接触性传染病，以高热、呕吐、腹泻、脱水和血中白细胞减少为特征。猫瘟热的病原是一种细小病毒科的病毒，对环境的抵抗力强，低温下可以长期生存。

发病情况：各年龄未接种猫瘟疫苗的猫可被传染，以 1 岁以下猫的感染率和死亡率高，成年猫有一定抵抗力，体弱及手术后易感染，目前是国内猫病中最严重的疾病。

1. 症状

潜伏期 2～9 d，急性型 24 h 内死亡，亚急性病程为 7 d 左右。一般发病后耐过 7 d 而经过专业兽医正确治疗的猫可痊愈。高烧 40 ℃以上，呈双相热，即发烧后 24 h，体温下降，2～3 d 后体温再度升至 40 ℃以上。精神差，拒绝进食，呕吐物开始为食物，后为胃液，呈黄绿色，属于顽固性呕吐。腹泻发生在病后 3 d 左右，后期呈咖啡色，是因出血较多，高度脱水，本病有流行性。

2. 诊断

根据症状、是否接种猫瘟疫苗、有无与病猫接触为初步判断。体温双相热、呕吐物和腹泻物颜色、呕吐与腹泻共存是重要特点。

3. 治疗

国家兽医诊断中心田克恭等研制的猫细小病毒单克隆抗血清,以每千克体重 1～2 mg 剂量,每日或隔日 1 次肌肉或皮下注射,连续 2～3 次为主要的治疗方法,临床效果明显,对症治疗包括止吐(胃复安)、抗生素防止细菌继发感染、静脉补液、止血等综合措施。如果发病初期(1～2 d 内)用以上方法治疗,临床治愈率高于国外的水平。

如果猫未接受血清治疗而耐过疾病的,则终生免疫;注射过血清的,应 20 d 后再接种猫瘟疫苗(单苗或猫三联疫苗)。

2.6.2　猫病毒性鼻气管炎

本病是由猫疱疹病毒Ⅰ型引起的猫的一种急性、高度接触性上呼吸道疾病,主要侵害幼猫,发病率达 100%,死亡率约为 50%。

1. 症状

本病潜伏期 2～6 d。幼猫比成年猫易感染,症状严重。病初患猫体温升高、上呼吸道症状明显,表现为突然发作,震发性喷嚏和咳嗽、畏光、流泪、结膜炎、鼻腔分泌物增多、食欲减退、体重下降、精神沉郁、鼻液先为浆液性后为脓性。成年猫可见有结膜充血、水肿,舌、硬腭、软腭、口唇可发生溃疡。耐过性的猫多转为慢性,表现咳嗽、呼吸道阻塞及鼻窦炎症状,个别猫可造成慢性角膜炎、结膜炎及失明。

2. 防治

(1)该病没有较好的治疗方法,只能是对症防止继发感染。

(2)进行健康免疫,以后半年一次加强免疫。

(3)加强饲养管理,保持室内清洁卫生,并经常消毒。

2.6.3　猫传染性腹膜炎

本病是一种由猫传染性腹膜炎病毒引起的猫科动物的慢性进行性传染病,临床上以腹膜炎、大量腹水聚积及死亡率高为特征。

1. 病原

属于冠状病毒，该病毒对外界环境抵抗力差，一般常用消毒药物可杀灭。发病情况以 1~2 岁的猫及老龄猫多发。纯种猫发病多于家猫。

2. 症状

发病初期症状不明显或不具特征性症状，病猫体重减轻、食欲减退或间歇性厌食。随后表现体温升高至 39.7~41 ℃，可见有较轻的呼吸道症状。7~40 d后可见明显的腹围增大，腹腔内积有大量的腹水，腹壁触诊时一般没有明显的疼痛，随着腹围逐渐增大，病猫会表现出呼吸困难、贫血、消瘦，病程数周后衰竭死亡。

3. 治疗

目前尚无特异性治疗药物，出现临床症状一般预后不良。一般情况给予对症疗法及皮质类固醇药物，可对症状有所缓解。

2.6.4　猫肠道冠状病毒感染

本病病毒与猫传染性腹膜炎的冠状病毒在抗原结构上有密切的相关性。主要感染 6~12 周龄的幼猫，主要特征是呕吐、腹泻和中性粒细胞减少。本病病毒对环境抵抗力差，一般消毒药物就能将其杀死。

1. 症状

病初体温升高，精神差、厌食。此后出现呕吐与腹泻，脱水。如果不继发细菌感染，常能自愈，死亡率低。

2. 诊断

确诊困难，以粪便中(电镜下观察)发现病毒为准。根据临床症状和流行情况可做初步判断。

3. 防治

尚无疫苗，此症以治疗为主，止吐，止泻，静脉补液，抗生素控制细菌感染，免疫球蛋白对病猫有益。环境消毒非常重要，可采用 0.2% 的福尔马林溶液或 0.5% 的苯酚溶液。

第 3 章
鸟的饲养

　　鸟，是大自然的生灵，是维持自然界生态平衡的重要物种，是人类不可缺少的朋友，也是男女老少都喜欢的宠物。随着社会的不断发展和人民生活水平的提高，饲养宠物鸟的人越来越多，对笼鸟的需求量也越来越大。据了解，在世界各国，特别是一些经济比较发达的国家，家庭养鸟正在逐渐扩展开来，有的已形成为一种新兴的养殖业，相关从业人员在研究饲养方法、解决繁殖技术、引进新品种等方面做了许多工作，取得了宝贵的经验。随着人们对养鸟意义认识的不断加深，养鸟的队伍会进一步扩大，养鸟事业必会发展提高，给人们带来生态效益和经济效益的双丰收。养殖宠物鸟的目的不仅在于保护鸟类的生存权利，更为重要的是改善人类自己的环境，陶冶情操，增进身心健康。

3.1　鸟的品种

　　地球上现存鸟类约有 156 个科 9 800 余种。我国有 81 个科（占 51.9%）1 186种，占世界鸟类总数的 13%，超过整个欧洲、整个北美洲，是世界上鸟类种类最多的国家之一。我国雉科的野生种（各种野鸡）有 56 种，约占世界雉科的 1/5；全世界共有鹤 15 种，我国就有 8 种，约占世界总数的 53%；全世界画眉科共有 46 种，我国有 34 种，约占世界总数的 74%。我国不仅鸟的种类多，而且有许多珍贵的特产种类。例如，羽毛绚丽的鸳鸯、相思鸟，产于山西、河北的褐马鸡，甘肃、四川的蓝马鸡，西南的锦鸡，台湾省的黑长尾雉和蓝腹鹇，产于我国中部的长尾雉，东南部的白颈长尾雉，还有黄腹角雉和绿尾虹雉，等等。有不少鸟类，虽不是我国特有，但主要产于我国境内，如丹顶鹤和黑颈鹤等。在这么多品种的鸟类中，人们能够饲养的仅有极少数。

我国现在家庭饲养的宠物鸟近 100 种，主要是雀形目的鸟，还有鹦形目、佛法僧目、隼形目和鸽形目中的部分鸟。玩赏鸟的选择常以鸣声和羽色为主。以鸣声为特色的鸟有画眉、百灵、云雀、红点颏、鹊鸲、乌鸦等。以习舞为特色的鸟有百灵、云雀、绣眼鸟。这些鸟边唱边舞，姿态优美多变。以表演杂技为主的鸟有黄雀、金翅、朱顶雀、蜡嘴等；以争斗为主的鸟有棕头雅雀、画眉、鹌鹑、鹊鸲等；以羽色夺人眼球的鸟有红嘴、蓝鹊、寿带、蓝翡翠等。近几年来，我国还从国外引进一些能够人工繁育的供笼养的鸟种，如白色文鸟、灰色文鸟、驼色文鸟、五彩文鸟和牡丹鹦鹉等。这样可以减少对野生鸟的捕捉，有利于鸟类资源的保护，是值得提倡的。现将宠物鸟的一些品种介绍如下。

1. 金丝雀

金丝雀又名芙蓉鸟、白玉、白燕、玉鸟。属雀形目、雀科。原产非洲西北海岸的加纳利、马狄拿、爱苏利兹等岛屿，羽色和鸣叫兼优，在国内外皆被列为高贵笼养玩赏鸟之一。金丝雀不但羽毛艳丽，而且鸣叫声婉转圆润，几百年来一直为各国养鸟爱好者所宠爱，并经过人类的精心选育，现已培育出 24 个品种。

金丝雀（见图 3-1）体长 12～14 cm，体型较麻雀细瘦，但较麻雀细长。原种身体的羽毛为黄绿色配上暗色纵纹，叫

图 3-1　金丝雀

声不甚美，经人工培育出现了黄色、白色、绿色、橘红色、古铜色等羽色，叫声也多比原种好听。

2. 画眉

画眉又名金画眉。属雀形目、鹟科、画眉亚科。广泛见于甘肃东部、陕西南部、湖北、安徽、江苏、四川、云南以东的华南大陆和台湾、海南。

我国有 3 个画眉亚种。各亚种羽色不同、体型大小亦相差甚大，大者体长达 24 cm 左右，笼养者多为大型亚种。我国号称"鹛类之国"，而画眉又是鹛之

冠。画眉（见图 3-2）背部条纹褐色，下体黄褐色，腹部中央灰色，头顶羽色较黑而有暗色轴纹。眼圈白色并向后延伸呈蛾眉状，眉细曲而长如画，故称画眉。雌雄同色，外形难以区分，一般以鸣声作鉴别。雏鸟的羽色较成鸟浅而呈棕色，口腔橘黄色，喙缘黄色，尾部无任何斑纹。

3. 百灵

百灵又名蒙古鹨、塞云雀、华北沙鹨、百灵鸟等。属雀形目、百灵科。产于我国内蒙古的呼伦贝尔盟、林西县和鄂尔多斯市，河北张家口地区亦有分布。普通年份为留鸟，若遇

图 3-2　画眉

到危及其生存的年景，也可能向河北等地迁徙。百灵能歌善舞，为我国著名笼鸟，与画眉齐名中外，堪相媲美。

百灵（见图 3-3）体长约 18 cm，嘴峰 17 mm，翅 117 mm，跗蹠 26 mm。眼灰褐色，喙黑褐色，喙下部淡黄色，脚淡黄色。雄鸟（冬羽）额、头顶周缘和后颈均栗红色，中顶中部棕黄色。眉纹棕白色、向后延伸至枕部。耳羽茶褐色，上体余部均为栗褐色，羽缘棕灰色。翅上覆羽大都栗红色、羽缘淡黄色。外侧飞羽黑褐色，羽缘白色，内侧羽几乎纯白。尾羽黑褐色。

图 3-3　百灵

喉白，上胸两侧具黑色斑块，其下转为棕白，至腹纯白。肋部有栗纹。雌鸟的栗色一般较浅淡，而褐色较深，胸侧黑斑不如雄鸟发达。

4. 云雀

云雀又名阿兰、告天子、朝天柱、小百灵、天鹨。属雀形目、百灵科。国内有 6 个亚种。繁殖于东北和内蒙古地区，南迁时几乎遍布全国，最南至福建、广东北部等地越冬。体型介于小型和中型之间，形、声俱佳，是著名的笼

养玩赏鸟。

图 3-4　云雀

云雀(见图 3-4)体长约 18.7 cm，嘴峰 12 mm，翅 110 mm，尾 65 mm，跗蹠 22 mm。上体包括翅上覆羽和尾均为黑褐色，各羽具黑褐色纵纹，后头具羽冠，两翅和尾均黑褐色，各羽外缘淡棕色，最外侧一对尾羽几乎纯白，次外侧一对外羽亦为白色。眉纹淡棕，耳羽稍带褐色。脸部淡棕，多数具黑褐色斑点，下体余部全白。眼暗褐色，喙铅黑色，脚肉褐色。

5. 八哥

八哥学名为鸲鹆，俗称八哥。八哥的种名很多，如鹦鹆、寒皋、华华鸟等。属雀形目、椋鸟科。我国有 3 个亚种。八哥羽衣并不美丽，歌喉也不出众，但其性不畏人，聪明，善仿人语，还可在笼外自由散养，和主人形影不离，多少年来一直是颇受欢迎的大型笼养玩赏鸟。

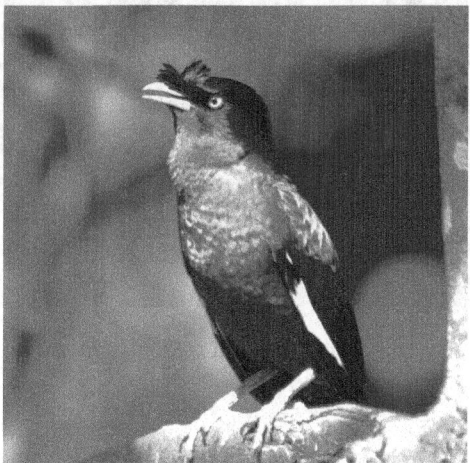

图 3-5　八哥

八哥(见图 3-5)体长约 25.7 cm，嘴峰 23 mm，翅 137 mm，尾 82 mm，跗蹠 40 mm。通体羽毛黑色，有闪烁的光泽。头冠、后头和耳区的羽毛特尖锐。嘴基部有一束长羽，一部分直竖成冠；另一部分向前倒下，形成鼻的覆羽。翅上有一大块白色横斑，由大覆羽的末端和初级飞羽的基部组成。飞翔时，自下往上看，两翅白斑呈"八"字形，故名八哥。尾羽除中央 2 枚外，均具白端。尾下覆羽的尖端亦白。眼黄褐色，喙橙黄色，脚、趾鲜黄色。

6. 红点颏

红点颏又名红喉歌鸲、红额、点颏、红脖、野鸲、红秸、芦稿鸟、白点颏(雌)。属食虫鸟，常食直翅目、半翅目、膜翅目等昆虫及幼虫和少量植物性食物。属雀形目、鹟科、鸫亚科。夏季在我国东北、内蒙古、青海、甘肃及四川北部繁殖。迁徙时经我国东部到西南地区越冬。红点颏是我国的传统笼养鸟，为形、声、色皆优的小型笼养鸟。

红点颏(见图 3-6)体长 13～16 cm，嘴峰 12.5 mm，翅 75 mm，尾 62 mm，跗蹠31 mm。身体修长、俊俏，上体褐色、下体白色，有白色眉纹和红色的颏和喉，十分醒目。尾褐色，两肋皮黄，腹部皮黄白。颏部、喉部周围有黑色狭纹。虹膜褐色，喙暗褐色，脚浅褐色。雄鸟体羽大部分为纯橄榄褐色，各羽的中央略现深暗色。成年雄鸟的特征为喉红色。雌鸟颏部、喉部不呈赤红色，而为白色，眉纹淡黄色，胸带近褐，头部黑白色条纹独特。

图 3-6 红点颏

7. 虎皮鹦鹉

虎皮鹦鹉又名阿苏尔、娇凤、彩凤、黄背青鹦鹉、石燕、长尾恋爱鸟等。

属鹦形目、鹦鹉科。原产澳大利亚，后经人工培育，已成为世界性笼养鸟，各国都有饲养。我国笼养鹦鹉中以虎皮鹦鹉最为广泛。

　　幼鸟体色较深，公、母幼鸟的蜡膜都为粉红色，需要 3～4 个月才能长成如成鸟般羽色。虎皮鹦鹉平均寿命是 7 年。体长 16～20 cm，体重约 35 g。前额、脸部黄色。颊部有紫蓝色斑点（见图 3-7）。上体密布黄色和黑色相间的细条纹。腰部、下体绿色。喉部有黑色的小斑点。尾羽绿蓝色。虹膜白色，喙灰色，脚灰蓝色。雄鸟鼻包为淡蓝色，雌鸟为肉色。成鸟头顶较圆平，喙壳甚强大，上喙壳弯曲如钩状，基部为蜡膜覆盖。体羽色彩艳丽多变，常见色有黄、绿、蓝、白、蓝绿、浅黄等色。因头、颈及背部的羽色中多具有黑色或暗褐色横纹，故得名虎皮鹦鹉。足趾浅肉色为对趾型，第二、三趾向前，第一、四趾向后，适宜在枝头攀缘，更适宜握物和取食。尾型尖长，中央尾羽延长如箭。成鸟雌雄区别在于蜡膜的色彩，雄性蜡膜呈青蓝色，雌鸟蜡膜为肉褐色。成鸟蜡膜及喙壳基部较为枯燥，无光泽。足趾浅肉色。

图 3-7　虎皮鹦鹉

8. 黄鹂

　　黄鹂又名黄鸟、黄莺、金衣公子、鸧鹒、黄栗留、黄伯劳、黑枕黄鹂。在我国是夏候鸟。属雀形目、黄鹂科。

　　黄鹂（见图 3-8）体长 22 cm 左右，嘴峰 29 mm，翅 125 mm，尾 93 mm，跗蹠 25 mm。通体几乎皆鲜黄色，唯自鼻孔起横过眼睛直达后头的枕部有一黑环，故有"黑枕黄莺""黑枕黄鹂"之称。初级飞羽及其覆羽黑色，覆羽的外翈黄色，初级飞羽则具黄或白色狭边。尾羽除中央一对为纯黑色外，其余的黑色尾羽均具黄色尖端，且越靠外侧其尾羽黄斑越大。雌鸟的羽色大体与雄鸟相同，仅背部色泽稍带绿色。翼及尾的黑色部分稍沾褐色。

图 3-8　黄鹂

3.2　鸟的生活习性

鸟类属陆栖性动物，且对树的依赖性很大。食物种类较丰富，食性较多样化。它们大多为一雌一雄营巢繁育。繁殖期间雄鸟多爱鸣唱，不少种类还有效鸣能力；在非繁殖季节大多集结成群活动。在冬季有些种类仍留居在繁殖区，有些种类则迁徙到南部地区或南亚、澳洲及非洲等地越冬。在长期的适者生存的自然环境中，鸟类形成了一套特有的生活节律，可分为食性、繁殖、换羽及迁徙，每年周而复始，固定不变，并能遗传给下一代。

3.2.1　食性

鸟类的食物种类花样繁多，但动物性食类和植物性食类所占比重较大。专食性鸟类比较少。由于食性不同，在喙的形状和取食方式方面也各自发展成不同形态：在树干及枝叶间寻捕昆虫者，喙形宽阔，喙缘着生有发达的须；猛食性鸟类的喙粗壮并具有利钩；食种子的鸟类具有粗壮有力的圆锥状喙；以花蜜为食的鸟类，喙细长而下弯；有些鸟类还有一个特异之处，那就是会贮藏食物。鸟类食性和取食方式的不同造成了各自不同的独有的取食、栖息、繁殖基地。由于生活环境与习性不同，鸟的食性可分为食谷、食虫、杂食和食肉四类。

（1）食谷鸟

这类鸟的喙呈圆锥状，短粗钝圆，喙基坚厚，峰脊不明显。以谷物为主要食物。在玩赏鸟中雀科、文鸟科和鹦鹉科的鸟多属此类。根据采食谷物方法的不同又可分为两种：一种是将整粒谷物直接吞下；另一种是用喙将坚硬谷物种子或果实的外壳咬破剥开，然后食种仁。后者又称硬食鸟。

（2）食虫鸟

食虫鸟种类多、数量大，约占鸟类总数的一半。这类鸟羽色艳丽，体态优美，鸣声悦耳，深受人们喜爱，构成笼养玩赏鸟的主体。食虫鸟的特点是喙形多样，无嗉囊，腺胃细长，肠管较短。一般较难饲养，刚捕获的野生鸟上食困难，人工驯化也不容易，人工繁殖更难。鸫科、鹟科、黄鹂科、伯劳科、戴胜科、佛法僧科的鸟多为食虫鸟。

（3）杂食鸟

杂食鸟的食物繁杂多样，有植物种子、果实和昆虫等。杂食鸟有些以食植物种子为主，兼食昆虫；有些以食昆虫为主，兼食植物种子；有些则以食果实与植物种子为主。这类鸟一般较易饲养，新捕获的野生鸟也容易上食。鹎科、百灵科、椋鸟科的鸟多为杂食鸟。

（4）食肉鸟

此类鸟又分为食肉鸟与食鱼鸟。食肉鸟喙形钩曲而尖锐或者大而强壮，先端具缺刻，肠管中等长；食鱼鸟喙长而尖直或长而弯曲，肠管较短。共同特点是腺胃发达，肌胃壁薄，人工饲养不易，鸟体腥臭，粪便污染环境较为严重。鹰科与翠鸟科的鸟多为此类。

为了饲养上的方便，雀友们通常还把玩赏鸟分为硬食鸟、软食鸟和生食鸟。硬食鸟主要指食谷鸟中咬开植物种子外壳，剥食种仁的那些鸟；软食鸟主要包括以昆虫、浆果等为主要食物的鸟及整粒吞食植物种子的食谷鸟；生食鸟即食肉鸟。

3.2.2　繁殖

春季是鸟类由集群活动向独自活动过渡的季节，它们为了求偶筑巢，各自找寻适合自身生存的理想地方。在繁殖期，绝大多数鸟是一雌一雄配对营巢，每一对鸟都要占有一块地盘，作为活动和取食的范围，并在其中筑巢，这个区域叫巢区。占据一个巢区后，雌雄鸟就在这个领域内配对、筑巢、孵卵和育雏。在繁殖和育雏期，雌雄鸟就在这个巢区范围内寻觅食物，这样就可避免在同种鸟类之间相互干扰。

巢区由雄鸟选择占据，其大小各不相同，主要和食物的多少与分布有关。雄鸟发情比雌鸟早，常在巢区内鸣啭。在占巢区以及繁殖活动的早期，雄鸟激烈鸣啭，并伴有不同程度的求偶炫耀动作，以激发雌鸟的性活动，吸引雌鸟并向雌鸟求爱。

雄鸟的任务之一就是保卫巢区的安全，对侵入巢区的鸟类予以驱逐，巢区面积依建造者的种类、环境条件及种群密度而定。在种群密度较高、适宜巢址面积不够的情况下，已有的巢区可被同种或异种入侵者压缩、分割甚至重叠（在同一棵树上营巢）。配对大多发生在占巢区之后到筑巢前，在配对后的一个短暂的时期内为交配期，有些种类的交配活动一直延续到孵化期。

鸟类在占领巢区、选好配偶之后就开始营巢建家。营巢任务多数情况下由雌鸟承担，也有些鸟类雌雄共同承担营巢任务。鸟类营巢的巢材和方法有很多种。最常用的巢材有树枝、树叶、杂草、羽毛、纤维等。鸟类在筑巢结束后即开始产卵孵化。通常在最后一枚卵产出之后即开始孵卵，少数种类于第一枚卵产出后即开始孵化，因而各个卵的胚胎发育程度迥然各异。鸟卵的形状和颜色式样很多，大多数鸟类的卵为椭圆形，卵上具有各种斑纹、斑点、块斑、环斑、条斑、条纹等，形成保护色，不易被敌害发现。每窝卵的数目各异，一般小型鸣禽产 4～6 枚卵。产卵时间多在清晨，每日产 1 枚。孵卵任务一般由雌雄鸟共同完成，但主要以雌鸟为主，甚至完全由雌鸟承担，雄鸟主要负责保卫巢区，并负责孵卵雌鸟的饮食；有些种类为白天两性轮流孵卵，夜间由雌鸟孵卵。

鸟类的雏鸟可分为早成性和晚成性两种。早成性雏鸟在孵出时已经有了一定程度的发育，眼已能清楚视物，腿脚有力，全身密布丰富的绒毛，在绒羽干燥后就能跟随亲鸟啄食；晚成性雏鸟出壳时发育还不够充分，眼不能睁开，不能行走，全身裸露，只有很少纤细的绒羽，需由亲鸟喂养，继续在窝内完成发育过程。

鸟类的育雏活动完全是发自本能，在育雏期间它们非常繁忙，单说每天的喂食就花去它们近 20 h，每天需飞行百余次。斑啄木鸟可达 120 余次。亲鸟衔食归来踩动树枝和巢时，幼雏就产生伸头张口反应，显示口腔内特别鲜明的颜色，如红色或黄色，以激发亲鸟的喂食本能。因此，亲鸟从不喂食不张口索食的幼雏。雏鸟留巢的时间几乎和孵卵期相同，一般在 15～17 d 离巢，离巢后仍需亲鸟喂食，一直延续到 28 d 左右方能独立生活。离巢的雏鸟，喙和跗跖几乎达到了全长，体重已接近于成年雌鸟，体色也大致与雌鸟相仿，但仍保留一些幼鸟特征，如喙角为黄色，尾较短，羽色较深暗等。常结为小群，鸣叫声比较尖细。

3.2.3　换羽

鸟类羽毛定期更换的现象称为换羽，这是鸟类的一个重要的生物学现象。研究人员观察发现，一种鸟在冬季和夏季的外表不一样。在繁殖季节，鸟的羽毛多姿多彩，在冬季，鸟的羽毛便于伪装。换羽能使鸟类常年保持完整的羽饰、更换破损的羽毛以适应飞行的需要。换羽在繁殖季节有特殊的作用，可满足求偶炫耀的需要。在亲缘关系接近的鸟之间有类似的换羽规律，这对于研究系统分类与进化有着重要的意义。鸟类从破壳而出到发育成熟，期间要经历多次换羽，之后每年仍要进行规律性的换羽。通常，鸟类一年换羽两次，在冬季或春季所换的新羽称为夏羽，又称婚羽，在夏季繁殖期过后所换的羽饰叫做冬羽。

1. 换羽的阶段

从鸟类出壳到成熟会经历多次换羽，其换羽的阶段可以总结如下：

①雏绒羽　指破壳后首次出现的羽衣。雏绒羽一般几天后即能被替换，称为雏后换羽，更换的羽毛为正羽。

②稚羽　雏后第一次所换的羽毛为稚羽。此时的羽毛已经为正羽。稚羽的羽色常与幼鸟和成羽不同，大多带有斑纹，以灰、褐色为主，起隐蔽的作用。雏鸟离巢后要更换羽衣，称为稚后换羽。

③第一冬羽　稚后换羽所更换的羽衣称为第一冬羽，幼鸟将以此羽衣过冬。此时的羽衣称为幼羽，羽色与成鸟相当，或者有显著的差别。待到冬末春初之际，幼鸟要再次进行换羽，此次换羽称为第一婚前换羽。

④第一婚羽　第一婚前换羽后的羽衣将伴随鸟类度过夏季。待至秋末，鸟类再次进行换羽，此次换羽称为第一婚后换羽。

⑤第二冬羽　经过夏季第一婚后换羽得来的羽衣，才算是大多数鸟类的成羽。有些鸟类成熟较早，第一冬羽即为成羽，例如一些雀形目鸟类；有些鸟类成熟较晚，其幼羽状态要保持多年，例如银鸥。

2. 换羽的规律

鸟类换羽是逐次、有序、左右对称进行的，在亲缘关系较近的鸟类之间，换羽规律也类似。鸟类换羽可以分为完全换羽和局部换羽。完全换羽是体羽、飞羽和尾羽完全更换，局部换羽是飞羽或尾羽不更换，多是飞羽不进行更换。成鸟成婚后所换的冬羽多数是完全换羽，婚前换羽所换的夏羽多是经过局部换羽，局部换羽一年可发生一次或多次。鸟类飞羽和尾羽在换羽时通常是左右对称、一枚枚逐次更换，当一些最先脱落的旧羽已经更换为新羽时，另一些旧羽尚在脱落和更换的过程中。这个特点对于鸟类而言是非常重要的，这样换羽不致影响鸟类的保温、保护和飞翔能力，有利于鸟类的安全。但是雁形目鸟类和红鹤在换羽时，其飞羽同时脱落，在换羽期间它们暂时丧失飞行能力，此时它们一般藏身于隐蔽的湖泊水草之间，以减少被天敌捕杀的机会，渡过难关。飞羽和尾羽的这种逐渐更替耗时很长，一般需要几个月甚至直到下次换羽开始。也有些物种例外，例如企鹅在孵卵后同时脱落飞羽和其他羽毛，然后 2~6 周即可换好新羽；而对于一些鹤和鹰类而言，一个完整的换羽周期需要 2 年。

鸟类在换羽时，羽毛的脱落顺序和方式有着一定的规律：

①初级飞羽　许多鸟类的初级飞羽更换，是从最内侧的那一枚开始，顺次向翅尖方向进行，称为递降换羽，这是鸟类初级飞羽更换的基本形式。对于不同种类，初级飞羽的更换形式还有多种，比较复杂。

②次级飞羽　次级飞羽更换的基本形式是从位于翅中部的最外一枚次级飞羽开始，逐渐向内侧更替，属于递升换羽。

③尾羽　尾羽的更换是可变异和不规律的，常见的形式有：离心型和向心型，即更换时是从中央一对尾羽向两侧更换或相反。

④翅覆羽　初级覆羽常常与其所覆盖的初级飞羽更换顺序相同。

3. 影响换羽的因素

因为换羽时需要消耗大量的能量来生长出新的羽毛，所以几乎所有的鸟类在繁殖期内是不换羽的。迁徙鸟类的换羽是在远距离迁飞中完成的，因此产生了多种适应。迁徙的距离、光照、食物资源等都会影响换羽的时间、方式和持续时间。

在鸟类的人工饲养中，换羽不正常是营养及管理方式存在缺陷的重要信号。在饲养家禽的过程中，采用"强制换羽"的方法来改变家禽的激素周期，从而提高产卵率。

3.2.4　迁徙

很多鸟类每年随着季节的变化而往返于繁殖地和越冬地之间，这种长距离的有规律的运动称为迁徙。鸟类的迁徙现象也是自然界中最引人注意的生物学现象之一。鸟类的迁徙路线几乎遍布全球，据估计世界上每年有数百亿候鸟在繁殖地和越冬地之间迁徙。由于这种大规模广泛的迁徙，使得鸟类的分布出现因季节而异的局部和全球性的变化。人类很早就注意到鸟类的迁徙现象。

1. 鸟类的迁徙类型

通常根据是否迁徙和迁徙习性的不同，可将鸟类分为留鸟、候鸟和迷鸟。

（1）留鸟

终年栖息于同一地区，不进行远距离迁徙的鸟类，称为留鸟。留鸟一般终年栖息于同一地域，或者仅有沿着山坡的短距离迁徙现象。

（2）候鸟

一年中随着季节的变化，定期沿着相对稳定的迁徙路线，在繁殖地和越冬地之间作远距离迁徙的鸟类，称为候鸟。根据候鸟在某一地区的旅居情况，又可分为以下类型：

①夏候鸟　夏季在某一地区繁殖，秋季离开繁殖地到南方温暖地区越冬，第二年春季又返回这一地区繁殖的候鸟，就该地区而言，称为夏候鸟。

②冬候鸟　冬季在某一地区越冬，春季飞往北方繁殖地，到秋天又回到这一地区越冬的候鸟，就该地区而言，称为冬候鸟。

③旅鸟　候鸟在繁殖地和越冬地之间迁徙时，途中会经过某些地区，但既不在这些地区繁殖也不在这些地区越冬，这些候鸟就称为这些地区的旅鸟。

（3）迷鸟

在迁徙过程中，由于狂风或其他气候因子骤变，或是鸟类自身的定向出了问题，使其漂离通常的迁徙路径或栖息地偶然到异地的鸟，称为该地区的迷鸟。

2. 鸟类迁徙的原因

鸟类迁徙的原因很复杂，至今没有得到很好的解释，当前有以下几种主要的观点。

（1）外界环境条件的影响

外界环境条件包括气温、光照以及食物等。有人指出，鸟类迁徙主要是应对冬季食物条件的不足，去寻求更丰富的食物供应，食虫鸟尤其如此。也有人认为北半球夏季的长日照可以为鸟类提供更多的时间捕食、育雏。这两种观点是相辅相成的，不过对于迁徙中的种种复杂事实仍然不能很好地解释。

（2）内在的生理因素

外部条件必须通过内部生理机制才能起作用，神经内分泌等生理活动对于有机体整体的生活机能具有重要影响。实验证实，鸟类的一些激素分泌与日照长短有密切关系。光照增长，激素分泌相应增加，因而促使生殖腺发育、膨大，促使鸟类向北迁徙；光照缩短，激素分泌减少，生殖腺萎缩，内分泌机能衰退，促使鸟类南返。

（3）历史因素

有人也认为，鸟类的迁徙是一种本能，是由于历史上自然环境发生变化而形成的。如地壳的变化和冰川的消长产生的影响，迫使鸟类从原来生活地区向另一个地区迁徙，在长期的历史作用下，逐渐形成了代代相传的本能。

归根结底，鸟类独特的迁徙习性，应该是在多因素长期作用下形成的，是自然选择的产物。

3.3 鸟所需要的营养物质

无论哪种食物种类，经过消化，都会在体内分解成一系列营养物质，即蛋白质、碳水化合物、脂肪、维生素、矿物质等。这些营养物质是鸟类赖以生存的必备条件，而且相互之间不能替代，每种物质对于鸟类都具有特殊的功能和作用。

1. 蛋白质

蛋白质是鸟类生存的必要物质，也是组成鸟类细胞的重要成分，约占细胞干重的50％以上。蛋白质是一种高分子化合物，结构较复杂，种类也比较多，组成元素除碳、氢、氧、氮外，还有硫，有些还含有磷、铁等。组成蛋白质的基本单位是氨基酸（约20种）。鸟类的皮肤、羽毛、肌肉、内脏都是以蛋白质为主要成分。因此，鸟类的生长发育、产卵都需要大量的蛋白质作为营养物质。它的重要作用是其他营养物质所不能替代的。

蛋白质需在鸟体内消化和分解成各种氨基酸才能被鸟吸收利用。每一种鸟需要的氨基酸种类和蛋白质的品质各不相同。有的蛋白质含有几种必需氨基酸，称完全蛋白质，如各类昆虫、蝗虫、蟋蟀、面包虫、蚕蛹、黄豆粉、鱼粉等，完全蛋白质对于鸟的健康成长有着基础性作用，它保证了鸟体正常生长。有的蛋白质主要由非必需氨基酸构成，称不完全蛋白质，大部分植物性饲料均属此类。若一种鸟单独饲喂不完全蛋白质，则不能维持鸟体健康和正常生长发育。所以，鸟类的饲料要混合多种蛋白质原料，使得氨基酸的作用互补，保证营养的全面。对以植物子实为主食的硬食鸟来说，它们的饲料一般以豆粉和蛋为主，但必须加喂昆虫，如蝼蛄、小蚱蜢、面包虫等，才能得到完全蛋白质。

2. 水

鸟体内的水分占体重的 2/3，其中 40％含于细胞内，20％在组织里，5％在血液中。鸟类与其他动物一样，机体中失去全部脂肪、肝糖或一半蛋白质，还可以勉强活着。但是水分如减少 10％～20％，鸟类就会患上各种各样的疾病，甚至死亡。

水在动物体中功能很多，主要表现为促进食物的消化、养分的运输、废物的排泄及体内各种化合反应，以及动物体形的保持、体温的调节、各部关节的润滑等。为保持玩赏鸟的健康并维持各种生理机能，就必须保证充分的饮水供应，以维持体内水分的平衡。夏季时，鸟类身体的水分消耗量很大，因此更要注意饮水的供应。

3. 碳水化合物

鸟类热量的主要来源之一就是碳水化合物，碳水化合物是维持鸟类体温恒定并支持飞翔、跳跃等活动的基本能源。鸟类的新陈代谢较其他动物旺盛，消耗的热能也多，需要摄入较多的碳水化合物以补充能量。碳水化合物包括无氮浸出物和粗纤维两大部分。鸟类所需要的碳水化合物主要来源于植物性饲料。动物性饲料中碳水化合物的含量很少，主要形态为血液中的葡萄糖。

在人类为鸟类准备的饲料中大多含有丰富的碳水化合物，因此鸟类一般情况下不会缺乏碳水化合物。相反，往往由于碳水化合物过量，使鸟消耗不了，多余的碳水化合物会转化为脂肪，贮存到鸟体内，过多的脂肪对于鸟体健康不利，易造成肥胖，并且影响产卵和孵化。

4. 脂肪

鸟将油脂性饲料经过消化系统消化和分解后转化为体脂。脂肪贮存在鸟体内，既能维持鸟体的体温，又可保护鸟体内脏，保护鸟皮肤湿润和羽毛光泽，而且维生素只有靠脂肪溶解后才能为鸟体所吸收。油脂性饲料主要是指各种油料植物的子实，如菜子、白苏子、火麻子、葵花子、芝麻、花生、松子等。这类饲料只能作为辅助饲料与其他饲料混合喂食，如鸟类过多地摄食油脂性饲料而又缺乏运动，会使鸟体内脂肪积贮过多，造成肥胖病。

5. 维生素

维生素是鸟类生长发育不可或缺的一类特殊物质，鸟类的各种生理活动都离不开维生素的参与。缺乏维生素鸟类便不能正常生长，并会发生特异性病变——维生素缺乏症。患维生素缺乏症的鸟类生长缓慢，并可引发各类疾患，如软骨、脚爪畸变、羽毛蓬松、羽色褪脱、产卵和繁殖能力降低等。

鸟类需要的维生素主要包括维生素 A、维生素 B、维生素 D、维生素 E、维生素 K 等复合体，它们广泛地存在于蛋黄、鱼肝油、酵母粉、米糠、麦麸、骨粉和新鲜青绿植物等饲料中。保持食物多样化，才能避免维生素缺乏。

6. 矿物质

饲料中的钙、磷、钾、钠、硫等微量元素都属于矿物质。矿物质对于鸟类的消化、造血、生殖等功能起着至关重要的作用，特别是钙，它对鸟卵的形成、雏鸟骨骼的生长十分重要。所以，在鸟类的繁殖和育雏期间，应注意补充蛋壳粉、墨鱼骨、骨粉或贝壳粉等含钙物质。

3.4 鸟的饲养管理

3.4.1 鸟的常用饲料

鸟饲料种类较多，可分成植物性饲料（粒状饲料、粉状饲料或称软饲料、青绿饲料），动物性饲料（鱼类、昆虫类等），色素饲料，矿物质饲料，繁育、育雏饲料等类型。这些饲料各自有各自的特点。

1. 粒状饲料

粒状饲料又称粒饵或粒料，是食谷鸟或食坚硬食物鸟类的饲料。

①小米　即粟谷或粟米，谷粒卵圆形，呈黄白色。因谷粒的黏性程度的差别，又可分为糯粟和硬粟。喂鸟多数以硬粟为主。

②稗子　又称草稗或稗，是稻田中杂草的种子，外壳光滑，呈灰褐色，种子本身呈圆形，营养价值高。

③稻谷　是文鸟科鸟类爱吃的饲料，去壳后即称大米。多采用粳米、籼米或大米的加工品来喂鸟。一般不用糯米喂鸟。

④黍子　又名稷、磨子，其颗粒为圆形或椭圆形；乳白色、淡黄色或红色；颗粒较大。

⑤玉米　又名珍珠米、棒子、苞米、苞粟或玉蜀黍。有红色、黄色与白色三个品种，一般多采用红色与黄色的玉米喂鸟。通常把玉米碾碎成粉，用玉米粉调制粉料或软饲料。玉米含脂量较高，一般不宜多喂，否则，会使鸟体内贮

积过多脂肪，鸟的活动能力也因此会被削弱，懒于鸣叫，甚至不进行营巢与产卵。如若鸟体瘦弱，或在换羽及营巢与孵化期间，可以适当地增添一些玉米饲料，以满足其营养需要。

⑥白苏子　是一种中药材，可人工栽培。子灰白色，壳较薄，含脂量较高，鸟类偏爱取食，但也不宜喂食过多。

⑦紫苏子　野生，颗粒小，营养成分与白苏子相同，鸟类也很爱吃。

⑧油菜子　含脂量高，鸟类也非常喜欢吃；按实际状况，可作为一种辅助饲料。

⑨麻子　是大麻的种子。圆形，浅褐色，含脂量较高，是辣嘴雀调教时的好饵料，而且是大型或中型鹦鹉的主要饲料。因鸟体大，耗能多，再加上适度的运动，不会发生体内脂肪沉积现象。

⑩葵花子　含有丰富的脂肪，主要作为鹦鹉的饲料。

2. 粉状饲料

有些玩赏鸟类，其嘴短小而细弱，平时以虫类为主食，如白腹、白眉、红点颏、蓝点颏、红胁蓝尾鸲、柳莺等。饲养它们时，不可能用虫类完全喂养，需要人工配制软饲料（粉状饲料）来饲喂它们。

在黄豆粉、绿豆粉、玉米粉、大米粉、豌豆粉、蚕豆粉等中任选一种，再加上鱼粉或蚕蛹粉或熟鸡蛋即可配制成软饲料。

3. 动物性饲料

动物性饲料是食虫鸟类或食肉鸟类的主饲料，如蚕蛹、皮虫、蝗虫、面包虫、蝇蛆、蚯蚓、鸡蛋、鱼粉、蟋蟀等。在人们长期实践中发现，许多食虫的玩赏鸟，如若长期不喂活的虫子，其健康会受损，羽色减退，精神不振。一些杂食性或食谷鸟类，在繁殖与换羽时期，也应添加些动物性饲料，即增加一些动物性蛋白质，以满足其需要，特别是在人工饲养条件下，鸟儿不可能像在大自然中那样能自己调节食物种类。

①皮虫　又名大蓑蛾或大袋蛾，营养丰富。秋末冬初收集，可以贮藏至第二年春天，在花鸟市场上也可以购买到。画眉、八哥、鹩哥等玩赏鸟都非常喜欢吃皮虫。但饲喂时要把皮虫外面的皮囊剪开，取出虫体喂饲；如果是小型的玩赏鸟类（如绣眼鸟、柳莺等），应把虫体剪碎后再喂，防止皮虫咬伤鸟的食道。

②面包虫　又叫黄粉虫、麸子虫，其体肥大，一般 2～3 cm 长，不饱和脂肪酸的含量比较高，营养丰富，可人工培育，在市场上也可以买到。

③蝗虫 包括飞蝗、稻蝗、竹蝗、棉蝗等。主要通过野外捕获，人工培育难度极大，如捕获的蝗虫数量多，可以晒干或烘干保存。每次喂饲前，应把蝗虫的口器及后肢等去掉，只剩下躯干，这样可避免戳伤玩赏鸟的食道。

④蚕蛹 蚕蛹含蛋白质与维生素十分丰富，脂肪含量较高，最好脱脂后作为饲料。把蛹晒干或烘干，研成粉末保存。喂饲前，混入其他粉料中或配成人工混合饲料。

⑤小鱼、虾、瘦肉 皆可作为食虫玩赏鸟的饲料。较大的鱼或瘦肉不能直接喂饲，要磨碎才行，而且要干净卫生，这种饲料只能作为辅助饲料喂饲，一般不能作为主食，以免蛋白质在体内过剩或积累而影响鸟儿的健美与活力。

4. 青绿饲料

野菜、瓜果或蔬菜等，可作为玩赏鸟类的保健饲料。青绿饲料能为鸟类提供丰富的维生素，也可调节鸟的肠胃功能，增进食欲，提高玩赏鸟的活动能力。

这里所说的青绿饲料，即白菜、青菜、油菜、野菜（马齿苋、苋菜及苜蓿）、青草、胡萝卜、番茄、黄瓜、西瓜、苹果、梨、香蕉等。

青绿饲料要清洗干净放入清水中约 10 min，取出晾干才能饲喂。饲料要鲜嫩与适口，不能持续饲喂同一种饲料，要逐渐更替，这样一方面可增进玩赏鸟的食欲；另一方面还可以防止因饲料单一引起的营养缺乏症。

5. 色素饲料

这是保持玩赏鸟体色鲜艳的特定饲料。目前只有少数种类鸟的体色能通过喂食色素饲料后变得更鲜艳，其余的正在研究利用。

目前已发现在换羽期前 1 个月饲喂红甜椒与胡萝卜，可以促进辣椒红金丝雀（芙蓉鸟）的羽色更加鲜红；又如小姐妹鸟的喙是红色或黄色，若在日常饲料中拌入相应的色素饲料，能使小姐妹鸟的喙更加红艳、鲜黄。

国外现已人工合成红色或黄色的色素饲料，喂饲后，这种色素可以凝集在羽毛内，因而使羽色更鲜艳。饲喂时最好将色素饲料拌入日常饲料中，一方面易被玩赏鸟啄食；另一方面易起到饲料的互补作用。

6. 矿物质饲料

饲养者在为鸟准备饲料时，也不应忽视矿物质饲料的使用。矿物质元素在鸟体中所占比例虽然不大，但对鸟类的骨骼生长发育、维持体内酸碱度平衡、保证神经正常生理活动等有特殊功能。下面是几种鸟类必需的矿物质元素。

①钙　鸟骨骼组成的主要成分中就有钙，钙是维持组织细胞机能不可缺少的一种元素。鸟体的骨骼主要由钙元素与磷元素组成。长期缺钙会使鸟体骨骼疏松易骨折，甚至导致佝偻症、肌肉痉挛、凝血时间延长。因此，在正常饲料中必须含有适量的钙元素，其中钙与磷的正确比例为 2∶1 或 1∶1，这有助于提高骨骼的坚硬度，提供羽毛生长所需营养，以及促进卵壳的生成。

②磷　磷也是鸟体骨骼组成的主要元素之一。缺乏磷元素，将会造成鸟的骨骼发育不良，如鸟腿骨向外弯曲。如果饲料中含磷量低于 0.12%～0.17%，就会发生骨质疏松症，其早期症状为食欲减退。如若长期缺磷，会出现喜欢吞食异物，体重下降，性机能也会下降。

③钠　钠的主要来源是食盐，钠对体内水盐平衡的调节起决定性的作用，且能促进食欲。但食盐量过多，会引起鸟体水肿，并促使蛋白质分解。玩赏鸟的个体较小，要求食盐量不多，如果超过需求量太多，就会发生中毒现象。因此，一般小型的笼养玩赏鸟的饲料中不加食盐，饲料本身的钠元素含量即可满足鸟体所需。

④铁　铁是鸟类体内血红蛋白的主要成分之一，还存在于肝、脾、胰、肾等器官内。缺铁时，会引起鸟类缺铁性贫血。一般含铁的饲料有蛋黄、肝脏以及青绿饲料；泥土或砂土中铁元素的含量也不低。

⑤微量元素　虽然微量元素在鸟体内的含量不是很高，但十分重要，是酶及维生素等物质中不可缺少的组成部分，常见的有锰、铜、钴、碘、锌等。

7. 繁育、育雏饲料

性成熟的玩赏鸟类，在繁育季节会消耗较多能量。同时，在交配、产卵与孵化过程中需要比平时更多的蛋白质及动物性饲料与矿物质饲料。为确保鸟体健康和繁殖顺利进行，繁育饲料不可缺少。

玩赏鸟的雏鸟，尤其是晚成鸟，应饲喂营养丰富且易消化的饲料，一般以小米或大米与蛋黄混拌蒸熟；蛋黄与米粉的比例为 0.5∶1 左右，蛋黄太多，易引起雏鸟消化不良。

3.4.2　饲料配方及其配制

1. 粒料的配制

这里以介绍粒料鸡蛋米为例说明粒料饲料的配制。鸡蛋米分为鸡蛋大米与鸡蛋小米两种。因加工方法不同，又分炒蛋米与蒸蛋米。

炒蛋米的加工方法，是把米炒至略显微黄即可，倒入盆中，将生鸡蛋液均匀拌入炒米中。一般是 500 g 米用 3 ～ 4 个鸡蛋（鸭蛋）。蛋液与炒米要拌匀，可用手揉搓成散粒状。加工时应注意炒米稍降温才能拌液，因为发烫时拌蛋，蛋白遇热即凝成块，而不能达到蛋液均匀涂在米粒的效果。米粒拌蛋后，应及时把蛋米散开，烘干保存，但保存的时间不能太长，以免发霉变质，故每次配制的量要视需要而定。

蒸蛋米的加工方法与炒蛋米的加工方法不同，即先把米淘洗一遍，取出待干，每 500 g 米用 2 ～ 3 个蛋，二者拌均匀，用旺火隔水蒸透（约 10 min），再掀开锅盖晾透，阴干，并用手揉搓成散粒。蒸蛋米也不易保存，每次配制量不宜太多。

2. 粉料的配制

饲养鸟类的粉料，必须炒熟、磨碎后，才能喂饲鸟类，如若不然，鸟食后会出现腹胀或因消化不良而引起腹泻。粉料有各种不同的调配方法，有加水的湿粉和不加水的干粉，有以鸡蛋为主的，也有以鱼粉、蚕蛹粉为主的。至于用何种调配方法，则要根据鸟的习性而定。为便于掌握和应用，各种粉料的配方是以适用的代表鸟种命名的，如适用玉鸟为主的粉料称为玉鸟粉料。

①玉鸟粉料　玉米面 500 g，熟鸡蛋 750 g，混合后用手把鸡蛋搓成碎末，再用研钵磨成粉。适宜作玉鸟、金翅雀、珍珠雀、黄雀、画眉等在繁殖期和换羽期的补充饲料。

②绣眼鸟粉料　黄豆面 750 g，熟鸡蛋 250 g，混合后用手把鸡蛋搓成碎末，再用研钵磨成粉，饲喂时要搅拌均匀。适宜绣眼、柳莺及各种山雀科的鸟食用。

③相思鸟粉料　玉米面 750 g，黄豆面 250 g，鱼粉 100 g，蚕蛹粉 100 g，熟鸡蛋 100 g，青菜叶 50 g。先将青菜叶用研钵磨成菜泥备用，再将其他各种粉混合研磨均匀，饲喂时加入菜泥拌匀。适宜相思鸟、太平鸟等鸟食用。

④鹩哥粉料　用相思鸟粉料，再加肉末 50 g 混合拌匀饲喂。适作鹩哥、八哥、松鸦、躁鹛、乌鸫等鸟的补充饲料。

⑤百灵粉料　豌豆面或绿豆面 500 g，熟鸡蛋 250 g，青菜叶 50 g，研磨均匀，加水调拌均匀。适宜作百灵、云雀、红点颏、兰点颏、红尾鸲等鸟的饲料。

⑥黄鹂饲料　玉米面 500 g，黄豆面 200 g，鱼粉或蚕蛹粉 100 g，熟鸡蛋 200 g，研磨均匀，喂时须加水。

⑦芙蓉鸟粉料　玉米面 100 g，熟鸡蛋 150 g，混合后研磨均匀，使粉成团

块状，以手捏可成团，手轻搓即松散为标准。不加水，依靠蛋内水分与粉黏结，属浓缩饲料。适宜喂养芙蓉鸟、金山珍珠鸟、灰文鸟、黄胸鹀、金翅雀等。

3. 青绿饲料的配制

青绿饲料含有鸟类所需的各种维生素，青菜叶、植物根块及各类瓜果均属此列。鸟类生长发育离不开青绿饲料。但有些鸟类不能直接啄食青绿饲料，应将青绿饲料研碎拌入饲料中喂食，以避免鸟类患维生素缺乏症。

①青菜叶　常用的菜叶有青菜、白菜、萝卜叶、卷心菜、苜蓿等。选用新鲜青嫩的菜叶用清水漂洗干净，并浸泡 1～2 h，使菜叶充分吸水变脆，并除去菜叶上残存的农药。喂食前最好还要用 0.1% 的高锰酸钾清洗消毒，以杀死菜叶上附有的寄生虫卵。

②植物根块　常用的根块类饲料以马铃薯、甘薯、胡萝卜最为常见。胡萝卜可研碎拌入粉料中喂食；马铃薯和甘薯则要洗干净并蒸熟，才能作为杂食性鸟类的饲料。

③瓜果类　瓜果类饲料中比较常见的有番茄、苹果、香蕉、黄瓜等，这些瓜果中不仅含有丰富的糖分和维生素，而且还是一种色素饲料，但要注意的是要选择新鲜的瓜果，而且还要清洗消毒，再切成块状，插在笼中供鸟啄食。

4. 色素饲料的配制

鸟类的体羽之所以绚丽多姿，鲜艳夺目，其中有两个原因：一是羽毛的组织细胞内或细胞间含有某种色素；二是构成羽片的羽小枝上有整齐的凹凸纹，这些凹凸纹对白光中红、橙、黄、绿、青、蓝、紫诸色具有吸收或反射作用，因此就显出不同的色彩。色素饲料的主要功用之一便是补充鸟体羽中的色素，若换羽期缺乏足够的色素，就会使新羽失去原来的色彩。可补充红色素的饮料有红甜椒、番茄、红色胡萝卜等。色素饲料应在换羽前饲喂，待新羽长出后，色素饲料就失去作用了。

5. 活性饲料的配制

面包虫是一种高蛋白饲料，可作为一般食虫玩赏鸟理想的辅助饲料，是画眉鸟最理想的食饵之一。面包虫是黄粉蝶的幼虫，平时主要吃麸皮或面包，故名面包虫，由于幼虫体色呈黄棕色，也称黄粉虫。面包虫的营养价值很高，蛋白质含量占鲜体重 21.3%，占干体重 31.5%；能防止动脉硬化的油酸与亚油酸分别占脂肪酸总量的 40.3% 与 29.2%。面包虫组织中的磷、钾、镁的含量也很高，成虫与幼虫的含量分别为 16.30 mg·g^{-1}、8.80 mg·g^{-1}、2.25 mg·g^{-1}及11.70 mg·g^{-1}、6.70 mg·g^{-1}、20 mg·g^{-1}。此外，还含有锌、铁、钙、铜、钠等元素。

人工培育面包虫也很简单，其饵料主要是麸皮中的面粉，通常要求碳水化合物含量80%～85%，胆固醇及胆甾醇含量约1%，以及微量维生素 B$_2$。面包虫长至2个月，体长便可达 30 mm，一般情况下，体长至20～35 mm 即可作饵料，如长得太大，易化蛹。收获面包虫的方法较简单。面包虫具有避光与趋潮湿的习性。可在培养基面盖上一张报纸，以喷雾器喷水，把报纸喷湿。然后，再盖上一张黑光纸，使报纸处在黑暗条件下，经过1～2 h，面包虫即集聚在潮湿的报纸下面与基质上面，这样，就可把大的面包虫拣出备用；另外一种方法是用新鲜清洁而不带水的青菜叶或卷心菜覆盖在面包虫的基质上面，然后，在菜表面盖上黑光纸遮光，同样可以吸引面包虫集聚在基质表面与菜叶下面。此方法简洁、实用，但要防止弄湿基质，不然，基质易发霉而长其他虫子。每次收取成熟的面包虫后，应立即清除潮湿的报纸及萎蔫的菜叶、苹果及残屑，并以筛子筛去麸皮屑，然后，须再加入些新鲜的培养基，保持原有的容积水平，还要加上清洁干净的菜叶或水果片等辅助饲料，最后，以筛网盖住，并给以黑暗条件。成熟的面包虫，如遇恶劣条件(无培养基环境中)1～2 d，即开始化蛹。新蛹呈乳白色，把它们收集在一般麸糠的容器中，处在相对湿度30%，环境温度35 ℃，蛹期为8 d；如果相对湿度70%，环境温度25 ℃，其蛹期为10.5 d；如果环境温度为35 ℃，而相对湿度达70%，蛹期仅为4 d。新羽化的成虫，鞘翅呈乳白色，1～2 d后，即变成浅棕色。3 d后，呈深棕色至赤褐色，此时期的成虫即开始交配产卵。成雌的产卵期为1～2月，每天可产卵2～30粒，但也有的产40粒以上，卵主要产在培养基的表面，呈现出乳白色。卵表面具有一层黏液，因此多粘在麸糠上。如若把成虫放在具有3～4 mm孔径的筛盒中，在筛下铺一黑光纸，并撒上一层薄薄的麸糠，经过1～2 h，移出黑光纸，除去麸糠，以低倍解剖镜或放大镜观察，即可见一颗颗圆形的卵，中央乳白色，其外半透明。为了控制卵的孵化与幼虫发育一致，要把成虫放在加有新鲜辅助饲料的筛盒中，在筛盒下面放上新的培养基。其相对湿度应保持在50%，环境温度控制在26 ℃左右，每隔1 d，把盛有成虫的筛盒移入另一新培养基的容器中，让成虫继续产卵，以此类推。这样，卵的孵化时间与幼虫生长发育的时间会相对一致，便于收取大小一致的面包虫。成虫生活至2个月左右，即应处理掉或移出培育基。否则，它们会自相残杀，尸体残肢会弄污培养基。

6. 配方饲料的配制

到目前为止，科学配方的人工饲料尚未问世，这无疑给养鸟者带来了诸多不便。科学配方饲料的营养全面，饲料组成的成分之间有互补作用，既经济，又实效。单一的天然饲料，营养成分不全面。一般在鸟类饲料的配制中，按鸟类的习性及生活中某阶段的特点而增减某种营养成分，以保证鸟体生长发育的特定需要。例如，在生长发育时期，饲料中要保证足够的矿物质和蛋白质，而繁殖时期，饲料中要保证含有丰富的维生素 E，以促进精子活力及受精卵的发育；维生素 B_2 有刺激鸟体生长，提高孵化率，促进碳水化合物的代谢，在配合饲料中增加一点添加剂，将会促使鸟体格外健壮，延长寿命。目前，普通的营养添加剂有下列 4 种。

①赖氨酸　是鸟必需的氨基酸之一，在饲料中加入 0.1％～0.15％，即能增加饲料的效率。但要掺拌均匀，饲料粉质要干，以利于保存。

②奶粉　奶粉中的营养物质非常丰富，如蛋白质、维生素的含量很高。适量奶粉掺拌在饲料中，对鸟的体质与羽毛光泽度都有良好效果。

③干酵母　蛋白质及 B 族维生素含量丰富，掺入饲料中喂饲，有助消化与增进食欲，一般用量为饲料量的 1％～2％。

④鱼粉　这也是一种营养价值较高的蛋白质饲料。但要注意防霉防变质，否则会使鸟类中毒而致死。鱼粉易被鸟消化吸收，是食虫鸟与杂食鸟的好饲料。因购买不方便，可自行配制。制作方法如下：先将河鱼或海鱼去除内脏，洗净，然后置锅内隔水蒸熟。再置于炒锅内以文火不停地翻炒，微黄而不焦时，取出以手搓成粉末，如用石磨，即可把鱼骨磨碎。当鱼粉冷却后，入瓶封存备用。

7. 矿物质饲料的配制

矿物质饲料又被称为补充饲料，它是各种笼鸟生长发育及繁殖必不可少的营养饲料。它为各种鸟提供生理上需要的各种微量元素；大量的钙、磷为形成骨骼和卵壳所必需；沙子和小石块摄入砂囊以助消化。矿物质饲料品种繁多，各有各的独特作用。

①沙砾　能供给鸟部分微量元素。沙砾可促进食物在肌胃中研磨，进行机械性消化。投喂时可混于粒料中，若笼底为亮底，不能铺沙，则放入笼壁上悬挂的盛沙容器内。

②食盐　鸟类虽然对食盐的需求量很少，但食盐却严重影响到鸟类的生活

与繁殖。少量的食盐可提高卵的受精率，有利繁殖。饲喂方法是，将粗质食盐与红黏土等量混合均匀，加工成块状，置笼内任鸟啄食，或用含盐的盐土研细加贝壳粉，拌在其他饲料中饲喂。

③贝壳　鸟体需要的钙、磷等矿物质有很大一部分来自于贝壳。常用的贝壳是牡蛎壳。将贝壳焚烧后制成粉末，按一定配方比例混合于饲料中饲喂；或整块贝壳放置于鸟前，任其啄食；或把贝壳加工成颗粒状供鸟取食。

④蛋壳　多为家禽的蛋壳，来源非常丰富。蛋壳经清水洗净烘干，研磨成粉状或粒状，供鸟直接采食；或混于其他饲料中喂饲。

⑤羽毛粉　羽毛粉由禽类羽毛不宜制作羽绒的部分加工而成，是笼鸟换羽期的补充饲料。它为鸟提供较多的蛋白质及矿物质，有助新羽生长。饲喂方法是将羽毛粉置于食具内，任鸟自行啄食。

⑥乌贼骨　乌贼骨的主要成分是石灰质，它是由墨鱼的石灰质内壳提炼而成，因此又叫它墨鱼骨，它质地比较酥软，鸟类啄食方便，且易消化，是鸟理想的钙质饲料。雏鸟饲料中加入墨鱼骨粉，有助生长发育。

⑦熟石灰　供饲料用的熟石灰，是指生石灰经水化后又凝结成块的固体石灰。作为饲用熟石灰，最好用水化已久的陈年熟石灰。长年饲养在室内的虎皮鹦鹉和多种笼鸟，多见它们啄食石灰质的墙角及砖缝，这是它们在补充钙质元素。同时，这也说明为其补充钙质是非常必要的。

3.4.3　宠物鸟饲料的饲喂方法

自然界中的鸟大多分为硬食鸟和软食鸟两大类，硬食鸟即指杂食性鸟，软食鸟指食虫性鸟类。硬食鸟通常喂粒料和蛋米，软食鸟通常喂粉料、青料及昆虫。

（1）粒料的正确喂法

将粒料粟、黍、谷、苏子、麻子按一定的比例加入食缸中即可。食用粒料的硬食鸟大多是把果壳敲开，而啄食里面的果仁吃。所以每天应至少将食缸内的饲料倾出一次，吹去壳屑，添加饲料，以免鸟啄不到壳屑下的饲料。还要注意，鸟类大都喜食苏子、麻子、菜子等油脂饲料，但过量摄取油脂饲料有害无益，所以添加饲料时，不能只添加油脂饲料，要迫使并逐步驯养鸟取食混合料。

（2）蛋米的正确喂法

添料时要先清除余料，洗净食缸，每次加料不要太多。蒸蛋米以鸟能在一天内食完为宜，炒蛋米至少 2 天更换 1 次。

(3)粉料的正确喂法

粉料是用豆粉、蛋黄粉、肉粉和水调制而成的，容易变质，所以应现配现用。气温在 12 ℃以上需多次调配。

(4)青料的正确喂法

青菜是用得最多的青料，喂时不要切细，但要新鲜，不能喂已萎蔫了的青菜，否则鸟啄食困难，且不爱啄食。青菜投放以前，一定要用水洗净，并用清水浸泡 1～2 h，以去除菜叶表面的残留农药。青料一般 1～2 d 喂一次，不可多喂，但产卵和育雏期可适当增加一些。投喂青菜最好插入有水的容器中，以保持青菜新鲜脆嫩。

(5)矿物质的正确喂法

可以把贝壳粉、盐土、蛋壳粉等混在一起让鸟啄食。

(6)昆虫的正确喂法

用蝗虫、蟋蟀等中、大型昆虫喂饲鸟时，要事先把这些中、大型昆虫的口器、爪除去，然后插在食插上让鸟啄食。对于食虫性鸟类每天最好喂 3～4 条昆虫。

3.4.4　鸟的分类饲养管理

1. 雏鸟期的饲养管理

人工饲养条件下，成鸟由于要继续产卵而无法养育雏鸟时，就要由人工来饲养。也有的雏鸟失去了双亲不得不转为人工饲养。无论怎样，饲养雏鸟时要细致认真，特别是刚出壳的晚成鸟的雏鸟。不管是晚成鸟的雏鸟，还是早成鸟的雏鸟，刚出壳时都应放在保暖箱内，温度控制在 33 ℃以上。以后逐步降温，早成鸟降温速度可以快些。

晚成鸟的雏鸟发育一般分为绒羽期、针羽期、羽片期、齐羽期四个时期。绒羽期的雏鸟眼睛尚未睁开，全身除少量绒羽外都是光秃秃的，头只能勉强抬起。这段时间应喂以菜泥、熟蛋黄为主的浆状饲料，用喂食小匙轻碰雏嘴。当雏张嘴乞食时，快而稳地把料填入。每日喂 6～8 次，每次喂到雏鸟不再张嘴为止。

针羽期指出壳一周后，这时雏鸟的体表已开始长出羽轴，睁开眼，会张嘴唧唧乞食，此阶段一般喂给熟鸡蛋、菜泥、豆粉为主的稠料，并开始要加入钙粉、骨粉等矿物质饲料，每天喂 5～6 次，喂到鸟颈部粗凸，不张嘴为止。保温在 25 ℃左右。

羽片期是在雏鸟约出壳两周后，正羽长出。一般喂给熟鸡蛋、鱼粉、玉米粉、菜叶等粉料，成半湿状，每日填喂 4 次，并逐步训练鸟自己吃食，在粉料中逐步加入成鸟吃的粟子或昆虫等。保温在 20 ℃左右。

进入齐羽期的雏鸟羽毛已长全，时间约为出壳后 6 周，体形和成鸟相似。饲料可完全改用成鸟饲料，不需人工填喂和保温。

雏鸟保暖箱温度较高，要注意清洁卫生，防止羽蚤等寄生虫生长。饲喂完雏鸟后，要用湿布擦去鸟嘴角上残留的饲料。对粪便要及时清除，并保持干燥。但也要保持 40％的相对湿度，否则会影响雏鸟的生长发育。

2. 换羽期的饲养管理

每年的 7～11 月都是鸟类主要的换羽期，也有的鸟每年要换四次羽毛。40～60 d 后可长出新的羽毛。

换羽期鸟类显得比较娇弱，容易得病。这段时间要特别照顾，把鸟笼挂在无窗风处，减少或停止水浴。经实验研究发现，光照、温度和饲料对鸟换羽有很大影响。换羽期有足够光照和温度时，换羽顺利，温度低会延缓换羽。另外，在换羽期前，给以营养丰富的饲料也会延缓羽期。所以一般在换羽期前，即 6 月份，可喂给一些弱营养的饲料，促进鸟迅速换羽，而当旧羽落下后，即喂高蛋白、富含脂肪、多维生素的饲料，以促进新羽生长。

对于少数没能自然脱落的羽毛，可根据具体情况人工帮助拔去，以促进其换羽。

3. 繁殖期的饲养管理

繁殖期是笼鸟的一个特殊时期，营养消耗大。为了维护亲鸟的健康与育雏，除平时饲喂的饲料外，要增加新鲜青绿蔬菜、熟鸡蛋、蛋黄、粟米等营养价值较高的饲料，还应加喂矿物质饲料，特别是含钙丰富的饲料，以满足鸟类生长发育和繁殖后代的需要。如用蜂王浆口服液配制成 4％～10％水溶液给予补充较为理想，但每周只限补给 1 次。

亲鸟进入繁殖期后，要提高饲料中蛋白质的比例，降低高能量、高脂肪饲料的比例，提供足够的新鲜蔬菜和水果任其啄食。同时把熟蛋壳粉或熟贝壳粉拌入饲料中增加钙质，也可把去腥味的墨鱼骨挂置在笼内让鸟自己去啄食。由于亲鸟产卵需要消耗大量的钙，因此在产卵期要坚持供应墨鱼骨、牡蛎或熟石灰、沙砾等高钙饲料任其啄食；也可以将蛋壳或贝壳经烘烤后研成粉末或直接用钙粉拌于饲料中喂鸟。如果缺钙，雌鸟会产下软壳卵，甚至还会将产下的卵吃掉。如果发现鸟吃卵应该马上采取措施，除在饲料中增加钙质外，还可在卵壳表面涂抹辣椒水，这样就可保住卵不受损坏。

为了让鸟儿及时发情，在两三周前就应喂饲催情饲料，催其早些发情，并准备好巢具挂在笼内。提供催情饲料最普遍的方法是增加蛋黄含量和牛肉、鱼肉、虾等，这些食物是催情效果较显著的食物。鸡蛋米或鸡蛋小米等有催情作用的饲料应在繁殖的早期供给，进入产卵后期及整个孵化和育雏期均应停止饲喂发情用的食物（使用保姆鸟时例外）。如果孵化期仍饲喂发情用的食物，就会造成雄鸟过于活泼，不仅自己不能安心孵卵，还会不断地追逐雌鸟，引起亲鸟因再次发情而弃孵或不能安心孵卵。维生素 E 和硒、锌等微量元素与鸟的繁殖有密切关系，当这些物质缺乏时会引起鸟的不育症。为了防止这些物质的缺乏，亲鸟的饲料要尽可能多样化，不能过于单调。育雏期间必须给亲鸟增加营养，多喂些蛋黄、面包虫、昆虫及青菜等营养丰富的饲料。除正常繁殖或配对的种鸟外，单只饲养的非繁殖鸟应减少脂肪饲料的供应，多喂一些树芽、野菜之类的青绿饲料，以防鸟发情性大惊撞或夜间"闹笼"把翅羽、尾羽拍打掉，终止鸣叫。

饲养者要对繁殖鸟进行配对，调整饲料，供给蛋白质丰富、维生素充足的营养，补充鸟在繁殖过程中的营养消耗。要提供繁殖场地、巢箱、巢草；要注意孵化情况，对不孵的卵请义亲代孵或人工孵化；要关心、照料雏鸟等。大群笼舍饲养鸟类可以让它们自由配对；在箱笼或中笼饲养 1～2 对鸟，往往需要人工帮择偶配对。通过放对观察配对是否成功，若未成，则须重新选配。人工给鸟选择配偶时，一般要选择年龄相近，且雄鸟大于雌鸟，因为一般说来，雄性性成熟比雌性晚。在群养笼舍中，提供的繁殖巢箱要多于配对的鸟数，否则会发生争巢现象。在繁殖期间，还要保持相对安静，少惊动繁殖鸟，尽量减少检查卵、雏等次数，要多通过亲鸟孵化时间和觅食等行为观察其孵化、育雏情况。一些鸟有边产卵边孵化的特点，为使鸟多产卵，常采用以假卵换取真卵的办法。当鸟产满一巢卵后，再把假卵全部取走，诱使鸟继续产第二窝卵。对取出的卵，可以由义亲代孵，也可进行人工孵化。开展这项工作时，要将取出来的卵轻放在干燥、阴凉、通风的箱盒内，隔天转动一下，保存时间不宜过长，一般经 7 d 左右集中放入孵箱进行孵化。

3.4.5　鸟的不同季节的饲养管理

1. 春季的饲养管理

春季始临，万物复苏，一切都焕发了生机，同样，鸟类也活跃起来，它们显得异常兴奋，因为春季也是它们的发情期，故特别喜欢鸣叫。在春季应多外出遛鸟，这样鸟可尽展歌喉，呼吸新鲜空气，每天可以捉一些昆虫喂鸟，以调换鸟的口味。春季也是玩赏鸟的繁殖旺季，要精心照料首批产卵的鸟，加喂蛋小米等发情饲料。对孵卵的鸟除验蛋外要减少惊扰。要注意观察雏鸟发育状况，如同时有几窝同类的雏鸟育出，可调整亲鸟育雏的数量，以避免亲鸟弃雏或雏鸟发育不良。待雏鸟能自己吃食时，则应与亲鸟分笼饲养。以利于恢复体力和提高繁殖率。还应注意窝巢的清洁、巢箱的消毒，并加强螨病防治。

2. 夏季的饲养管理

夏季温度高，食物易变质，疾病传播速度快，因此要对鸟进行悉心照顾。要保证饮水的清洁，饲料要少喂勤添。蔬菜、瓜果在鸟吃饱后应随时拿走，以免剩余的部分变质，鸟吃了会引起肠道疾病的发生。要经常清理笼内粪便，保持笼内清洁。此时，用于繁殖的亲鸟因孵化育雏体力消耗大，所以要注意鸟房的通风和防潮，同时还要进行消毒工作，每天换食换水，尽可能保持饲料和饮水的清洁。发现螨虫时要将鸟房、鸟笼彻底清扫和消毒。此外，还要定时、及时为鸟进行洗浴护理。

3. 秋季的饲养管理

多数鸟类都在秋季换羽，因此，秋季时要提供足够的含蛋白质丰富的动物性饲料，如面包虫、蝗虫、油葫芦、蟋蟀等鸟喜欢吃的活食。应根据气温变化，适当多给予水浴，以保持鸟羽毛和皮肤的清洁，加快新羽的生长。外出遛鸟时要使鸟鸣叫时间适度，时间不宜过长，以免加重体力消耗，对换羽不利。还要经常对鸟进行日光浴，以便增加鸟体内钙质的含量，对保持羽色有一定作用。此时，笼养鸟即将产卵，应增加蛋小米等发情饲料及油菜子和无机盐等营养饲料的供应，但注意营养不能过剩。

4. 冬季的饲养管理

冬季天气寒冷，故遛鸟的时间应选在阳光充足的中午，这样才不致使鸟受冻。在家时，鸟应放在室内暖和向阳处，将笼罩掀起进行日光浴。水浴时要注意水温和浴后环境的温差，冬季要限制水浴次数，每周 1~2 次就可以了。由于冬季鸟的活动少，体力消耗不大，饮食营养要求不高，每天可以少喂些含蛋白质较高的动物性饲料。繁殖鸟的鸟房温度要控制在 20 ℃上下。如果鸟房温度降到了 10 ℃以下，一般雏鸟会被冻死，应注意保温。

3.5 鸟的繁殖

3.5.1 鸟的生殖和发育

鸟类从求偶、交配、营巢到产卵、孵化、育雏整个繁殖期是最辛苦的，短的需 50 d，长者则需半年左右。

1. 交配

(1)自然交配

自然交配又称本交，是指让雌雄鸟自然配种繁殖后代的方法。根据家庭养殖鸟类的自然交配方式，又可分自由交配和人工控制交配。

自由交配是一种原始的配种方法，主要用于家庭院鸟，如野生鸡类、各种野鸭等。其方法是：将雌雄鸟长年混养，任其随意交配，完全不受人工控制。

自由交配的优点是：易管理，节省人工，可以常年配种。缺点是：易造成雌雄鸟交配过早，影响身体正常发育和后代健康，雏鸟的父母无法确定，不能进行选种工作。另外，雄鸟间争配现象严重，影响体力和降低种蛋受精率。因此，这种方法一般较少采用。

人工控制交配：这是目前使用较多的一类交配方法，具体有大群配种、小间配种、个体控制配种、人工辅助交配等几种方法。

(2)人工授精

人工授精是指用人工的方法，采集雄鸟的精液，再用器械等将精液输入到雌鸟生殖道内，以代替雌雄鸟自然交配的一种配种方法。人工授精能充分发挥优秀种用雄鸟的利用率，提高种蛋受精率和孵化率；可以克服雌雄鸟个体体重差异悬殊、品种间配种差异导致的自然交配困难；有利于育种工作的开展，可促进育种工作的进程，在进行大量的或小范围的育种试验中，可提供准确的试验资料；减少种鸟配种时疫病的传播；由于冷冻精液研究技术的深入，扩大了"基因库"，可不受时间、地域或国界的限制，而达到交换精液引种的目的。

2. 孵化

(1)孵化

在卵产够数量后，就要进行孵化。自然条件下，孵化一般由雌鸟担任，雄鸟在鸟巢附近"守卫"(雉鸡等)；也有的由雌雄轮流担任，主要是一些两性区别不太明显的鸟类，如丹顶鹤等；很少种类是由雄性担任的，如三趾鸦、彩鹬等。

一般情况下，鸟卵胚盘由于受到重力作用，总是朝上，而亲鸟的腹部羽毛脱落，形成"孵化斑"，此处毛细血管十分丰富，也是体温的最高处，有利于卵的孵化。

孵化期间亲鸟经常晾卵和翻卵。孵化期的长短因鸟的种类不同而有别，雉鸡为 22～23 d、鸭类 28 d、丹顶鹤为 31～33 d、鸡尾鹦鹉 22～23 d，每一类鸟的孵化期较为稳定，也是研究分类的依据之一。

如果采用人工孵化，就要在种鸟产卵后将卵收集起来，并在 48 h 内送至孵化室进行孵化。种卵孵化程序与鸡卵的孵化基本一致，先采用高锰酸钾甲醛熏蒸法消毒，孵化温度及要求应根据不同鸟的孵化特点科学制定，前期一般在 37 ℃左右，离出雏 3～4 d 时，温度在 36.7～37 ℃。在孵化前期每 2 h 需要人工翻蛋 1 次，每天晾蛋 1 次，每次 15 min，相对湿度 55%～60%；后期停止翻卵，每天晾卵 2～3 次，每次 20～25 min。

(2)照蛋

照蛋是指利用灯光或自然光透视鸟卵内胚胎的成长情况。

照蛋的目的是及时了解和掌握胚胎发育情况，判断孵化条件是否恰当，以便及时纠正和调整，从而提高孵化率和健雏率；还可以辨别受精卵、无精卵和死胎卵，以便及时剔除无精卵、死胎卵、破壳卵及臭卵等。

照蛋的方法一般是用木板或铁皮制成方形小箱，里面装以 60～100 W 灯泡(或煤油灯)，在箱的侧面打开一个与卵相同大小的圆孔，做成照蛋器。在没有照蛋器的情况下，可将孵化室门窗遮盖使孵化室内黑暗，在门窗上开一个圆形小孔，利用自然光照蛋。

整个孵化期应照蛋 2～3 次。第一次是检查受精的情况和有无死精卵。及早取出未受精卵可供食用，将未受精卵及死精卵取出也可增加孵化机的孵化效率。

第一次照蛋在全孵化期的 1/4 时进行。这时正常发育的受精卵，胚胎已发育成蜘蛛形状，其周围血管明显并可看到胚上的眼点；卵内颜色发红，将卵微微摇动，胚胎也随之而动；卵黄扩大偏于一侧。未受精卵则没有任何变化，卵的颜色为淡黄透明，卵黄完整；死胎卵呈不规则的血环或呈一条血线贴在卵壳上，卵的颜色浅，有些卵黄已散。

最后一次或二次照蛋的目的主要是检查胚胎发育情况，以便及时取出死胎卵，否则死胎卵腐败会使孵化机内空气污浊，直接影响其他胚胎的气体交换和孵化湿度，从而降低孵化效果。

在出雏的前两天要进行第三次照蛋，这时种卵之间的空隙不得过密。发育正常的胚胎发黑，种卵不透明，气室大而清亮，逐渐向一边倾斜，胚胎与气室交界处有明显的血管，有时能见到胚胎动，摸之发热。死胎则暗淡而浑浊不清，边缘看不见血管，气室边缘颜色较淡，形成环状淡红色带，摸之发凉。

（3）落盘

落盘是指在出雏的前两天，将种卵从孵化机的孵化盘移至出雏器的出雏盘里，从而让鸟破壳而出的过程。落盘时动作要快，要轻拿轻放，以免碰破种卵。种卵应均匀地摆放在出雏盘内，疏密适当，防止挤压。种卵之间的空隙不得过密，否则会因热量散发不良或新鲜空气不足而把胚胎烧死或闷死；也不可过稀，否则会造成温度不够，延长出壳期，而且易碰破。

在同一批种卵中如果有两种以上的鸟类的种卵，落盘时要防止混杂。

落盘后出雏器内的温度要比前一阶段低 0.5～1 ℃，温度过高会影响出壳，甚至造成大批死亡。落盘后不要再翻卵，但要注意加大通风量，适当增加湿度，以利出壳。

（4）淋蛋

落盘 12 h 后，要每 6 h 用 40 ℃ 左右的温水淋蛋 1 次，刺激胚胎运动，以利出壳。

（5）捡雏

开始出雏后，每天应定时捡雏 2～4 次，每次只取出羽毛已干的幼雏。在捡雏的同时，应取出空卵壳，以免空卵壳套住幼雏的头而闷死幼雏。

3. 育雏

（1）本亲哺育

孵化期满时，雏鸟便用卵齿（喙尖临时着生的角质齿）啄破卵壳而出。雏鸟孵化出来后的发育程度，依鸟的种类不同而差异很大，分为早成鸟和晚成鸟两大类。大多数陆禽、游禽的雏鸟都属早成鸟，孵化后，体被稠密绒羽，两眼睁开，听觉敏锐，脚较强健，能随同亲鸟奔跑寻食，如雉鸡、丹顶鹤、鸭类的幼雏；而猛禽、攀禽、鸣禽等鸟类的雏鸟则属于晚成鸟，孵出后，发育尚不完全，身体裸露，绒羽稀少，耳孔未开，两眼紧闭，如鹰、啄木鸟、麻雀等。

育雏一般由双亲共同担任，负责给水、喂食、清除巢内粪便、保持幼鸟体温等多项工作。雏鸟不但食欲好、食量大，而且长毛速度也很快，特别是在 3 周龄前，体重几乎每周龄增加 1 倍，因而每天喂食活动十分繁忙，如黄鹂、伯劳每日捕食往返为 70～100 次。

许多晚成鸟的雏鸟口腔内长有鲜明的红或黄色斑，能够刺激亲鸟喂食的本能。雏鸟的食物一般以昆虫为主。

(2) 人工育雏

人工育雏有助于培养鸟对人的亲和性，这种方法大多用于救助失去双亲或被抛弃的雏鸟，是饲养繁育鸟工作中的一项基本技术。

人工养活未长出羽毛的雏鸟是非常困难的，最大的难题是无法解决雏鸟的保温问题，尤其是体型微小的种类。因为鸟是靠羽毛来保温的，没有羽毛的雏鸟体温很容易散失，它必须依赖亲鸟的体温来维持自身的温度。另外，鸟是恒温动物，当体温下降到低于恒定值几摄氏度时就会被冻死。对于一只正常体温在 39～42 ℃的小鸟而言，即使在气温高达 35 ℃的炎热夏季，它仍可能"着凉"。但对于体型略大些的种类，如八哥、鸽，如果当时的天气温暖，在确保环境温度恒定在 32～35 ℃时，将雏鸟放在保暖性好的人工巢中，再在雏鸟身上盖一团棉、绒保温物，喂雏的饲料和喂雏方式又合适的话，刚出壳的幼雏被养活的几率也很大。

人工育雏成活率最高的是已经长齐羽毛、睁开眼睛，遇有动静就伸颈张嘴要食的雏鸟，它们对食物不挑剔，几乎能够吃下任何它们能吞下的食物。为了雏鸟能健康地成长，在准备育雏饲料时，要综合考虑到营养和适口性、是否容易消化等因素。

喂雏的工具有滴管、竹签、小匙和镊子等。滴管用于给早期雏鸟滴喂半流质的饲料。较大型的长颈种类的雏鸟也可以用注射器向喉咙深处推注流质食物。竹签和小匙用来挑喂糊状的半干饲料；镊子则用来夹持颗粒饲料和虫子。

喂哺时，应先发出一点声音或稍稍动一下巢，只要其中一只雏鸟有所反应，很多雏鸟也会跟着伸颈张嘴，此时用喂食器具将食物准确地送入雏鸟的喉咙深处，它会自然地将食物吞咽下去。喂哺较大型的雏鸟时，也可以将食物捏成长条状直接用手送入雏鸟口中。注意，只有将食送到雏鸟的咽喉处，才能引起它的吞咽反应，叼在雏鸟嘴尖上的食物常常不能被吞下。

同时喂多只雏鸟时，要注意以下两种情况：一是不要漏喂。大多数雏鸟在听到或看到巢附近有活动信息时会本能地伸颈张嘴，即使它已经吃饱也会做出相同动作，所以在喂雏时要记住哪只鸟已喂过，哪只鸟尚未喂，依次喂给。一般情况下，饥饿的雏鸟的头颈会伸得更长，嘴张得更大，叫声更急促响亮，头部的摆动更频，会随着食物的移动而移动；而吃饱的雏鸟则仰张开嘴，叫声不响亮，嘴也是时开时合；还有一种情况，就是有的鸟会因嗜睡蜷缩在角落里而忘了求食，对这样的雏鸟要用竹签轻轻地碰一下它的嘴，让它醒来，然后从它的求食动作中观察它是否饥饿或是否有病。二是要将同一窝中发育程度不同的雏鸟分开饲喂，否则较弱的雏鸟不仅会因争抢能力弱而越来越衰弱，甚至可能因被踩或被挤而受到伤害。

早期的雏鸟每日饲喂的次数要多一些，一般出壳未满一周的雏鸟要每隔 2 h 喂 1 次，晚上虽然不必饲喂，但是如果雏鸟受到惊动，就要补喂 1 次。随着日龄的增加，每天饲喂的次数逐渐递减。

将要离巢的雏鸟也存在着喂养难的问题，因为，此时的小鸟对外界的异常声响十分警觉，当遇到它认为是危险的情况时常静伏不动。将这时期的小鸟取出饲喂，往往会出现拒食现象，小心地掰开它的嘴填喂固然是一种方法，但因为易导致雏鸟娇嫩的颚骨骨折，现在已不常被采用。但雏鸟毕竟没有独立捕食的能力，当它们感到饥饿时，仍然会克服陌生的恐惧感而向人们试着索食。

人工育雏的优点是可以增强鸟对人的亲和性，即使是一些野性很强的野鸟，在幼雏时期也极容易被养活，所以人工育雏是一种很有效的驯化手段。在人工培育繁育鸟的品种时，从小生活在人工环境下的鸟会产生对驯化十分有利的印记现象，如果能够坚持用手喂雏鸟，这样的鸟即使长大后也不会飞掉，因为它已将人视为伴侣，有的鸟甚至会向人的手求爱。正是这种行为特性使得鸟类有可能被人类驯化，是人工培育、繁育鸟的前提条件。

3.5.2　鸟繁殖的环境要求

笼养鸟在繁殖期间必须有一个温暖而安静的环境。应保持饲养环境的相对安静和固定，使鸟有隐蔽感、安全感。繁殖期的鸟笼最好放在一个固定的位置，除非必要，一般不要轻易移动，也不要将鸟笼挂起来，因为这样鸟笼容易晃动，会引起亲鸟的极大不安，对性情胆怯，易受惊吓的亲鸟应遮上笼布，以免亲鸟受惊后不肯喂雏鸟，或将雏鸟踩死。在产卵、孵化和育雏阶段，通常是一只亲鸟在孵卵，另一只亲鸟则在附近负责警卫。这一时期的亲鸟警惕性变得很高，对外界环境十分敏感，任何干扰和惊吓均有可能导致亲鸟弃孵或弃雏。

处于繁殖期的笼鸟，对环境温度的要求更高。虽然受精卵的孵化需要一定的湿度(这一点在人工孵化时会直接影响到出雏率)，但由亲鸟孵化时，亲鸟本身可以对孵化的温度和湿度进行调节。环境湿度太大时容易滋生寄生虫和某些病原微生物，对鸟的健康造成威胁，因此要注意繁殖巢的通风换气，避免孵化场所的过度潮湿。鸟笼最好放在背北朝南有日光照射的地方。繁殖鸟在换食、交配、产卵或孵化后，室温很重要，宜保持在 15 ℃以上。

冬季也是鸟繁殖的一个季节，尤其是白文鸟、白腰文鸟、五彩文鸟、芙蓉鸟、珍珠鸟等都会抱窝进行繁殖，繁殖时应随时注意保温。在繁殖时期交配的鸟笼要特别注意清洁，隔 2～3 d 就应清理粪便污物 1 次。在清扫时动作要轻，以防惊动亲鸟和雏鸟。珍珠鸟、芙蓉鸟有将粪便排到窝外的习惯，也可不清粪，以保证有安静的环境。喂食、给水时应预先给鸟以熟悉的声音信号，熟悉鸣禽繁殖习性的人，都会在每天晚上给鸟换饮用水。早晨既不接触笼箱，也不进入鸣禽的繁殖室。因鸣禽大多在早晨产卵，人的脚步声或其他声音都会干扰产卵。

在非繁殖季节或不想让亲鸟繁殖的情况下，可将人工巢撤离，待亲鸟进入繁殖季节后再将人工巢放入，然而是否提供巢材同样也可以达到控制亲鸟发情的目的。所以在非繁殖期是否需要撤掉人工巢的问题，需根据不同的鸟类来定。为了对笼鸟进行选育，最好做好鸟的系谱记录，即使是一般的家庭笼鸟爱好者，在进行笼鸟繁殖时也要尽量避免鸟的近亲繁殖。

3.5.3　优良玩赏鸟品种的选育

在玩赏鸟的繁殖中，雏鸟的质量完全决定于亲鸟的品质，为了培育出玩赏价值较高的优良品种，选种和配种是一项十分重要的工作。一般挑选羽毛华丽，善于鸣唱，体格健壮，无伤残和疾病的玩赏鸟作为种鸟。选种鸟时最好在雏鸟期先进行一次挑选，在先孵化出壳的幼鸟中选出体形匀称、健壮，羽毛丰满、富有光泽，腹部紧收而干燥，活泼好动，眼大有神且向外突出，脚爪结实有力，反应敏捷，鸣声洪亮的幼鸟作为种鸟。将挑选出的种鸟，按雌雄分笼精心饲养，待性成熟后，在繁殖期间进行配种。笼养鸟的配种一般是 1 雌配 1 雄，通常用年龄比雌鸟稍大的雄性成鸟与雌性成鸟配偶。配种时为保持优良的后代，避免品种退化，应禁止近亲交配。因为这会造成新生的雏鸟体弱、畸形、身体不健康等。在自家生养的鸟成年后不要在同一个笼中饲养，以免它们自由婚配。

杂交是培育新品种的方法之一，但杂交前必须进行择优选壮。择优选壮应从雏鸟开始，挑选个头大、性情活泼的鸟作为实验鸟，选出的鸟从小就应给予"特殊"照顾。用于杂交的亲鸟应健康，脚爪完整无伤残，体形匀称健壮，性情活泼；食欲旺盛，排出的粪便呈条状，尾部和肛门处无鸟粪沾污；体羽整洁、丰满，羽色纯正；雄鸟鸣声清脆洪亮，而且婉转悠扬，音节多变。杂交的方法有三种，即毛色不同的鸟杂交，品种不同的鸟杂交，年龄不同的鸟杂交。杂交的后代再进行择优选壮，直至培育出新的品种。

鸟类常常是有选择性进行交配的，在交配前会出现追逐、格斗等现象，特别是雌鸟表现更为强烈。为了使笼养鸟配种容易取得成功，可预先将雌鸟放入繁殖笼内饲养一段时间，待雌鸟进入发情旺盛期时，再放入雄鸟笼内。这样在追逐和格斗时，雄鸟便可利用熟悉的环境来征服雌鸟，使交配容易取得成功。如果雌鸟十分凶猛，雄鸟一时不能取胜，这时可将雌鸟的一侧翼羽用软绳缚住，使它失去格斗能力，待交配成功后，再除去软绳。

3.6 宠物鸟的常见疾病诊断及主要防治措施

3.6.1 传染病

1. 新城疫

（1）病原

鸟类新城疫是由鸡新城疫病毒引起的一种急性败血性传染病。感染范围较大，从雉科到雀形目、鹦形目等 27 个目、236 种鸟。新城疫一年四季均可发生，多流行于寒冷的季节。主要传染源是病鸟、病鸡等，其口腔、鼻孔流出的分泌物、嗉囊液及粪便中含有的大量病毒。主要传播途径是消化道和呼吸道。鸟感染上此病毒 24 h 后或康复 5～7 d 内属排毒者，仍易传染其他健康鸟。此种病毒耐低温怕高温，在 −20 ℃的环境中可生存 3 年之久，在 4 ℃下可生存 1～2 年，在 37 ℃下存活 7～9 d，在 60 ℃高温中只能存活 30 min，100 ℃高温时可立即破坏病毒的全部活性。另外，此病毒对紫外线、氯仿敏感，2%的氢氧化钠可在 5 min 内消灭该病毒，1%苯酚、1%漂白粉在 20 min 内可消灭该病毒。

（2）流行病学

本病主要是通过病禽、鸟以及在流行间歇期的带毒禽、鸟类，经呼吸道和消化道传染的，有时带毒的鸟蛋以及创伤、交配也可引起传染。新城疫一年四季均可发生，春秋两季多发。

（3）临床症状

该病症状可分为 3 种类型。最急性型：多在爆发初期，病鸟尚无任何病症就突然死亡；急性型：体温升高，羽毛蓬松，垂头缩颈，闭目流泪，呼吸困难，冠髯紫黑，拒绝进食，便稀，口流黏液，鸣叫异常，经 3～5 d 死亡；慢性型：初期症状与急性型相似，以后减轻，但往往出现神经症状，如全身瘫痪、腿瘸、头向后仰或歪向一侧等。

(4)病理变化

病理剖检特征是败血性的全身出血性素质与消化道病变。典型病变为腺胃黏膜乳头或乳头间有出血点，腺胃与前、后的交界处有出血带或出血点，肌胃角质膜下黏膜有出血斑，盲肠、扁桃体呈对称性出血及溃疡。一般通过症状、病变、结合流行病学可以初步诊断，但最后的确诊，还要经实验室进一步诊断而定。

(5)防治方法

目前，治疗新城疫这种病毒病，还没有理想的措施和特效药，只能采取预防措施，即加强饲养管理与卫生保健工作，增强鸟体抗病能力；对购入的鸟至少要隔离观察两周，无病时方可与原有鸟合养；将发病鸟与健康鸟隔离饲养，病鸟笼舍及所有用具要经彻底消毒；有条件时，要进行免疫接种预防，这是最为有效的预防措施。幼鸟用新城疫Ⅱ系弱毒疫苗，稀释 10 倍，给幼鸟鼻孔滴一滴，令其自然吸入，接种 7～9 d 后产生免疫力，免疫期为 3～4 个月；成年鸟用新城疫Ⅰ系疫苗，稀释 100 倍滴鼻或滴眼(0.03～0.04 mL)，经 3～5 d 可产生免疫力，免疫期达 1 年。

2. 鸟疫

(1)病原

鸟疫也叫鹦鹉热。是由鹦鹉衣原体引起的传染病，属于人、畜、鸟共患病。

(2)流行病学

约有 26 个科，140 多种鸟可感染本病，而可感性最强的是鹦鹉类鸟。病鸟与初愈的鸟是主要的传染源，其分泌物和粪便携带病原，排出体外后随空气、尘埃通过呼吸道或眼结膜感染健康鸟。当鸟运输或密集饲养而饲料不足时，体质与抵抗力降低，很易诱发本病。

(3)临床症状

幼龄鸟发病较严重，表现为不食，嗜睡，鼻腔流出异常分泌物，眼睛肿胀，结膜发炎，有的还拉稀。成年鸟症状较轻。

(4)病理变化

剖检可见肝脏肿大、柔软，颜色变深。

（5）防治方法

本病的主要防治措施是消灭传染源，切断传染途径，彻底销毁病死鸟，对其用具与环境要进行彻底消毒；将病鸟与健康鸟分笼饲养；新引进的鸟要隔离检疫，不合格者不得入群饲养；该病属人、鸟共患病，应注意防止饲养者被感染。

本病可用四环素类药物治疗，其中金霉素效果更佳。用法与用量：小型鸟：每千克小米中拌入金霉素 0.5 g，连喂 2～3 周；大、中型鸟：每 500 g 蒸熟的大豆粉中拌入 200 mg 金霉素，连喂 5～6 d；拒食者可肌肉注射四环素，剂量为每天 10～40 mg，分两次注入；也可将金霉素溶于水中饮用，浓度为每千克水中含药 500 mg，连饮 5～6 d。

3. 鸟霍乱病

又称巴氏杆菌病、出血性败血症。是一种侵害家禽、野禽等所有鸟类的接触性传染病。疾病常表现为急性败血型，发病率和死亡率都很高。但也有表现为慢性型或良性经过的。

（1）病原

为多杀性巴氏杆菌，革兰氏染色阴性、无运动性、不形成芽孢的小球杆菌。新分离的菌株有荚膜，碱性美兰染色呈两极浓染。该菌抵抗力较弱，对热、日光敏感，常用的消毒药短时间内可将其杀死。

（2）流行病学

多杀性巴氏杆菌在鸟群中的传播主要是通过病鸟口腔、鼻腔和眼结膜的分泌物。因为这些分泌物常污染饲料、饮水、用具和空气等。一般经过鸟类的咽部和上呼吸道黏膜侵入体内，也可通过眼结膜或皮肤伤口以及吸血昆虫的传播侵入体内而感染。

（3）临床症状

急性型常见的症状为发热，厌食，羽毛粗乱，口腔流出黏液性分泌物，剧烈腹泻，排出黄绿色或灰白色稀粪，发绀、呼吸困难，最后衰弱死亡。耐过初期急性败血症的幸存者，转为慢性感染或康复。

慢性型主要表现为局部感染，鼻窦、腿或翅关节、足垫和胸骨囊常出现肿胀。可见渗出性结膜炎和咽部病变。有时可见斜颈，出现气管啰音和呼吸困难。

（4）病理变化

急性型病例剖检的变化主要是各浆膜点状出血，心外膜出血，肺脏、腹部脂肪组织和肠黏膜也出血，肌胃出血。心包积液和腹水增加。肝脏肿胀，呈棕色或黄棕色，质脆，上有许多灰白色针尖大坏死灶。慢性型病例剖检的变化主要是局部感染，一般为化脓性的，如鼻窦炎、肺炎、结膜炎、关节炎、肠炎、卵巢充血或卵黄破裂。根据临床症状、剖检变化，特别是肝脏的特征性病变，一般可以诊断。确诊需采取病变组织涂片或触片，经瑞氏液染色后镜检，发现两极浓染的细菌即可。也可进一步进行分离培养和动物试验鉴定。

（5）防治方法

及时清除分泌物，笼子、容器等经常清洗，彻底消毒。不要饲喂人嚼过的食物。名贵的鸟可以进行预防接种。发病时，应隔离封锁鸟舍，淘汰病鸟，病死鸟尸体深埋或焚烧。未发病鸟用药物紧急预防或用疫苗紧急接种。青霉素、链霉素、氯霉素、土霉素、大观霉素及磺胺类药物都有较好疗效。

4. 鸟大肠杆菌病

（1）病原

本病病原是大肠杆菌。为动物肠道内的正常栖居菌，不完全有害，而且许多病原对鸟体有益，能生成维生素 B、维生素 K，供寄主利用，并对许多病原菌有抑制作用。大肠杆菌的一部分菌株有致病性，有的平时不致病，在寄主体质减弱情况下才会致病。

大肠杆菌具有中等抵抗力，在温暖、潮湿的环境中存活期不超过 1 个月，在寒冷而干燥的环境中能生存较长时间。一般消毒药对该菌有杀灭力，甲醛和烧碱效力较强。

各类动物、野生鸟和玩赏鸟皆易感染本病。通常由于卫生条件差，维生素或其他营养物质缺乏，或有其他疾病时，易发生此病。主要传染途径有三种：一是母源性带菌垂直传递给下一代；二是种蛋的蛋壳上沾染了带菌的粪便或污物，在孵化时侵入了卵的内部；三是接触传染，大肠杆菌从消化道、呼吸道、肛门及皮肤创伤等门户都能入侵，饲料、饮水、垫料、空气等是主要传播媒介。

（2）几种常见的鸟大肠杆菌病的症状及防治方法

① 幼鸟脐炎

症状：幼鸟脐炎大多是由大肠杆菌与其他病菌混合传染造成的。主要发生于出壳初期，出壳雏鸟脐孔红肿并常有破溃，后腹部肿大、皮薄、发红或是青紫色，常被粪便及脐孔渗出物污染。粪便黏稠，黄白色，腥味。体弱无力，闭眼，垂翅，懒动，很少采食或废食，有时尚能饮水，死亡率较高。

防治方法：加强对病雏的护理，保持温度和卫生；每千克饮水中加庆大霉素 8 万单位，连续 5 d，停药 2 d，再改为每千克饮水加氯霉素(针剂)50 万单位，连续 5 d，以后可交替使用土霉素、痢特灵等拌料；对不食的重病鸡可按每只每天庆大霉素 20 万单位或氯霉素 250 万单位，溶于少量清水或 10％～15％的糖水中，分两次经口滴服；脐部久溃不愈者可在患部涂以紫药水，直至痊愈。

②气囊炎

症状：本病属继发性感染病，病鸟在感染呼吸道疾病时，对大肠杆菌的易感性增高，如吸入含有大肠杆菌的灰尘极易发病。病鸟的气囊增厚，伴有多量豆渣样渗出物。

防治方法：最好做药敏试验选择药物。无条件可用庆大霉素或氯霉素代替。每千克水中加庆大霉素 1 万单位，连用 5～7 d；每千克饲料中加氯霉素 1 g，连用 5～7 d。

③全眼球炎

症状：鸟的全眼球炎出现在大肠杆菌败血症的后期。少数鸟的眼球由于大肠杆菌侵入而引起炎症，大多是单眼发炎，也有双眼发炎的。表现为眼皮肿胀，不能睁眼，眼内蓄积脓性渗出物，角膜浑浊，严重时失明。病鸟精神沉郁，蹲伏少动，觅食困难，最后衰弱死亡。

防治方法：在微温水中加少许卡那霉素、庆大霉素、氯霉素等洗眼。每日两次以上。

3.6.2 维生素缺乏症

1. 维生素 A 缺乏症

维生素 A 是保护皮肤、黏膜等的重要物质。如果缺乏它，就会在眼、鼻、口腔等处流出黏液性或化脓性渗出物，常见口腔黏膜溃疡，眼睛出现眼膜炎并有分泌物，拉稀且有腥臭味，不思饮食，羽毛没有光泽。

防治方法：可用鱼肝油或维生素 A 直接滴入饲料中进行治疗，平时可经常喂些带黄颜色的新鲜蔬菜，如胡萝卜等。

2. 维生素 B 缺乏症

维生素 B 在碱性环境中容易被破坏。缺乏它时，生长就缓慢，体质变弱，消化不良，趾和爪向内弯曲，腿部肌肉萎缩。此外全身羽毛松散无光泽，严重时坐于笼底全身抽搐，且时好时犯。

预防维生素 B 缺乏症的最好办法是在饲料中酌量加一些花生粉、鱼粉或骨粉等。除此之外，平时还应多喂一些水果或绿叶蔬菜。

3. 维生素 C 缺乏症

因新鲜的蔬菜中都含有丰富的维生素 C，故一般情况下不会患维生素 C 缺乏症。但在生长期以及发生骨折、撞伤时，维生素 C 的需要量大增，如饲料调制不当也会发生。一旦缺乏维生素 C，就会引起坏血症，毛细血管发脆，容易出血，骨质也变得脆弱。

防治维生素 C 缺乏症的办法很简单，就是平时多喂新鲜蔬菜。

4. 维生素 D 缺乏症

维生素 D 是促使钙和磷吸收、增进骨骼发育的一种物质。如果缺乏维生素 D 就会生长停滞，腿部弯曲，关节肿大，胸骨突起，两脚无力，喙和爪软化，称为佝偻病或软骨病。

防治方法：用鱼肝油加入饲料中便可。平时常晒太阳，饲料中加点蛋壳粉或贝壳粉。

5. 维生素 E 缺乏症

维生素 E 是一种有效的抗氧化剂，它对消化道及组织中的维生素 A 具有保护作用。如果缺乏它，就会发生脑软化症，神经功能失常，运动系统发生障碍，表现为一迈步就跌倒，头、脚震颤，虽然仍有饥饿感，但嘴和舌的动作不协调，有时趾关节肿大。

治疗方法：肌注维生素 E，第一天每千克体重 20 mg，第二天每千克体重 5 mg，同时每天口服维生素 E 5 mg，3 d 就可治愈。

6. 叶酸缺乏症

叶酸是核酸正常代谢所需的重要物质，也是防止巨噬红细胞性贫血症发生的重要物质。如果缺乏叶酸，就会发生贫血，鸟躯体发育不良，羽毛凌乱不整，颜色晦涩无光，骨骼粗短。雏鸟表现为颈软，拉绿色粪便，腿、爪、喙苍白，并常发生撕羽症状。

防治的办法就是平时多喂些水果、新鲜蔬菜。因叶酸不耐热，调制时要多加注意。

3.6.3 其他常见疾病

1. 感冒

感冒是家庭玩赏鸟的多发病。在秋末冬初之时，由于气温的急剧变化，遭受寒流袭击或雨淋受寒及细菌感染等都会使鸟感冒。

（1）症状

病鸟表现为精神不振，不爱活动、呆立栖架上，羽毛竦起。病鸟鼻孔有水状稀液流出，严重时被黏稠液阻塞而张嘴呼吸，呼吸困难、急促并伴有咳嗽，闭眼喘息不止。

（2）治疗

鸟感冒后应立即将鸟笼放在避风暖和处，保持室内温度稳定，不要忽冷忽热。病鸟可用磺胺嘧啶混在饲料中喂，治疗量为 0.1%～0.2%，连喂 3 d。也可在饮水中加药，饮水浓度为 0.1%～0.2%，连喂 3～5 d。另外，可把面包虫剪断沾上药粉喂之，每日 3 次，3～5 d 后即可见效。也可在饮水中加 0.2% 的感冒通，连喂 3～5 d。若病鸟的鼻孔不通或鼻孔周围有分泌物，可用棉签把鼻孔中的黏液粘出并擦去鼻孔周围的分泌物，然后用 1% 麻黄素溶液或植物油滴鼻，以使呼吸通畅。

2. 肺炎

多杀性巴氏杆菌、大肠杆菌、肺炎双球菌、肺炎杆菌、金黄色葡萄球菌、链球菌、绿脓杆菌等多种细菌，曲霉菌等真菌以及其他病原体的侵染都会引起肺炎。感冒后治疗不及时致使病情发展、恶化，随之体质下降、抗病力降低，引起细菌感染。

（1）症状

病鸟精神委顿，食欲不振或废绝，渴欲增加。闭目无神或将头伸入翅下。羽毛松孔，不爱活动，怕冷、喜欢晒太阳，体温升高，呼吸急促、气喘，身体随呼吸颤抖。有时全身缩起呈球状。本病死亡率较高。剖检死鸟可发现肺脏淤血肿胀。

（2）治疗

将鸟放在暖和避风处，做到防寒保温，室内温度保持在 22～25 ℃。加强饲养管理和清洁卫生，喂给鸟一些喜欢吃的活虫。用泰乐菌素治疗慢性呼吸道病和鼻炎、肺炎有很好的疗效。混料喂，治疗量为 0.05%～0.08%，每天 1～2 次，连服 5 d。也可用庆大霉素或卡那霉素加在饮水中，每次 5～10 滴，每天 2 次，连续喂 5～7 d，效果很好。病情严重的鸟还要补充体液，可用滴管从口腔滴入葡萄糖水，每次 0.5 mL，每天 2～3 次，滴喂 3～5 d，如病情好转或不加重，就有治愈的希望。因此应早发现及时治疗，才有治愈的可能。

3. 肠炎

肠炎是伴有肠的分泌、蠕动、吸收或排泄机能紊乱的炎症的总称。肠炎是家庭玩赏鸟易患的消化道疾病。引起肠炎的原因是多方面的，包括饲料因素、季节变化、气候突变、受寒、细菌或病毒感染等。但引起肠炎的主要原因是因吃入不洁、腐烂或发霉变质的饲料和饮用脏水所致。患病的季节性比较明显，尤其在夏季，天气热，多雨潮湿，饲料易变质，饮水不清洁等都可能会引起肠炎。

(1)症状

病鸟一般表现精神委顿，食欲减退，身躯无力，渴欲增加，体温升高，常趴杠或卧在笼底不动。全身缩起，羽毛松乱。粪便呈水样，肛门常被污染，严重时粪便呈黏液性或血性下痢。剖检死鸟可见不同程度的肠炎。

(2)治疗

不喂变质的饲料，夏季每周可在饮水中加土霉素，配成0.1%浓度，自由饮用。复方敌菌净常用于消化道的细菌感染，因用量较小，在消化道吸收率较低，故安全性好于其他磺胺类药物。混料喂，治疗量为0.03%，每天1～2次，连喂3～5 d。对患肠炎的鸟应给以易消化的食物，并在饮水中加0.2%的黄连素，连喂3～5 d。病情严重时可喂痢特灵，混料浓度为0.03%～0.04%，混水浓度为0.02%，每天1～2次，连喂5 d。如粪便伴有出血者可加喂仙鹤草片。对因腹泻而脱水的鸟应补充糖水和盐水，其方法是在25%葡萄糖水中加0.9%生理盐水，用不带针头的注射器吸入上述溶液后滴入患鸟的口中，每次滴1～2 mL，每天2次，连喂5 d。

4. 嗉囊积食(梗阻)

食植物种子和摄食沙砾的鸟易患此病，特别是幼鸟。患病原因主要包括运动量小，暴食暴饮，维生素和无机盐缺乏，寄生虫寄生，幼鸟叼食干草棍、树叶、垫料等引起嗉囊过度充满，发生食滞或阻塞。

(1)症状

嗉囊膨大，用手触摸嗉囊可感到有干硬食物或液体。病鸟精神沉郁呆滞，食欲不振或废绝，喜饮水。口腔有黏稠液体流出，气味酸臭。羽毛竖立，不愿活动，消瘦，严重者可致死亡。

(2)治疗

对发病早期和轻症者，喂服酵母片或乳酶生等助消化药，一般能很快好转。病情较重的病例则应将鸟头向下，轻轻按摩嗉囊以排除嗉囊内的液体，然后用导管灌入 1% 的盐水或 1.5% 磷酸氢钠溶液冲洗嗉囊，再让鸟头朝下将冲洗的液体排出。也可将植物油灌入嗉囊，然后用手挤压，使嗉囊中的积食变软，从肛门排出。如果上述方法均无效，可以手术治疗。其方法是拔掉嗉囊上的羽毛，碘酊消毒，用手术刀片切开 0.5 cm 的口子，将积食取出，用生理盐水冲洗嗉囊，刀口处涂以 5% 碘酊和 75% 酒精消毒，缝合嗉囊和表皮。手术后停食半天，再喂易消化的食物，一般手术后 5～6 d 拆线，7 d 可康复。为防止继发细菌性感染，可适当使用一些抗菌药物。

5. 蛋阻留

蛋阻留又称难产，是指卵已进入输卵管的下部而不能顺利产出的一种鸟的疾病。引起蛋阻留的病因是多方面的，包括输卵管炎症或输卵管肿瘤引起输卵管下段狭窄或闭锁，蛋形过大，或鸟体脂肪过多等，使鸟卵无法通过产出。

（1）症状

病鸟常有产卵姿势但又产不出，有的鸟卧在窝内 1～2 d 也产不出卵来。患鸟精神不安，呼吸急促，羽毛竖立，尾部急速抽动。用手触摸鸟的后腹尾下部，可见肛门膨大，并能触到已形成的硬壳卵。出现以上情况，如果不及时处理，患鸟可因此死亡。

（2）治疗

捉出病鸟，将适量的食用植物油或蓖麻油滴入泄殖腔内，以润滑卵及输卵管或泄殖腔的表面，并轻轻由前向泄殖孔方向按摩腹部，通常能使滞留的卵顺利产出。如 1 次无效可重复几次。在上述处理方法无效时，可用光滑消过毒的竹棍或镊子，涂上凡士林或植物油，插入鸟的肛门把鸟卵弄破。在操作时，不要用力过猛，以免损伤输卵管。待鸟精神恢复后，再把卵壳取出。采取上述手术时，要用 0.1% 高锰酸钾溶液冲洗泄殖腔及输卵管后段，再让鸟口服抗生素，也可直接将青霉素滴入生殖道内，以防感染。

6. 便秘

便秘是肠内容物停滞、变干、变硬，致使粪便阻塞于肠管内的一种鸟类常见病，是由肠运动障碍或内分泌紊乱而引起的。本病的发生与饲料和饮水有关。如果鸟的饲料中长期缺乏脂肪性饲料、青饲料和保健砂，饮水不足或中断等都可能引起鸟发生便秘。另外，鸟运动量小或某些传染性疾病或寄生虫病，也可因肠道发炎、狭窄、阻塞等病理过程而引起继发性便秘。

（1）症状

最初的症状是粪便干燥，继而出现神态烦躁，常见有排便姿态，但不见粪便排出。病鸟精神烦躁不安，羽毛蓬松，食欲锐减或废绝，呼吸加快，饮水减少。病情严重时鸟站立不稳，头抬不起来。养鸟者应注意观察鸟的排便次数和排便量。如果发现很少或无便排出，鸟又表现出烦躁不安的神态，就应怀疑鸟已患了便秘病。

(2)治疗

平时注意喂给适量含脂肪性饲料和青菜、水果等饲料，并供给充足的饮水。一旦发现玩赏鸟排便干硬，即应及时调整配合饲料，增加青绿饲料和油脂性饲料的比例，添加植物油或滴服盐水，保证充足饮水。便秘发生后可灌服1～5 mL植物油，或用滴管或带小胶管的注射器将蓖麻油滴入病鸟的泄殖腔内，并轻轻按摩腹部以促其排便。1次无效可重复几次。经这样处理，一般患鸟能在短时间内排出粪便。严重脱水的患鸟，应在饮水中补充维生素C、葡萄糖和生理盐水。

7. 啄羽症

鸟自啄或互啄而引起体表某部位羽毛过度脱落的现象属病态，称之为啄羽症或啄羽癖。产生啄羽症的原因很多，主要包括饲料中的必需氨基酸、食盐、无机盐(如硫、钙、磷、铁、锌等)、维生素(特别是B族维生素)的缺乏或不足，或笼内养鸟过多、密度大，日照光线过强、过热，虱、螨等体外寄生虫的刺激等都可导致啄羽症的发生。

(1)症状

羽毛不正常的过度脱落是最常见的临床症状，特别多见于头部和背部的羽毛，严重者全身羽毛几乎被啄光。由于具体病因不同，除羽毛过度脱落外，还有相应的临床症状。如叶酸缺乏者，同时伴发贫血及羽毛颜色改变；泛酸不足时，常有皮炎，羽毛断碎不整；缺锌时，羽毛脆弱易断或卷曲；体外寄生虫引起者，羽毛污脏不洁，生长不良，经检查可发现寄生虫体或虫卵。

(2)治疗

调整饲料配比，有针对性地补充相应的营养素，如增加含硫蛋白质的蛋黄、微量元素和维生素等，同时加喂适量的羽毛粉和钙粉，并在笼内放些新鲜水果和蔬菜任其啄食，有助于分散啄羽的恶癖。

8. 窦炎

窦炎多发生于鹦鹉、八哥等玩赏鸟。此病多因局部、上呼吸道、眼睛感染及打斗引起。

(1)症状

单眼或双眼肿胀，常见下眼睑发红。眼和鼻流出浆性或黏性渗出物。打喷嚏，甩头或昂头，闭眼。食欲不佳。

(2)治疗

用注射器将生理盐水直接注入窦内冲洗，再将窦内的液体吸出，反复进行多次，直至洗净窦性渗出物为止。然后，再用注射器向窦内注入庆大霉素（每千克体重 5 mg），每天 3 次。每次肌肉注射氯霉素，每百克体重 3 mg，连用 7 d。将患鸟放在安静处，并给予适当光照，室温在 22～25 ℃，持续 1 个月。另外，也可选用氯霉素眼药水滴入鼻腔，每次 2～3 滴，每天 1 次。

9. 趾脱落

趾脱落是笼养鸟中常见的一种趾部疾病。多因饲养管理不善，笼内粪便未能及时清除，鸟经常在粪上行走而发生足趾的局部感染；趾有外伤感染、化脓；寒冷季节保暖不好，脚趾发生冻伤引起发炎、组织坏死，使趾骨脱落。

(1)症状

轻者局部红肿、发热，有疼痛感，行走不便或跛行。随着病情的发展或未做及时处理，局部组织化脓、坏死，致使趾骨脱落，病鸟无法握住栖杠，行走困难，影响健康与美观。

(2)预防

改善饲养管理，经常打扫鸟笼卫生，及时清除粪便，经常水浴并按期消毒。寒冷季节注意防寒保暖。

(3)治疗

可用 1‰新洁尔灭或高锰酸钾水浸泡 1～2 min，再用四环素、金霉素、红霉素软膏等外涂。

第 4 章
龟的饲养

龟是与恐龙同时代的古老动物，距今约一亿五千万年的中侏罗纪时，我国的龟已甚为繁衍昌盛。由于地壳运动与气候剧变，恐龙遭受灭绝，而龟类却神奇地繁衍下来。龟体型优美，憨态可掬，具有灵性，不吵闹，不娇贵，耐饥渴，易饲养。龟鳖不仅是人们饮食生活中的佳肴，更被作为观赏宠物饲养，在我国历史长河中蕴藏着丰富的文化内涵，深受人们的喜爱。随着生活节奏的加快，人们惜时如金，忙碌拼搏，往日喜欢养狗、养鸟、观赏热带鱼的宠物爱好者，纷纷转向喂养起耗时极少、饲养简便的观赏龟来，其碧绿晶莹、文静优雅、姿容动人，如"水中翡翠"，似"绿衣精灵"，观玩之余，使人赏心悦目，对养心健体大有裨益。本章就常见龟的品种、生活习性、营养需要、饲养方法、繁殖特性以及疾病防治等内容加以介绍。

4.1 龟的品种

在动物界中，龟隶属于脊索动物门（Chordata）、脊椎动物亚门（Vertebrata）、爬行纲（Reptilia）、龟鳖亚纲（Chelonia）、龟鳖目（Testudormes）。全世界现存龟的种类有 2 个亚目、11 科、72 属、230 多种。我国现存龟的种类有 5 科 18 属 31 种，以下主要对常见中国龟加以介绍。

1. 平胸龟

（1）地理分布

分布于亚洲东部和东南部，在我国，主要分布于江苏、安徽、浙江、江西、福建、广东、广西和湖南等地。

（2）形态特征

平胸龟的外部形态，在我国淡水龟类中属最特殊的一种，头大而不能缩回，呈三角形，且头背覆以大块角质硬壳，四肢和尾也不能缩回，上喙钩曲呈鹰嘴状，眼大，无外耳。背甲棕褐色，长卵圆形且中央平坦，前后边缘不呈齿状。腹甲呈橄榄色，较小且平。背腹甲间呈橄榄色，较小且平。背腹甲间借韧带相连。四肢灰色，具鳞片，指、趾间具半蹼。尾长，少数龟的尾已超过自身背甲的长度，尾上覆以环状短鳞片。龟的头、尾、四肢均不能缩入腹甲（见图 4-1）。

（3）雌雄鉴别

雄性的平胸龟腹甲较长，中央略凹，尾较粗，泄殖腔孔距腹甲后缘较远，与尾基部的距离约为 2.6 cm。雌性的平胸龟腹甲中央平坦，体较宽，泄殖腔孔距腹甲后缘较近，与尾基部距离约为 1.5 cm。

（4）生活习性

在自然界中，平胸龟生活于流速较快的山溪中，虽然是水栖龟类，但是却不善于游泳而善于攀爬，脚上有尖利的爪，可以爬到水边的树上。在人工饲养条件下，喜栖于树叶堆、草丛下及深水区域。每年 5～7 月气温达 25 ℃左右时，中午常趴在岸边或浅水域，眼微闭，进行日光浴。8～9 月间平均气温达 30 ℃时，清晨、傍晚常趴在岸边，中午则躲藏在芭蕉树下或沙土中。10 月后，温度降低至 14 ℃时，龟进入冬眠，12 月至翌年 2 月期间为深度冬眠。冬眠期，龟多数在深水区域。

图 4-1　平胸龟

2. 黑颈乌龟

黑颈乌龟又名广东乌龟。其隶属于淡水龟科、乌龟属。

(1)地理分布

在国内分布于广东和广西。在国外,主要分布于越南等亚热带地区。

(2)形态特征

黑颈乌龟个体较大,成年龟甲长为 25 cm 左右。黑颈乌龟的头背皮肤前部光滑,后面部分形成多角形细鳞。它的头部较宽大,吻钝,头顶部呈黑色,侧面有黄绿色的条纹。其背甲为黑色,中央嵴棱仅一条(乌龟有 3 条),背甲前后缘略向上翘。缘盾负面呈黑褐色。腹甲黄色,比较平坦,每块盾片边缘有黑色斑块,前缘平,后缘凹缺,甲桥明显。四肢黑色,趾、指间有蹼,尾细(见图 4-2)。

(3)雌雄鉴别

该龟雄性的腹甲凹陷,尾长且粗,肛孔在背甲边缘之外;反之则为雌性。

(4)生活习性

黑颈乌龟生活于山区、丛林处,为杂食性,人工饲养食瘦猪肉、鱼肉、鸭血、猪血等,也食少量的菜叶。它们是水栖龟类,但有时也上岸爬动,喜欢在岸上晒太阳。它们喜暖怕寒,对温度的要求较高,这一点在人工饲养时必须注意,在深秋和初春时,应适当加温,温度保持在 20 ℃以上。冬季可以将龟放置于浅水或沙土上,也要注意温度的变化。

图 4-2　黑颈乌龟

3. 乌龟

(1)地理分布

此龟在我国除东北、西北各省(自治区)和西藏自治区未有发现外,其余各地均有分布,是中国龟种类中分布最广、数量最多的一种。在国外,分布于日本等国。

（2）形态特征

乌龟头部粗大、略呈三角形，后部呈细粒鳞状（见图 4-3）。头和背为橄榄色，头侧及咽部有黄色纵纹及斑点，一直延伸到颈部。眼在头的两侧，具有可活动的上下眼睑和瞬膜。鼻孔一对，开口于头的前方。在口的后方有圆形鼓膜。其颈部粗长，形似圆筒状，可以灵活转动。它的背甲棕色或黑色，具有三角嵴棱，腹甲为棕黄色，且有黑褐色斑块。乌龟的背甲和腹甲间借骨缝相连。四肢为黑褐色，粗而短，比较扁平，能缩入壳内，相比较而言，它的后肢比前肢大。四肢均有 5 指（趾），指、趾间有蹼。除后肢第 5 趾外，指和趾末端均有爪。

（3）雌雄鉴别

乌龟在 250 g 以下时，由于未达性成熟，雌雄一般很难鉴别。250 g 以上的乌龟，一般已达性成熟，在体色上也有了显著的差异，此时比较容易鉴别雌雄。通常情况下，雄龟体小，背甲、腹甲、头颈及四肢均为黑色，并有一种特殊的臭味。雌龟体大，背甲多为棕色，头颈部为黄绿色，有的还有黄橄榄色的纵纹。

（4）生活习性

乌龟生活于江河、湖泊、池塘和水田中，其食性杂，稻谷、小鱼、小虾等都吃。人工饲养的乌龟主要食蚯蚓、鱼肉、猪肉、虾等动物性饵料，但为了保证龟体内营养物质的平衡，每半月也要喂一次米饭、菜叶等。

乌龟一般当温度下降至 10 ℃时，便不吃不动，进入冬眠。第二年的春天，当温度达 15 ℃时，乌龟才开始有了进食的欲望。

图 4-3 乌龟

它们每年的 4～10 月为繁殖期，500 g 左右的雌龟一次产卵 8～12 枚，最大的卵可达 36 g。

4. 黄缘盒龟

(1)地理分布

在我国，主要分布于安徽、福建、广东、广西、湖南、河南、香港、江苏、台湾、浙江、澳门和湖北等地。在国外，主要分布于日本的九州岛等地。

(2)形态特征

此龟头部光滑，吻前端平，上喙有明显的勾曲。头顶部呈橄榄色，眼后有一条黄色"U"形弧纹，眼大，鼓膜清晰，背甲绛红色或棕红色，隆起较高，中央嵴棱明显，呈淡黄色，每块盾片上同心环纹清晰。腹甲黑褐色，背甲与腹甲间，胸盾与腹盾间借韧带相连，腹甲前后边缘均为半圆形，且无缺刻。四肢呈灰褐色，略扁平，上有鳞片。指、趾间具半蹼，尾短（见图4-4）。

(3)雌雄鉴别

黄缘盒龟在个体重达150 g时能分辨雌雄。雄龟个体重280 g左右，雌龟个体重450 g左右可达性成熟。同年龄的龟，雌性个体总是大于雄性个体。雌性个体可达1 000 g以上，雄性个体重很少超过500 g。鉴别雌雄的方法有两种。

第一种：雄性黄缘盒龟的背部拱起较高，顶部尖，腹甲后缘略尖，尾长，泄殖腔孔距尾基部较远；雌性龟的背部拱起较小，顶部钝，腹甲后缘略呈半圆形，尾粗短，泄殖腔孔距尾基部较近。

第二种：将龟的腹部朝天，用手将龟的四肢、头顶触缩入壳内，将龟的尾部摆直，若是雄性龟，则可以看到交接器从泄殖孔内翻出，呈黑色伞状。而雌性龟的泄殖腔孔内仅排出泡泡或稀黏液。

(4)生活习性

在自然界中，黄缘盒龟栖息于丘陵山区的林缘、杂草、灌木之中，树根底下、石缝等比较安静的地方。活动地阴暗，且离有流水的溪谷不远。喜群居，常常可以见到多个龟在同一洞穴中。昼夜活动规律随季节而异。黄缘盒龟属半水栖龟类，不能生活在深水域内。在人工饲养的条件下，4～5月和9～11月气温达18～22 ℃时，龟早晚活动较少，中午前后活动较多；每年的6～8月气温达25～34 ℃时，龟以夜间、清晨活动为主，白天隐藏在洞穴、树木或沙土中。若遇雨季，则常到洞外淋雨。12月至翌年1～3月，是龟的冬眠期。当温度达19 ℃时，龟停食；气温下降到10 ℃左右，龟进入冬眠。冬眠时，喜躲在洞穴、树枝堆或在较厚的枯萎草层下，且大多在向阳、背风处。当气温升至13 ℃时，龟又苏醒。

黄缘盒龟的身体结构较其他的龟类特殊。其背甲与腹甲间、腹盾与胸盾间均以韧带相连。故龟在遇到敌害如蛇、鼠等动物时，可将其夹死或夹伤，也可将自身缩入壳内，不露一点皮肉，使敌害无从下手。黄缘盒龟较其他的淡水龟类胆大，不畏惧人，同类很少相互争斗。

黄缘盒龟为杂食性。野生的龟食植物茎叶和昆虫及蠕虫，如天牛、今夜虫、蜈蚣、壁虎等。人工饲养的龟食瓜果、蔬菜、米饭、蚯蚓、家禽内脏、瘦猪肉、鱼等，尤喜食饵料。

黄缘盒龟一般在 4 月中旬～10 月底交配。交配前，雄龟围着雌龟打转，有时在雌龟的前部，阻止雌龟前进。若雌龟不动，雄龟则爬到雌龟的背上，缠绕在一起，时间一般达 10 min 之久。5～9 月为产卵期，每次产卵 2～4 枚，可分批产卵。卵白色，椭圆形。卵的长径为 40～46 mm，短径为 20～26 mm。卵重 8.5～20 g。卵的大小与龟的个体成正比。产卵多在凌晨和傍晚，产卵的地点选择在安静、潮湿且向阳的沙土地上。也有些龟因找不到合适的地方，将卵产在草堆、水盆或沙土上，有吃卵的现象。

图 4-4　黄缘盒龟

5. 黄额盒龟

（1）地理分布

在我国，主要分布于广西、海南。在国外主要分布于越南。

（2）形态特征

黄额盒龟的外观通体如画，很具观赏价值。该龟头顶平滑无鳞，呈金黄色，上面有黄色而不规则的斑点；头部为橄榄色。其眼球黑色，虹膜核黄色，眼后有淡黄色的条纹。吻端钝，超出上喙。喉部为橘红色。它的背甲显著隆起，上面有着笔画似的斑纹或图案，且为左右对称，背甲中央嵴棱明显（见图 4-5）。其腹甲为黑褐色。背甲与腹甲间、胸盾与腹盾间借韧带相连。其四肢灰色，被以覆瓦状排列的大鳞，上有黄色杂斑，前肢 5 爪，后肢 4 爪，指、趾间具半蹼。尾短，呈锥状。

(3)雌雄鉴别

此龟雄性龟体背甲较窄，尾长，泄殖腔孔距腹甲后缘较远。雌性龟体背甲较宽，尾巴较短，泄殖腔孔距腹甲后缘较近。

(4)生活习性

黄额盒龟生活于丘陵地区及浅水区域，以肉食性饵料为主。黄额盒龟对环境温度的要求较高，温度在17 ℃左右便开始不进食、不爬动，到了22 ℃才开始进食。它的适应能力差，人工饲养时尤其要注意温度的突然变化。

每年6~10月份为繁殖期。其卵白色，呈长椭圆形，长径为5.5 cm左右，短径是3 cm左右，重约12.5 g。

图 4-5　黄额盒龟

6. 金头闭壳龟

(1)地理分布

在我国，仅分布于安徽，国外尚未发现。

(2)形态特征

金头闭壳龟的头较长，头背面呈金黄色，皮肤光滑无鳞。它的眼睛较大，上颌略显勾曲。它的背甲黑褐色，较高，正中线上嵴棱明显，无侧棱，边缘为褐色，散有淡黄色的斑块。其颈盾短小，臀盾2枚，第2~5枚椎盾为棕红色。腹甲红色，盾片上排列基本对称的黑色圆斑、腹甲前后两半均可活动，完全闭合于背甲。背甲与腹甲、胸盾与腹盾之间均以韧带相连。四肢灰褐色，前肢有大鳞，指、趾间具全蹼。尾巴粗而短(见图4-6)。

(3)雌雄鉴别

雄龟吻较尖，腹甲中央略凹，泄殖腔孔距甲边缘较远，可见有黑色交接器。雌龟吻较圆钝，腹甲中央平坦，泄殖腔孔距腹甲边缘较近，内无交接器。

（4）生活习性

金头闭壳龟生活于丘陵中的山溪、岩石缝中等处，喜欢待在阴暗的地方，善于攀爬。该龟属水栖龟类，蹼较丰富，可以生活在深水中，但水中必须有露出水面的石块，让它们可以在上面休息。主要以昆虫、小鱼、小虾等为食。

图 4-6　金头闭壳龟

7. 三线闭壳龟

（1）地理分布

在我国，主要分布于广东、广西、福建、海南、香港、澳门等地；在国外，主要分布于越南等国。

（2）形态特征

三线闭壳龟的头较细长，头背部蜡黄，顶部光滑无鳞，吻钝，上喙略勾曲，鼓膜明显。喉部、颈部浅橘红色，头侧眼后有棱形褐斑块。背甲红棕色或棕黄色，有 3 条黑色纵纹，似"川"字，中央 1 条较长（幼体没有），前后缘光滑不呈锯齿状（见图 4-7）。腹甲黑色，边缘为黄色。背腹甲间、胸盾与腹盾间均借韧带相连，龟壳可完全闭合。腋窝、四肢、尾部的皮肤呈橘红色。前肢 5 爪，后肢 4 爪，指、趾间有蹼。尾较细。

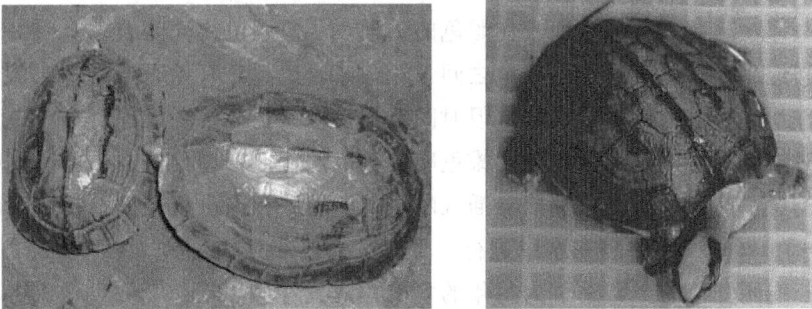

图 4-7　三线闭壳龟

（3）雌雄鉴别

雄性的三线闭壳龟龟甲较窄，尾粗且长，尾基部粗，泄殖腔孔距腹甲后缘较远，腹甲的2块肛盾形成的缺刻较深。雌性的三线闭壳龟背甲较宽，尾细且短，尾基部细，肛孔距腹甲后缘较近，腹甲的2块肛盾形成的缺刻较浅。

（4）生活习性

在自然界中，三线闭壳龟栖息于山区和丘陵地带的峡谷、溪流、河叉、湖沼等水域中，喜欢栖息于浅水处。这种龟喜爱阳光充足、环境安静、山清水静的地方。它们常在溪边灌木丛中挖洞做窝，白天在洞中，傍晚和夜里出洞活动较多。三线闭壳龟有群居的习性。由于龟是变温动物，它们的活动完全依赖环境温度的高低，当环境温度达23～28℃时，龟活动频繁，四处游荡。在10℃以下时，龟进入冬眠。12℃以上时，龟又苏醒。一年中，4～10月为活动期，11月至翌年4月上旬为冬眠期，南方地区的冬眠时间较短，一般为12月至翌年2月。

三线闭壳龟属于杂食性。在自然界中，主要捕食水中的螺、鱼、虾、蝌蚪等水生动物，同时也食幼鼠、幼蛙、金龟子、蜗牛及蝇蛆，有时也吃南瓜、香蕉及植物嫩茎叶。

此龟的性成熟因性别不同而有差别。野生的雌性龟，性成熟年龄为6～7龄，体重1 250～1 500 g；雄性龟性成熟年龄为4～5龄，体重700～1 000 g。在人工饲养条件下，由于饲料营养丰富，龟的体质好，生长速度加快，性成熟提前。雌性龟成熟年龄为5～6龄，体重为1 500～2 000 g；雄性龟性成熟年龄为3～4龄，体重1 000～1 500 g。

每年的秋季（18～20℃）和春季（16～25℃），三线闭壳龟进行交配。在交配季节，由于龟类缺少发声器，雄雌性龟各自分泌一种特殊的气味，互相招引对方。发情期，雄性先行嬉戏追逐雌性龟，并围绕雌性龟打转，用头部触动雌龟的头部、肩部，有的雄龟咬住雌龟的头颈，雌龟则可将壳闭合。有时2只雄龟共同追逐1只雌龟，发生雄龟之间角斗，败者逃离。开始时，雌龟对雄龟的举止并不感兴趣，也不予理睬，但时间一长，雌龟也能接受雄龟。当雌龟原地不动时，说明雌龟已接受雄龟。雄龟爬到雌龟的背上，用前肢、后肢分别钩住雌龟的背甲前缘、后缘，交接器插入雌龟的泄殖腔孔内进行交配，持续时间长达3～5 min。交配时多在水中进行，且在浅水地带。

三线闭壳龟的产卵季节为每年的5～9月，气温为25～35℃，也有冬季产卵的现象，但均未受精。性成熟的雌龟，卵巢内终年都有大小不等的卵粒存在。在产卵季节，龟一年产卵一批，少数个体大的龟能产 2 次卵。龟产卵多在夜间进行，上岸后，选择沙质松软的地方，先挖窝后产卵，初产卵的龟每窝产卵 1～2 枚，一般产卵数量为 5～7 枚。卵呈白色，椭圆形。卵长径为 40～55 mm，短径为 24～33 mm。卵重 18～35 g。

8. 周氏闭壳龟

（1）地理分布

在我国，主要分布于广西、云南等地。周氏闭壳龟数量极少，目前尚未有人工繁殖的报道。

（2）形态特征

周氏闭壳龟背甲为黑色或土黑色，卵圆形，中央有或无嵴棱，无侧棱，背甲前缘不呈锯齿状，第 9～11 缘盾之间微呈锯齿状，左右臀盾间有极小缺刻，缘盾的腹面为土黄色，散有不规则的黑色斑，背甲各盾片均无同心圆纹；腹甲褐黑色，胸、腹及股盾中央有较大的土黄色斑块，胸盾与腹盾间借韧带相连，腹甲前缘平，后缘圆，肛盾处较窄，中央有较大缺刻，腹甲各盾片均无同心环纹；无甲桥，背甲与腹甲间借韧带相连；有 1 枚极小的腋盾，无明显的胯盾；头部为淡灰白色，头部较窄，顶部无鳞，皮肤光滑，吻尖而端部圆钝；上喙勾曲，虹膜黄绿色，鼓膜浅黄色，自鼻孔经眼部，达头部后端有 1 条淡黄色的细条纹，自眼后达头部后端有 1 条淡黄色的细条纹，2 条细条纹的边缘嵌以橄榄绿线纹（见图 4-8）；颈部皮肤布满疣粒，背部、侧部橄榄绿色，腹部浅灰黄色；四肢略扁，背面橄榄绿色，腹面浅灰黄色，它前肢 5 爪，后肢 4 爪，指、趾间具丰富的蹼。尾适中。

图 4-8　周氏闭壳龟

（3）雌雄辨别

此龟雄性个体尾长，泄殖腔孔距腹甲后缘较远。雌龟个体尾短，泄殖腔孔距腹甲后缘较近。

(4)生活习性

野生周氏闭壳龟的生活习性尚未有记录。但从它的形态特征来看,多生活于山区及山涧溪、小河处。在人工饲养条件下,周氏闭壳龟喜生活在水中,当环境温度在 20 ℃以上时,能正常吃食;15～19 ℃时少动,有时吃食,有时不吃;14 ℃以下停食;10 ℃左右冬眠;当环境温度在 5 ℃以上时,周氏闭壳龟能正常冬眠。

野生的周氏闭壳龟食性尚无记录。在人工饲养条件下,周氏闭壳龟食猪肉、鱼肉、家禽内脏、小昆虫等。尚未见植物性食物。

9. 齿缘龟

(1)地理分布

在我国,主要分布于云南、广东、广西。国外分布于缅甸、泰国、越南、苏门答腊、马来西亚等地。

(2)形态特征

该龟的头大小适中,头顶部呈灰褐色,有小斑点,眼睛大,上喙略呈齿状,颈部有淡黄色的纵条纹。其背甲黑褐色,每块盾片都伴有放射状条纹(老年龟呈黑色),背甲后缘呈锯齿状(见图 4-9)。腹甲每块盾片上也有放射状花纹。背甲和腹甲之间借韧带相连,胸盾与腹盾间也以韧带相连,但腹甲不能与背甲完全闭合。四肢灰褐色,指、趾间具全蹼。

图 4-9 齿缘龟

(3)雌雄鉴别

对此龟进行雌雄鉴别时,要将龟的腹甲朝上,左手的大拇指、食指、中指分别压迫龟的前肢和头部,使它们缩进壳内;右手将龟的尾巴摆直。此时,若龟的泄殖腔孔内有黑色的交接器伸出,则为雄性;若龟的泄殖腔孔排出泡泡或稀黏液，则为雌性。

（4）生活习性

该龟生活于小河、池塘中，食性杂，但爱吃动物性饵料。它喜欢生活在较温暖的地方，对温度的变化较为敏感，25 ℃为饲养最佳温度，当气温下降至 17 ℃时进入冬眠期。适应性较差，每年产卵多次。

10. 地龟

（1）地理分布

在我国，主要分布于广东、广西、海南和湖南等地；在国外，主要分布于越南、苏门答腊、婆罗洲和日本等地。

（2）形态特征

体形较小，成体背甲仅长 12 cm，宽为 7.8 cm。背甲金黄色或橘红色，中央具有 3 条嵴棱，前后背甲边缘均呈锯齿状，共有 12 枚锯齿，故也称"十二棱龟"（见图 4-10）。腹甲棕黑色，两侧有浅黄色斑纹，前缘平切，后缘缺刻较深。甲桥间借骨缝相连。它的头部浅棕色，顶部光滑无鳞，眼较大，上喙呈勾曲状，自吻部沿眼部至颈侧有浅黄色纵纹。四肢较扁，散布有红色或黑色的斑纹，指、趾间具半蹼。

图 4-10　地龟

（3）雌雄鉴别

雄龟的腹甲中央凹陷，尾长且粗，泄殖腔孔距腹甲后缘较远。雌龟的腹甲平坦，尾短，泄殖腔孔距腹甲后缘较近。

（4）生活习性

地龟生活于山区丛林、小溪及山涧小河边。它是半水栖龟类，不能进入深水（一般来说，水位不能超过其自身龟壳高度的 2 倍）区域，否则，将有被溺死的可能。

野生地龟的食性没有记载。在人工饲养条件下，每只地龟的食性不同，由龟所处的野外生态环境决定，多数龟吃面包虫、蚯蚓、西红柿、瘦猪肉、黄瓜等。

11. 黄喉拟水龟

(1)地理分布

在我国主要分布于安徽、福建、台湾、江苏、广西、广东、云南、海南、香港等地；在国外，主要分布于越南等国。

除乌龟外，黄喉拟水龟的分布最广，数量最多。目前，在人工饲养条件下，已能大量繁殖，福建、江苏、浙江、广东等地均建有不同规模的养殖场。黄喉拟水龟是培育绿毛龟的常用龟种，故市场需求量较大，发展养殖前景看好。

(2)形态特征

黄喉拟水龟头小，顶部平滑，上喙正中凹陷，鼓膜清晰，头侧眼后具有2条浅黄色纵纹，喉部黄色。背甲扁平，中央嵴棱明显，后喙呈锯齿状(见图4-11)。背甲棕色或棕褐色，腹甲前缘平，后缺刻较深，腹甲黄色，每一块盾片外侧有大墨渍斑，甲桥明显，背腹甲间借韧带相连。四肢扁平，指、趾间具蹼，指、趾末端具爪，尾细短。

图4-11 黄喉拟水龟

(3)雌雄鉴别

黄喉拟水龟雄性个体重250 g时可达性成熟。其背甲较长，腹甲凹陷，个体大者凹陷更明显，尾较长，肛孔离腹甲后缘较远。雌性个体重300 g时达性成熟。背甲宽短，腹甲平坦，尾短。

（4）生活习性

黄喉拟水龟栖息于丘陵地带、半山区的山间盆地和河流谷地的水域中，有时也常到灌木草丛、稻田中活动。白天多在水中戏游、觅食，晴天喜在陆地上，有时爬在岸边晒太阳。天气炎热时，上午、傍晚后活动较多，中午、夜晚常躲于水中、暗处或埋入沙中，缩头不动。黄喉拟水龟怕惊动，一旦遇到敌害或响声，立即潜入水中或缩头不动。该龟每年的 4 月底至 10 月初活动量大，最适环境温度为 18～32 ℃。在 35～36 ℃时，不适应或蛰伏不动。13～15 ℃是龟由活动状态转入冬眠状态的过渡阶段。10 ℃左右龟进入冬眠。3 月上旬，温度 15 ℃左右，龟虽已苏醒，但只爬动，不觅食。到 3 月底至 4 月初才进食，冬眠后的龟，体重减轻 50～100 g。

黄喉拟水龟为杂食性，取食范围广。在野外，以昆虫、节肢动物、环节动物等为食，也食泥鳅、田螺、鱼虾，植物性食物有小麦、稻子、杂草茎等。在人工饲养条件下，可投喂家禽内脏、猪肉及内脏、混合饲料。植物类可投喂瓜果蔬菜。黄喉拟水龟喜在水中觅食，摄食时，先爬近食物，双目凝视，突然伸长颈脖，咬住食物并吞下。若食物过大，则借助前两爪，将食物撕碎后吞食。

自然界中，黄喉拟水龟的交配期为 4～10 月底，交配时间多在夜晚或清晨。交配前雄龟显得很兴奋，常尾随雌龟之后，以头部撞触雌龟的肩部，雌龟不动时，雄龟爬上雌龟的背，前爪钩住雌龟的背甲前缘，尾部伸出交接器，进行交配。龟的产卵期为 5～9 月，7 月为盛期，产卵时间多在夜晚。产卵前，龟先用后肢交替挖洞穴，洞穴口大底小，一般洞口直径 40 mm、洞深 80 mm。然后将尾部对准洞穴，后肢伸出，脚掌张开接卵。卵产完后，又用后肢拨土，将洞穴填平。黄喉拟水龟每次产卵 1～5 枚，卵呈白色，椭圆形。卵长径为 40 mm，短径 21.5 mm，重 11.9 g。

12. 中华花龟

（1）地理分布

中华花龟在国内主要分布于广东、广西、海南、福建、江苏、浙江、香港、台湾等地。国外主要分布于越南。

（2）形态特征

中华花龟是淡水龟类中体型较大的一种。因为它的头部、颈部和四肢都布满绿色的条纹，所以称为"花龟"。它的背甲长可达 20 cm、宽 16 cm。中华花龟的头部较小，头顶后部光滑无鳞，上喙有细齿，中央部有凹陷。其背甲呈栗色，略拱，后缘不呈锯齿状。其腹甲为棕黄色，每一盾片具有一块大墨渍斑块，腹甲后缘缺刻（见图 4-12）。其甲桥明显，背甲腹甲间借骨缝相连；四肢扁圆，指、趾间具全蹼，前肢 5 爪，后肢 4 爪。尾长，渐尖细。

图 4-12　中华花龟

（3）雌雄鉴别

中华花龟的雄性背甲较长，后部较窄，肛孔位于腹甲后缘较远处。雌龟背甲宽大，壳较拱，肛孔位于腹甲后缘较近的地方。

（4）生活习性

中华花龟属亚热带地区的水栖龟类，它喜暖怕寒，生活于池塘、小河及陆地上。它主食动物性饵料，但饥饿时也食菜叶、水草等植物性食物，人工饲养时也食米饭。它们常常栖息于小河塘中。中华花龟喜静，受惊后会立刻潜入水底。此龟有群居性，一般 2 只居于一穴，多时也会 18 只居于一穴。其性情温和，不爱争斗，不咬人。

中华花龟是一种适应性较强的龟种，但它对温度的变化较为敏感，每年的初春是它们成活的关键，因为此时龟处于半冬眠状态，加之昼夜温差较大，容易得病。在水温 34 ℃左右时，它的进食量最大。

在自然条件下，中华花龟体重达 250 g 以上时开始交配、产卵。每年的 4～8 月是产卵期，年产卵 3 次，每次产卵 3～4 枚。其卵为白色，长椭圆形。

13. 锯缘龟

（1）地理分布

在国内，主要分布于广东、广西、海南，云南和湖南也有分布。国外主要分布于越南、泰国、缅甸等国。

（2）形态特征

它的头前部平滑，后部具有规则大鳞，大小适中。眼睛较大，眼后至额部有镶黑边的窄长条纹，上喙勾曲。它的背甲为棕黄色，上面有三条嵴棱，前缘无齿，后缘具八齿（见图 4-13）。腹甲为黄色，边缘具有不规则大黑斑，背甲和腹甲间、胸盾与腹盾间均以韧带相连，但仅能半闭合。其四肢具有鳞片，指、趾间具半蹼。

图 4-13 锯缘龟

（3）雌雄鉴别

其雄性的尾巴较长，且尾基部粗壮，肛孔距腹甲后缘较远，腹甲中央略凹。雌性体型较大，尾较短，肛孔距腹甲后缘较近，腹甲中央平坦。

（4）生活习性

锯缘龟生活于山区、丛林、灌木及小溪中，它们喜欢生活在比较潮湿的地带，主食动物性饵料，它的性情比较凶猛，特别喜欢吃活食，如蝗虫、黄粉虫、蚯蚓等。喜暖怕寒，不怕高温，当环境温度在 19 ℃左右时便进入冬眠，环境温度达到 25 ℃时才正常进食。

14. 四眼斑龟

（1）地理分布

在我国，主要分布于江西、福建、广西和广东等地。在国外，主要分布于越南等国。

近年来，由于滥捕乱杀，其数量急剧下降。目前，国内市场上的四眼斑龟均为野生龟。由于它们分布区域狭窄，适应能力弱，成活率低，因此我国目前尚未开展大规模的人工养殖。

（2）形态特征

其体型适中。头顶皮肤光滑无鳞，上喙不呈钩状，头后侧各有 2 对眼斑，每个眼斑中有一黑点，颈部有条纵纹（见图 4-14）。其背甲棕色且具花纹，后缘不呈锯齿状或略呈锯齿状。腹甲淡黄色，每块盾片均有黑色大小斑点。背甲与腹甲间借骨缝相连。指、趾间具蹼。

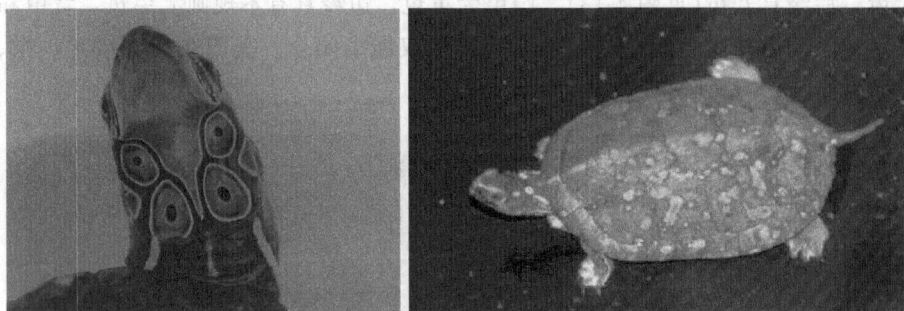

图 4-14 四眼斑龟

（3）雌雄鉴别

四眼斑龟幼体时（个体重 250 g 以下）因未达性成熟，性别难以鉴定。一般个体重达 300 g 以上可达性成熟。雄性的头顶部呈深橄榄绿色，中央有一黑点，每一对眼斑的周围有一白环包围，颈基部条纹呈橘红色，前肢及颈腹部有橘红色斑点。雌性的头顶部呈棕色，眼斑为黄色，中央有一黑点，每一对眼斑均前小后大，且周围有灰色暗环包围，颈背部的 3 条粗纵条纹和颈腹部的娄纹均为黄色，在繁殖期，龟体散发出异样臭味。

（4）生活习性

四眼斑龟胆小，遇惊时将头、尾、四肢缩入壳内或无目的地四处乱窜。一般喜栖于水底黑暗处，如石块下、池拐角处。连续 3～5 次将鼻孔露出水面呼吸后，静伏于水底可达 15～20 min。每年 4 月至 5 月初，水温 15 ℃时，少量活动，18 ℃时可见在水中游动。6～9 月间随温度的上升，活动范围增大，中午喜趴在岸边昂头，伸张四肢晒太阳，俗称"晒壳"。10 月霜降后陆续进入冬眠。11 月水温 13 ℃时，正式进入冬眠，对触摸、振动、刺激反应迟钝。翌年 1 月水温 10 ℃以下时，进入深度冬眠，无排泄现象。冬眠时头缩入壳内，四肢、尾部均不缩入壳内，趴在池的深水处或岸边石缝、草堆下。至翌年 4 月中旬，温度回升到 18 ℃时，开始逐渐苏醒，时常睁眼，微爬动，少数龟略有进食。

四眼斑龟为杂食性，在人工饲养条件下喜食动物性饵料，如瘦猪肉、小鱼、肝等，也食少量红萝卜、黄瓜及混合饲料。不食白菜叶、土豆、浮萍；瘦猪肉在水中浸泡时间较长发白则不食。

四眼斑龟一般在 5 月初有雄龟追逐雌龟的现象，雄龟绕雌龟打转或在雌龟前面，头对着雌龟，伸长头颈，上下点动或左右摇动，不让雌龟爬动，若雌龟掉转头，雄龟则及时绕到雌龟的前方。待雌龟不动时，雄龟再绕到雌龟的后面，爬到雌龟的背上，用前肢钩住雌龟的背甲前缘，伸直尾巴将紫黑色的交接器插入雌龟的泄殖腔内。交配后，雄龟从雌龟身上滑下。四眼斑龟交配多在水的中部或岸边进行。

产卵期在 5～6 月中旬。每次产 1～2 枚卵，并有分批产卵的现象。卵长径约 43 mm，短径约 22 mm，重约 25 g。

15. 缅甸陆龟

（1）地理分布

在我国，缅甸陆龟仅分布于广西，其他省市的农贸市场上出售的缅甸陆龟大多从东南亚进口；在国外，主要分布于尼泊尔、印度、泰国、越南、马来西亚、孟加拉国、缅甸和柬埔寨。

（2）形态特征

头部呈淡黄色，顶部有排列对称的大鳞，吻钝，上喙略勾曲，鼻孔处为粉红或淡黄色。背甲高隆，前后缘不呈锯齿状，每块盾片中央有大黑斑块，腹甲前缘较厚，后部缺刻较深（见图 4-15）。四肢呈圆柱形，表面有大块鳞片，呈灰褐色。指和趾间无蹼。

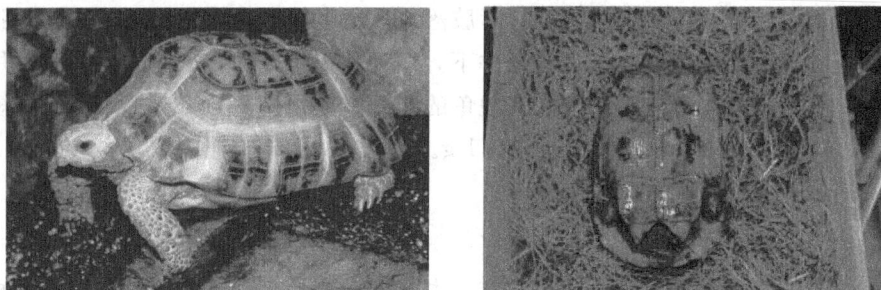

图 4-15　缅甸陆龟

（3）雌雄鉴别

在其体重达 500 g 左右时，便可鉴别其性别。雄性龟的腹甲中央凹陷，年龄大的龟腹甲凹陷的程度大，尾长且粗壮，泄殖腔孔距腹甲后部边缘较远。在繁殖季节，雌、雄龟的眼鼻周围的壳趋向粉红色，爪呈灰色。雌性龟的腹甲中央平坦，无凹陷，尾短，泄殖腔孔距腹甲后部边缘较近。

（4）生活习性

缅甸陆龟是亚热带的陆栖龟类，栖息于山地、丘陵及灌木丛林中。它们喜暖怕冷。在人工饲养条件下，龟喜在沙土上爬动，白天活动少，晚上活动较多。当环境温度为 22～33 ℃时，龟的活动量、进食量较大；17～20 ℃时，仅食少量食物，活动也少。当 12～15 ℃时，此龟食苹果，但有消化不良现象。每年的 6～9 月为活动、摄食旺盛期。8 月遇长期干旱后，突然下雨，龟喜在雨水中爬行，显得非常兴奋，有的低头饮水，有的停在沙土上。若遇黄梅季节，连续阴雨数天，龟多栖息在人工建的洞穴或遮阳篷下。10 月上旬温度达 17 ℃左右，龟的活动缓慢，有的一天也未见爬动。温度低于 11 ℃，龟进入冬眠状态。若长期处于低温 5～7 ℃，易患病。翌年 4 月下旬温度达 16 ℃时，龟出蛰，19 ℃时已能正常摄食，且消化正常。

缅甸陆龟有固定的栖息场所。若将其移到距原栖息地 3 m 远的地方，并且朝向其他方向，第二天清晨会发现其回到原栖息地。缅甸陆龟较其他龟类温顺，未发现互相撕咬，但有抢食现象。在野外，缅甸陆龟食花、草、野果及真菌及蛞蝓（一种软体动物）。在人工饲养条件下，喜食瓜果蔬菜及瘦肉类，不食鱼肉、猪肝、牛肉。缅甸陆龟对红色比较敏感，喜食红色食物，如西红柿。

缅甸陆龟一般在 5 月开始交配，7～8 月是交配旺季。雄龟发情时，尾随雌龟，当雌龟停歇时，雄龟爬到雌龟的前方，伸长头颈，不断地上下点动，并不时地用嘴触动雌龟的头，阻止雌龟爬动，当雌龟停止爬动时，雄龟及时绕到雌龟后面，爬上背甲，前肢悬空，后肢落地，用尾部抬动雌龟的尾，雌龟后肢略抬起，进行交配。在人工饲养条件下，缅甸陆龟于 6 月、7 月、9 月、11 月产卵。卵呈白色，椭圆形，壳较其他龟的卵壳厚。卵长径为 43～47.8 mm，短径为 34.1～36.7 mm，重 35.6～38.1 g。

16. 形态各异的各国龟类

（1）日本石龟

被称作"石龟"的龟，全世界只有日本有。近来，这种龟的数量在不断地减少。石龟幼时龟甲的后缘呈现锯齿状，成年后就不那么明显了（见图 4-16）。

（2）臭龟

臭龟的龟甲隆起有三条线。因该种龟腿部能发出臭味儿，因此得名"臭龟"。头和颈部呈黄绿色也是臭龟的特征之一（见图 4-17）。

图 4-16　日本石龟

图 4-17　臭龟

（3）大西洋蠵龟

又称红海龟，此龟生长在温带海洋里，世界各大海洋中都有这种龟。海龟的一生生活在海里，蛋却产在沙滩上。其特征是，头大，下巴非常发达（见图 4-18）。

图 4-18　大西洋蠵龟

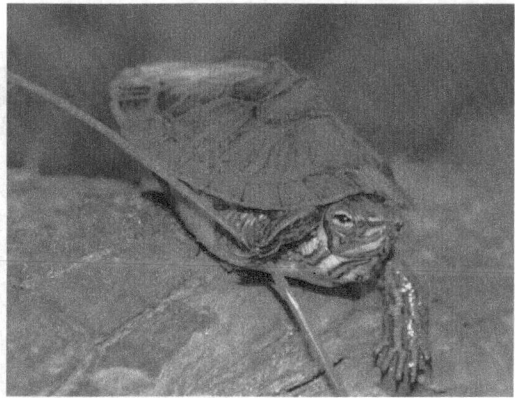

图 4-19　星星龟

（4）星星龟

原产于印度、巴基斯坦、斯里兰卡的沙漠等干燥的地方。龟甲长着黑色、黄色放射状的图案，看起来像星星似的，由此得名。高高凸起的龟壳起着抵御太阳的热能、保护身体健康的作用（见图 4-19）。

（5）黄蔷薇龟

原产于美国东部，也能人工养殖。因其腹部龟壳呈黄色而得名（见图 4-20）。此龟眼睛的后面由黄色粗线组成"三日月"的字样，是其重要特征。

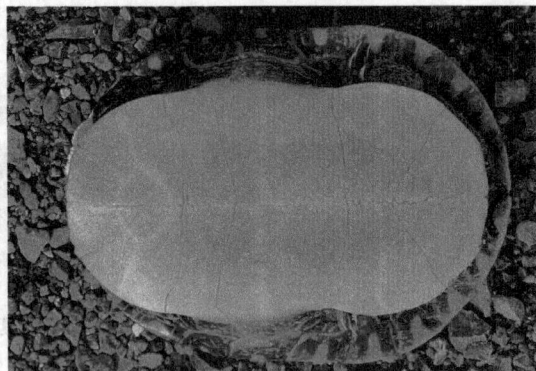

图 4-20 黄蔷薇龟

(6)亚拉巴马红腹龟

此龟原产于美国亚拉巴马州莫比尔湾。因其腹部甲壳呈红色而得名。幼龟身上漂亮的红色，会随年龄的增长而逐渐趋淡。红色的甲壳上带有黑色斑点（见图 4-21）。

图 4-21 亚拉巴马红腹龟

(7)蓝海龟

它的样子长得很像红海龟，但个头比红海龟大，小小的脑袋上长着锯齿一样的嘴巴。蓝海龟是以海藻类为生的食草性龟，嘴巴呈锯齿状是为了便于吃海藻。扁平的前腿和平滑的龟甲十分有利于游泳。

（8）豹纹龟

生长于非洲的东部和南部。图 4-22 是幼龟，龟甲上的四边形图案清晰可见，到成年后黑色的部分会变成斑点，像豹子身上的图案一样。

图 4-22　豹纹龟

（9）面包蛋糕陆龟

生长在非洲东部，其特征是龟甲像蛋糕一样呈扁平状，如遇敌人袭击能钻进岩缝里，吸气使身体膨胀而不被拽出来。

4.2　龟的生活习性

4.2.1　变温动物

动物的体温是由产热与失热条件所决定的。低等动物所产生的热不足以抵消其所消耗的热量，因而体温随环境温度而变化并依靠吸收太阳热能来提高自身的体温，所以称为变温动物或外温动物。龟是变温动物，所以对环境温度的变化反应敏感。它的摄食、活动等均受环境温度的影响。由于龟新陈代谢所产的热有限，它们又缺乏保留住体内产生热的控制机制。为了克服这一缺陷，龟需要找凉或热的地方来控制每天体温的波动。在饲养龟的人工小环境温度与自然栖息地相一致时，才能保证龟生理和心理健康。一般热带龟适宜温度是

27~38 ℃，温带龟 20~35 ℃，半水生海龟适宜的环境温度较低。有些龟致死温度在适宜温度上限之外 5 ℃左右。当温度较低时，龟不活动。要人工饲养下达到繁殖龟的目的，应避免龟的环境温度过高过低或大幅度波动。当温度在 10 ℃左右时，龟便开始进入冬眠状态。温度上升到 15 ℃左右龟便开始活动，有的甚至能开始进食。一般习惯上把温度在 25 ℃时，龟的摄食、活动情况定为正常值。而温度在 30 ℃左右则是龟最佳的进食、活动、生长的温度。所以，在国内长江中下游地区，每年的 4~10 月是龟的摄食、活动时期；11 月到翌年 3 月则是龟的冬眠期。

4.2.2 水和湿度

为使半水生龟能够全身淹没，水要足够。许多龟的取食、繁殖以及群体间相互作用都在水中进行。对产于港湾的龟还应考虑水的盐度，对某些海龟，应把水的 pH 调到与其自然栖息地水的 pH 相同。

水生和半水生龟代谢终产物是尿素，尿素分泌导致龟体内水的大量流失。产于干燥环境中的龟通过皮肤丢失水分。同样，龟通过皮肤也能吸收水分。许多龟直接喝池中或盆内的水。时常向龟舍内喷雾有助于使龟自由地选择水的摄入。

龟舍的湿度应与其自然环境相近，湿度过低(<35％)可导致龟皮肤异常干燥和蜕皮障碍，特别是那些不适应干燥的品种。湿度过高(>70％)会导致细菌或真菌大量滋生，容易引发皮肤下感染。

4.2.3 光照周期

根据龟的自然生理节奏和全年活动的要求，家养的龟需要定期光照。光照周期的变化和合适的生活环境条件，是使龟能够在家庭饲养条件下繁殖的重要环境因素。处于温带区光照周期的日照变化范围是冬季约 8 h，夏季约 16 h；热带区光照周期的日照变化范围是冬季约 10 h，夏季约 14 h。已证明，季节性光强度的变化有利于人工饲养下龟的繁殖。白炽灯可作为龟舍内的光和热源，但应避免直接接触灯泡，防止龟被灼伤。也可用保育灯给龟舍内局部加温，但必须有防护措施，应高于龟活动的地面 35 cm 以上。

4.2.4 食性

在自然界中，根据其栖息地的不同，龟类的食性也有差异。海栖龟类主要以鱼类、头足类、甲壳类、腹足类及海藻等为食。陆栖龟类主要以植物花果、植物幼苗等为食。水栖龟类主要以小鱼虾、螺蚌、蠕虫等为食。人工喂养时，常见养殖种类(如乌龟、金钱龟、黄喉拟水龟、黄缘盒龟等)可饲喂以动物性饲料为主的配合饲料，也可以投喂动物的内脏和屠宰动物的下脚料，如牛肝、牛肺、猪肝、猪肠等。龟摄食时先爬近食物，双目凝视，然后突然伸长颈部，咬住食物囫囵吞下。还常见到两只龟同咬一块食物的两端，分别向后拉，互不相让，持续很久，有的龟还抢食其他龟露在口外的食物。龟的食量与气温密切相关，气温回升，活动增加，取食多；气温下降则活动减少，少食或不食。有些龟耐饥耐渴能力较强，可几年不食也不易死亡。

4.2.5 卵生

龟均为卵生，繁殖季节一般在每年 5～10 月(恒温养殖除外)，卵产生于陆地上，不同种类的龟其产卵的数量不同，淡水龟类每次产 2～5 枚，卵呈白色，具有钙质的硬壳。不同种类龟的卵形状也大小各异，长椭圆形比较多，海龟类卵为圆球形。龟的卵穴，一般在潮湿温暖的地方，卵穴呈锅状，上大下小。卵的孵化完全依靠自然界的光、热及雨水。龟没有看护卵的习性。

4.3 龟所需要的营养物质

龟的准确营养需要很难下一个定义，在该领域的研究有限，许多推荐的龟营养配方主要是以人们多年饲养经验为根据的。龟饲料中主要营养要素是蛋白质、碳水化合物和脂肪，这一点与哺乳类相似。温度下降时，龟的新陈代谢明显降低，采食也随之减少。龟的采食行为、消化吸收与环境温度和龟的酶系统活性有关。温度、光源、群体密度和饲料的类型也影响龟的采食行为。

海龟饲料的颜色也对采食有影响，红色和黄色是它们偏爱的颜色。有些龟习惯某些食物，不愿意接受其他食物的情况也很常见。最好是每次投喂多种饲料，供龟自己选择。

1. 钙和其他矿物质

给龟投喂整的小动物食品，如小鱼、粉虫、蟋蟀、腊螟幼虫也相当重要，应当尽量供给全价的平衡营养。食草、食杂和食虫的龟也需要营养平衡的饲料。许多植物性饲料缺乏热量、蛋白质和钙，而昆虫与蚯蟮缺乏维生素和矿物质。如果饲料是以昆虫为主，则要添加钙，因为昆虫中磷多钙少。龟的优质钙源是脆牛骨、牛骨粉末、鸡蛋壳、碎牡蛎粉、乳酸钙药片碎片或粉末。给龟添加维生素和钙的方法，是把昆虫放在塑料袋中，袋中放少量的维生素和矿物质添加剂，摇晃塑料袋把粉沾在昆虫上，立刻给龟喂这种昆虫。人工饲养下的龟长期缺乏矿物质，饲料中应当添加矿物质和维生素添加剂。鸟和小型哺乳动物用的营养添加剂对龟也适用。龟出现嗜睡和喉口（甲状腺）异常肿胀时可能预示缺碘，平时饲养时要添加平衡维生素、矿物质混合物（每千克体重 1 g）或碘盐（饲料的 0.5%）。

2. 蛋白质

食肉龟饲料中的蛋白质含量应为 18%～20%，食草龟应为 11%～12%。龟的氨基酸需要与哺乳动物相同，但要添加组氨酸类。蛋白质含量不足会导致体重下降，肌肉退化，消瘦，易继发感染，繁殖障碍，伤口愈合不良等。多数蛋白质缺乏见于吃嫩芽类饲料的草食性龟或厌食的病龟。草食性龟的饲料中可以添加苜蓿芽、豆芽、大豆、粗粮、无脊椎小动物、罐装猫饲料。

3. 碳水化合物

食肉龟似乎不需要很多的碳水化合物，在许多情况下龟的能量需求靠的是蛋白质的糖原异生作用来满足。

4. 粗纤维与脂肪

对于大型陆龟和其他食草性龟来说，在饲料中增加粗纤维有治愈慢性恶臭性腹泻的作用。粗纤维对维持龟消化道的正常功能是必需的。目前还未肯定龟需要哪些特殊脂肪酸，但饲料中一般要添加 0.2% 的亚麻酸。

5. 维生素

龟正常的新陈代谢和钙平衡需要维生素 D，龟饲料中添加维生素 D 的推荐剂量是每周每千克体重 100 IU。也可以用紫外线灯作为维生素 D 的来源。市场上常用的紫外线光源、荧光灯，也可用于龟的饲养。

龟的维生素 A 缺乏症见于人工饲养下的海龟。龟的眼睑水肿、慢性呼吸道疾病和肾病均与维生素 A 缺乏有关。很典型的症状是鳞状上皮细胞老化，眼睑水肿，以第三眼睑腺阻塞、眼睑肿胀为特征，随后龟因看不见而不能定位食物。可能会出现慢性呼吸道感染和皮肤病，包括过度角化。治疗注射维生素 A 的推荐剂量是每周每千克体重 2 500 IU。

已经证明龟的肾可产生内源性维生素 C（抗坏血酸）。龟的传染性口腔炎的发生就是因为抗坏血酸的缺乏。可以口服或肌肉注射维生素 C（根据体型大小每日 25 mg 左右)来进行治疗，特别是龟有肾病时。

维生素 K 与凝血病有关，如果龟有出血时间延长现象，建议用维生素 K 每千克体重 0.5 mg 进行治疗。

4.4　龟的饲养管理

4.4.1　宠物龟的常用饲料

龟和其他动物一样，必须从外界摄取食物来满足自身生长发育的需要。在人工饲养条件下，只有合理地供给各种饲料，才能保证龟的正常生长发育，从而获得较好的经济效益。龟的饲料有以下几种。

(1)动物性饲料

在自然条件下，龟捕食的主要动物性饲料有水蚤、蚯蚓、螺、蚌、蚬、鱼、虾、泥鳅、黄鳝以及水生昆虫等。在人工饲养条件下，也吃畜禽的瘦肉、肝、肺、肠和加工下脚料、鱼粉、血粉、骨粉、蛙肉、黄粉虫、蝇蛆等。这类饲料，其干物质蛋白质含量大都在 50％以上，含有多种必需氨基酸，也是维生素 A、维生素 D 以及钙、磷等无机盐的重要来源，是龟的主要食物，一般应占饲料日粮的 60％～80％。

(2)植物性饲料

植物性饲料主要有豆饼、花生饼、菜子粕、黄豆、小麦、大米以及蔬菜、瓜果等。它们的营养成分含量也较高，但所含氨基酸不完全，且含量少，尤其是蛋氨酸、赖氨酸含量偏低。龟对这类饲料利用率较差，应与动物性饲料配合使用，其用量不应超过 50％，一般为 20％～40％，最好在 25％以下。

(3)配合饲料

它是动、植物性饲料以及一些添加剂，经过合理配制而成的一类饲料。配合饲料营养全面，便于贮运。但目前尚无龟专用配合饲料，多用摄食习性相近的鳗鱼、甲鱼配合饲料代替，其饲喂效果也不错。

4.4.2　龟的分类饲养管理

1. 亲龟的饲养管理

亲龟是指 6 年以上，用于产卵繁殖的种龟。在放养前，龟池要进行清理和消毒。土池应排水清淤，暴晒几日后，每 667 平方米用生石灰 80～150 kg，化浆后全池泼洒，经 1 d 后注入清水，10 d 后毒性消失即可放龟。亲龟在入池前要进行选优去劣，雌雄比例可按 3∶1～2∶1 搭配，并用 3% 的盐水或每升水加入 15 mg 高锰酸钾浸浴 20～30 min。每平方米水面可放龟 5～7 只，并可放养鱼苗 10 尾左右。鱼种以鲢、鳙、鲤、鲫为好。

饲料是培育优质亲龟的物质基础，要使亲龟早产卵、多产卵，应充分满足亲龟的营养需要。投喂的饲料要富含蛋白质，如小鱼虾、泥鳅、螺、蚌、鱼粉等，也要适当喂些豆饼、麸皮、面粉以及南瓜、胡萝卜、苹果、菜叶等。动、植物性饲料的配比以 7∶3～8∶2 为宜。饲料可直接投喂，但多是将动、植物性饲料搅碎或粉碎，然后加入饲料总量 5% 的骨粉、1.5%～2% 的畜用生长素，2% 的酵母及 0.5% 的食盐混合，揉黏后投喂。饲料的投喂应坚持"四定"的原则。

①定质　投喂的饲料要新鲜、可口，达到一定营养标准，做到当天加工，当天喂完，不要喂腐烂变质的食物。

②定量　每天的投料量一般为龟体重的 5%～10%，或以投食后 2 h 能吃完为宜。具体应根据温度高低、摄食强度灵活掌握。温度高时，龟摄食强度大，要多喂，反之要少喂。在亲龟产卵前后，气温低，龟摄食少，要多喂鲜活动物饲料，以促使其第二年早产卵，多产卵。

③定时　开春后水温上升到 15 ℃时，龟开始食，但摄食量较少，可每隔 2 d 喂一次；水温达 18 ℃时，每天下午 3 时前后喂 1 次；5～9 月份气温达 24 ℃以上时，可每天上午 8 时、下午 5 时各喂 1 次。

④定位　饲料要投在固定的位置上，使龟养成定点取食的习惯，这样也便于掌握其摄食情况。鲜活的动物饵料可投在饲料池或浸入水中的饲台上，绞碎的混合饵料，宜投在饲台或饲料池的水边上。

在饲养期间，应经常加注新水，改善水质。水的 pH 应达到 7～8，透明度 20～30 cm，水色呈淡褐色或黄绿色。要除杂去污，保持龟池卫生。防止鼠、蛇、蚁的侵害，发现疾病及时采取措施进行防治。

冬季来临前，应更换池水，保持水质清新。在水深 1 m 以上、池底有 20 cm 以上淤泥的条件下，亲龟在洞中越冬。洞高以重叠 3 只龟为宜，洞口向南，从中伸出 1 根通气管，然后将龟放入洞中，最后用木板封口，再用土堆实。

2. 稚龟的饲养管理

刚从龟卵中孵出至越冬的龟称稚龟。刚孵出的龟脐部尚残留少量卵黄囊，不宜直接放入池中，应放于盛有一层浅水的光滑容器中，任其活动，3 d 后可移入稚龟池或竹木笼中饲养。稚龟入池前要用 3% 的盐水或 15~30 mg·L^{-1} 的高锰酸钾液消毒 30 min。龟池用 100~150 mg·L^{-1} 的石灰或 10~15 mg·L^{-1} 的漂白粉消毒。饲养密度以每平方米 100 只左右为宜。

稚龟的饵料要求优质新鲜，适口性强，易消化。开始时可喂水蚤、水蚯蚓、蛋黄等，以后逐渐投喂剁碎的蚌、螺、小鱼虾、猪肝等，辅以瓜类、浮萍等。1 个月后可用配合饲料，并加少量菜汁，揉成面团状投喂。初期每日可喂多次，温度 25~30 ℃ 时，上下午各喂 1 次，入秋后气温降低，可每日下午喂1 次。日喂量为龟体重的 5%~10%。

在饲养期间，要及时清除龟池中的排泄物和残饵，5~7 d 换水 1 次，换水量为总水量的 1/3，换入水与池水的温差不得超过 5 ℃。要保持环境安静，防止蛇、鼠、鸟、兽的危害。

稚龟越冬是乌龟养殖过程中的关键环节，如管理不当，死亡率很高。在室外越冬，龟池上要搭设棚架，上盖 25 cm 厚的杂草，棚架周边添加 20 cm 厚的泥土或杂草。也可在向阳处挖一深 60~70 cm 的土坑，面积可按每平方米 25~30 只稚龟确定。池内铺一层浸湿的稻草，龟放在上面，再盖一层稻草，最后用竹木板盖严，坑上塔棚。如在室内池中或盆内越冬，应在其底部铺一层20 cm 厚的洁净泥沙，湿度以手捏成团不出水为度。气温在 15 ℃ 时，应将稚龟移入其中，每平方米 100~200 只为宜。越冬期间应保持泥沙湿润，温度维持在 0~8 ℃，霜冻时节，可加盖稻草保温。

3. 幼龟的饲养管理

幼龟包括经过 1 次越冬后的 2 龄龟和经过 2 次越冬的 3 龄龟。生产上常将其分池饲养，每平方米水面可放养 2 龄龟 30~40 只，3 龄龟 20~30 只，还可套养鲢、鳙、鲫等夏花鱼种 5~10 尾。放龟前，龟池和幼龟均要进行消毒。

幼龟的动、植物饵料比例为 8:2 或 7:3，饵料中蛋白质含量应在 32% 以上。如使用配合饲料，应浸湿与榨成汁或糊状的果蔬类饲料配合，揉黏后投喂。春秋季气温低于 20 ℃ 时，可每天或隔天喂 1 次；高温季节，每天上下午各喂 1 次。每次投饵量以吃饱、无剩余为准。饲养期间应 5~10 d 换水 1 次，换水量为池水量的 1/3。每 20 d 用生石灰消毒 1 次，浓度为 20 mg·L^{-1}。酷暑季节，应在池上塔棚遮阳；低温季节，幼龟易患水霉病，要加强管理，同时要做好敌害防治工作。

幼龟的越冬应视气温而定。南方一般可在室外饲养池越冬，寒冷地区可将幼龟移入室内越冬。可参见稚龟的越冬办法。

4. 成龟的饲养管理

成龟即 4～5 龄龟。成龟的放养一般在春后水温稳定在 15 ℃时进行。放养前，龟池、龟体均应消毒。放养密度以每平方米 4～6 只为宜。

成龟的动、植物饵料比例一般为 6∶4～5∶5，粗蛋白质含量应在 28％以上。投食量应根据温度高低进行调整，水温在 24 ℃以下时，日喂 1 次，鲜活饵料喂量应为龟体重的 5％～7％，配合饲料应为龟体重的 1％～3％；水温在 24 ℃以上时，每日上下午各喂 1 次，鲜活饵料喂量为龟体重的 8％～12％，配合饲料为龟体重的 3％～5％。饵料投喂要定时定位。

在管理上，每隔 20 d 换去池水 1/3，并用 20 mg·L^{-1} 浓度的石灰水泼洒消毒，及时清除残饵和污物，保持良好的水质。冬季前应更换池水，水深要在 1 m 以上，池底泥沙厚 30 cm 左右，以利于龟安全越冬。

5. 龟鱼混养

龟鱼混养是生产上普遍采用的一种饲养方式，它不仅能增加经济收入，还有利于改善水质，维持池水生态平衡。龟的放养密度一般为每平方米放龟 3～5 只，鱼的放养密度为每 667 平方米 300～500 尾，其中鳙、鲢可占 70％，鲤、鲫占 10％～20％，草鱼、团头鲂占 10％～20％。各鱼种的规格可在 15 cm 左右。于春节前放鱼，水温 15 ℃以上时放龟。

龟、鱼饲台要分开搭设，一般先给鱼投饵，再喂龟。龟的饲料和投喂量与单养相同。鱼在开春前可适当喂点麸皮、米糠、碎米等，开春后可喂鱼喜食的各种嫩草，日喂量为草食性鱼类体重的 30％，精料为 3％～4％。

龟、鱼混养水质一般较稳定，但也要常注入新水，以保持水质清新。平时要勤观察，发现问题及时设法解决。

龟、鱼在年底可一次性捕捞，也可轮捕轮放，捕多少补多少。

6. 龟的加温饲养

自然常温饲养法，从稚龟养成 250 g 左右的商品龟需 5～6 年，采用加温饲养法，仅需 1.5～2 年。加温饲养一般在气温下降到 24 ℃以下时进行，每平方米水面放养稚龟 40～100 只，幼龟 20～30 只，成龟 10 只左右。龟池水温应维持在 28 ℃左右，不能时高时低，室内气温应高于水温 3～5 ℃。由于放养密度大，池水恶化快，应经常加注新水，除杂去污。做好龟病的预防，可每 20 d 投喂一次药饵，池水要定期消毒。其他与常温饲养相同，不再复述。

4.5　龟的繁殖

4.5.1　雌雄鉴别

在自然条件下，乌龟生长缓慢，需 5～6 年才性成熟，此时雌雄较好鉴别。雄龟甲壳呈深黑色，个体小，躯干长而薄，尾粗长，肛孔位置靠后，有异味，用手指将头和四肢向内挤压，能从肛孔伸出交接器。雌龟甲壳呈黄褐色，个体肥厚，尾细短，用手挤压头、肢，泄殖孔有水泡排出。雌雄比一般为 3∶1～2∶1。

4.5.2　交配与产卵

1. 交配

雌雄龟在每年的 4～5 月和 8～9 月，气温在 20～25 ℃时交配，可于翌年受精。交配多在晴天的傍晚进行。发情时，雄龟显得很兴奋，往往一只雌龟后有几只雄龟追逐或在雌龟周围打转，最后雄龟两前肢抓住雌龟背甲两侧，跟随雌龟爬行，直至雌龟停止爬动，才爬在雌龟背上进行交配。交配可在水中或岸边进行，时间仅几分钟。

2. 产卵

雌龟不论交配与否均能产卵。6～8 月份为产卵高峰期，产卵多在黄昏至黎明前进行。产卵前，雌龟到处爬行，寻找产卵场地，扒土筑穴。穴成后便开始产卵，产完卵后用土将穴口盖住即离去。1 只雌龟每年可产 2～4 次卵，每次产卵 3～9 枚，每次产卵间隔期 10～30 d。

3. 采卵

在龟的产卵季节，每天早上 8 时应查看产卵场，用竹签作为标记插在穴边，等到 3 d 后再来挖窝采卵。采卵时用竹片或小尖铲小心地扒开泥土，将卵捡出平放于采卵箱中。采完卵后，要将泥土整平，以便龟扒土产卵和查看产卵情况。

4.5.3　孵化

1. 孵化条件

龟卵的孵化主要靠外界温、湿度来促进其发育。孵化适宜温度为 20～35 ℃，最适温度为 30～34 ℃。高于 37 ℃会导致胚胎中途死亡，低于 20 ℃胚胎发育缓慢，甚至停止。孵化用沙的粒径一般为 0.5～0.6 mm，最适含水量为 7%～10%，若是泥土则含水量应为 18%～22%。含水量高于 26% 或低于 5%，均会影响胚胎的发育。孵化期一般为 50～80 d。

2. 孵化方法

龟卵的孵化多采用室内人工孵化。孵化前，应剔除畸形卵和未受精卵，孵化用沙要用水洗净，漂去泥尘杂质，暴晒几日，加水配制成所需湿度，一般以手捏成团，松手即散或每 1 000 g 干沙加水 70 mL 拌均匀即可。孵化的方法较多，可分为常温和加温孵化两种。

（1）常温孵化

多用池、箱、盆等，内铺 10 cm 厚的小卵石，沿壁至卵石放一供加水和通气用的小管，池、盆可加入 5 cm 深的水。卵石上盖纱网，再铺厚 10 cm、粒径 0.1～0.2 cm 的粗沙，将卵排放在沙上，动物极（白区）朝上，再盖上 5～10 cm厚、粒径 0.5～0.6 mm 的细沙，顶部用塑料膜或玻璃盖住。用此法孵化，湿度较稳定，并能保持较长时间。但孵化期间也应经常检查沙子的湿度。可用手扒开沙观看，如果靠近卵时才出现湿润沙层，便可喷水，使 5～7 cm 厚沙层略显湿润即可，同时向池底注入适量的水。阴雨天或气温低时，可在其内安装大灯泡增温，温度过高时揭盖通风降温。不要动卵，注意防止敌害。

（2）加温孵化

可用恒温箱、加温房等进行孵化。孵化器具可用沙盘或盘上放一块吸湿的厚泡沫塑料膜，摆上卵，再盖上沙或湿纱布即可。孵化期间温度要稳定在 32～34 ℃之间，空气湿度 80%～90%，沙和泡沫塑料膜要保持适宜的湿度。搬动孵化器具时，要轻拿轻放。

临近孵化时或第一只稚龟爬出后，可在沙面放一个盛浅水的盘或盆，上缘与沙面齐平，以利于龟爬入。此时可将装卵的器具移入室内，等待出壳。出壳的稚龟，可先放在盛有浅水的器具中暂养，待脐孔封合后，即可移入稚龟池中饲养。

4.6 龟的常见疾病诊断及主要防治措施

4.6.1 水霉病（白毛病）

1. 病因

龟体受伤后，水霉菌、绵霉菌等经伤口感染所致。秋末早春气温在 13～18 ℃

时，稚龟、幼龟较易发生此病。

2. 症状

病龟体表、四肢、颈部等处出现灰白色棉絮状菌丝体。病龟食欲下降，活动迟缓，严重时病灶处充血或糜烂，最后衰竭而死。

3. 防治

①加强管理，提高水温，避免龟体受伤。②用 3‰～4‰ 盐水或每平方米水中加入盐 500 g、小苏打 500 g，浸泡病龟 10 min，也可每立方米水中用 2 g五倍子煎液泼洒。③用抗生素拌饵投喂，每千克龟用 0.2 g。④用 1‰ 孔雀石绿软膏或 1‰ 磺胺软膏涂抹患部。

4.6.2 红脖子病(大脖子病)

1. 病因

病原为嗜水气单胞菌嗜水亚种。4～6 月份流行，各年龄龟均可感染，以稚龟、幼龟为多。

2. 症状

病龟咽喉部肿大、充血发红，脖子难以缩回壳内。严重时全身发红，口鼻出血，双目失明，最后死于岸上。剖检见肝、脾肿大，颈、腹内充满黏液。

3. 防治

(1)避免龟体受伤，加强水质管理，池水 pH 应维持在 7.2～8。

(2)放养前每千克龟注射卡那霉素 15 万单位，或用同量卡那霉素拌料喂，每天 1 次，连用 6 d。

(3)每立方米水体加入 20 g 呋喃西林浸浴龟体 30～50 min。

(4)用痢特灵或红霉素水溶液泼洒，浓度为 2 mg·L^{-1}。

4.6.3 白眼病

1. 病因

由于水质污染，眼部受伤，受细菌感染所致。春季为流行盛期。

2. 症状

病龟眼部发炎充血，继而变成灰白色，眼球和鼻孔有白色分泌物覆盖。严重时双目失明，呼吸困难，最后死亡。

3. 防治

(1)将病龟放于阴暗处，及时隔离治疗。

(2)用眼药水滴眼。

(3)用1%雷佛奴尔液涂抹病龟全身，或用呋喃西林液浸洗，浓度为 $20 g \cdot m^{-3}$，每日1次，连用5天。

(4)用青霉素、红霉素等注射，每千克龟4万～5万单位，每日1次，2～3 d即可。

(5)用呋喃西林全池泼洒，浓度为 $2.5 g \cdot m^{-3}$，10 d后可再泼洒1次。

4.6.4 肠炎

1. 病因

多因饵料变质，水质不良，气温骤降，感染产气单胞菌或大肠杆菌等造成发病。夏季发病较多。

2. 症状

病龟表现呆滞，取食减少，胃肠充血发炎，粪便稀软，呈褐色或绿色。严重时水泻，有恶臭味。

3. 防治

(1)饵料要新鲜，不喂变质食物，饵料变化不要过快，保持温度稳定和水质清新。

(2)用磺胺脒、土霉素拌饵投喂，每千克龟0.2～0.4 g，第二天以后减半，连用6天。

(3)对病重无食欲的龟，可采取针剂肌肉注射疗法，用氯霉素、庆大霉素等注射，每千克龟5万～10万单位。

(4)保持栖息环境的清洁与卫生，用强氯精全池泼洒，浓度为 $0.5～0.8 g \cdot m^{-3}$，连用2次。

4.6.5 腐甲病

1. 病因

病因为细菌引起，春秋季节流行。

2. 症状

背甲的一块或数块角质缘盾或椎盾腐烂发黑，有的烂成缺刻状。

3. 防治

(1)加强水质管理，定期用生石灰消毒。

(2)用呋喃西林或雷佛奴尔 1‰的水溶液涂抹病灶。

(3)用呋喃西林、红霉素水溶液全池泼洒，浓度为 $1.5\sim 2\ g\cdot m^{-3}$。

4.6.6　洞穴病

1. 病因

由产气单胞菌、普通变形菌、产碱菌等多种病菌引起，春秋季发病较多。

2. 症状

龟壳最初出现白色斑点，逐渐形成红色斑块，用手压之有血水挤出，挑去表皮可见一个孔洞，严重时可见到肌肉。

3. 防治

(1)改善水质，使池水 pH 为 $7.2\sim 8$。在饵料中加入维生素 E。

(2)用紫金锭、呋喃西林、高锰酸钾涂抹病灶。

(3)每千克龟用 20 万单位卡那霉素注射，或用 0.2 g 呋喃西林拌饵投喂。

(4)用生石灰或强氯精兑水全池泼洒。

4.6.7　皮肤溃烂

1. 症状

病龟的体表局部发白，长有棉絮状的菌丝体，龟的食欲不振，身体消瘦，伤口处充血或溃烂。幼龟发病时，其甲壳、四肢及颈部都长满霉菌，严重者衰竭而死。

2. 病因

多发生在水栖龟类，龟在争斗、交配时会相互咬伤对方，造成皮肤破损、感染，伤口处感染水霉或棉霉等菌丝体；易在秋末或早春季节发病，病菌适宜温度为 $13\sim 18\ ℃$，水质差也易引起此病。

3. 预防

保持栖息环境的清洁卫生，饲养密度不宜过大，注意水质管理，及时检查清洗过滤器具、加热器具是否完全。龟池基底不要粗糙，以免龟体遭受机械性损伤。

4. 治疗

发现龟体受伤，应立即在伤口处进行抗菌消炎，先用浓度为10％的盐水洗净龟的伤口创面，清除坏死的皮肤，下手要轻，尽量减少给龟带来疼痛。然后用灭菌磺胺结晶均匀撒在患病部位，或用金霉素软膏（眼膏）涂抹，并用磺胺类药物拌入饵料中投喂；药与饵料之比为1∶100。每千克体重的龟，每天投喂磺胺类药0.2g，连续服用3天。

治疗期间除喂食时把龟放入水中，其余时间不能下水，换药时要把旧药清洗掉，再上新药。每天换药一次。

4.6.8 营养不良症

1. 症状

龟体消瘦，精神不振，对外界的反应较迟钝；对食饵的消化不良，体重减轻可达20％～30％，如若不及时调整饲料，会导致死亡。

2. 病因

长期饲喂单一而营养价值不高的饲料引起的营养不良。

3. 预防及治疗

饵料中增添动物性蛋白质（例如内脏、鱼肉、虾肉）；此外，增喂助消化的发酵饵料（或适量的酵母片）以及复合维生素等，以提高食欲、增强体质。

第 5 章
鱼的饲养

观赏鱼是指具有观赏价值，有鲜艳色彩或奇特形状的鱼类。它们分布在世界各地，品种不下数千种。它们有的生活在淡水中，有的生活在海水中；有的来自温带地区，有的来自热带地区。它们有的以色彩绚丽而著称，有的以形状怪异而称奇，有的以稀少名贵而闻名。在世界观赏鱼市场中，它们通常由三大品系组成，即淡水温带观赏鱼、淡水热带观赏鱼和海水热带观赏鱼。

5.1　鱼的品种

淡水热带观赏鱼大致分为花鳉科(孔雀鱼、红箭鱼、黑玛丽鱼等)、攀鲈科(接吻鱼、蓝星鱼、丽丽鱼、叉尾斗鱼等)、脂鲤科(红绿灯鱼、黑裙鱼、大铅笔鱼等)、鲤科(斑马鱼、白云金丝鱼、红尾黑鲨等)、丽科(地图鱼、神仙鱼、七彩神仙鱼等)。

海水热带观赏鱼主要有：蝶鱼科(霞蝶、红尾蝶、红海黄金蝶、虎皮蝶、月光蝶、红海关刀)、棘蝶鱼科(女王神仙、皇后神仙、皇帝神仙、黄新娘、红闪电神仙)、雀鲷科(公子小丑、红小丑、红透小丑、双带小丑、黄肚蓝魔鬼、三点白、蓝线雀)、粗皮鲷科(白额倒吊、宪兵倒吊、大帆倒吊、蓝倒吊、红海倒吊、紫色倒吊)、皮剥鲀科(红横带龙、三色龙、红龙、古巴三色、龙尖嘴龙)。

淡水温带观赏鱼主要有红鲫鱼、中国金鱼、日本锦鲤等，它们主要来自中国和日本。

热带鱼是从 20 世纪 40 年代开始引进到我国的。虽然在我国仅有几十年的人工饲养史，但经过从野生到人工饲养繁殖、杂交育种等过程，它们的品种得到不断的更新提高，培养出了很多新的品种，如帆鳍燕尾鱼、墨蓝孔雀鱼、大尾兰孔雀鱼、玛丽球等。由于在人工饲养条件下的不断驯化，热带鱼的生活习性逐渐本土化。目前在我国大部分省、市、自治区，南起广东，北至黑龙江，热带鱼都已安家落户。近几年，海水热带观赏鱼也开始在百姓家安家落户，但由于繁殖问题国内还基本不能普及。

5.1.1　淡水热带观赏鱼

淡水热带观赏鱼一般是指产于热带及亚热带淡水水域中五彩缤纷的小型观赏鱼。原产地主要是印度尼西亚、菲律宾、斯里兰卡及非洲、南美洲一带，我国广东、福建、台湾亦有几种可供观赏的小型鱼被列入热带观赏鱼的范围。如我国广州白云山脚的金丝鱼，就是国内热带鱼市场上很受欢迎的品种。目前淡水热带观赏鱼的种类繁多，全世界有 2 000 多种，普遍为人们饲养的仅为其中大约 350 种。它们的生活习性多样，有喜欢群居的各种灯类小型鱼及斑马鱼，也有喜欢独居的泰国斗鱼；有喜欢栖于水底的各种鼠类鱼，生活在水体中层的各种神仙鱼，以及生活在水体上层的孔雀鱼等。

1. 饲养特点

淡水热带观赏鱼饲养的适宜水温为 18～30 ℃，酸碱度呈中性或弱碱性。饵料以水蚤、水蚯蚓、面包虫及小鱼小虾为主，亦可饲喂人工配合饵料。饲喂市售的配合饵料基本能满足热带观赏鱼的营养需要。

2. 繁殖特点

一般分为卵胎生鱼及卵生鱼两大类。卵胎生鱼类主要有孔雀鱼类、箭鱼类、玛丽鱼类、月光鱼类及食蚊鱼类。卵生鱼类有在水体上层产卵的珍珠马甲、蓝曼龙、斗鱼等，在水体中层产卵的神仙鱼等，在水体底层产卵的斑马鱼、红绿灯鱼等，以及口孵卵生的三间凤凰、蓝王子等。繁殖用水以微酸性为宜。

3. 常见品种

（1）鳉科淡水热带观赏鱼

鳉科淡水热带观赏鱼分为卵胎生鳉科和卵生鳉科。卵胎生鳉科鱼，即亲鱼产下的就是活生生的小鱼，可直接摄食饵料。这类鱼体型一般不大，容易繁殖，较适应弱碱性水质，是热带鱼中最容易饲养和繁殖的一种。

卵生鳉鱼多数生长在美洲、非洲、亚洲的热带淡水水域，大部分是小型鱼，但有的性情较凶暴，不适合混养，雄鱼色泽艳丽，对水质特别敏感，较适应弱酸性水质。

①孔雀鱼

又名彩虹鱼、百万鱼。原产于委内瑞拉、圭亚那、西印度群岛等地。

孔雀鱼体形修长，有着极为美丽的花尾巴，故名孔雀鱼。雄鱼体长 4 cm 左右，尾部(包括尾柄及尾鳍)长占全长的 2/3 左右；雌鱼体长达 5～6 cm，尾占全长的 1/2 以上。雄鱼浑身闪烁金属光泽，有红、橙、黄、绿、青、蓝等色，基色调有淡红、淡绿、淡黄、淡紫、红、黑和孔雀蓝等。尾鳍上的花色图案妙不可言；有 1～3 行排列整齐、大小一致的黑色圆斑点或一个彩色大圆斑，状似孔雀尾翎上的圆斑。随着杂交选择，出现了变化万千、如花似锦的各种孔雀鱼，有的满身银点闪烁，有的斑纹发光如蛇皮，有的尾鳍红如炬，有的一身淡紫，有的一半红一半黑，也有的绿、红、黑色相间。在热带鱼爱好者中，将这些鱼通俗地称为蛇皮孔雀鱼、火炬、红袍、紫袍、黑袍、蓝袍等。孔雀鱼尾鳍形状多达 13～16 种，有圆尾、三角尾、旗尾、火炬尾、琴尾、齿尾、燕尾、上剑尾、下剑尾、裙尾等。雌鱼体色较雄鱼单调逊色，各鳍一般，但尾鳍呈鲜艳的蓝色、黄色、淡绿、淡蓝，散布着大小不等的黑斑点，由于体色和其他鳍不显著，突出了尾鳍，游动时似许多小扇在动(见图 5-1)。

图 5-1　孔雀鱼

孔雀鱼繁殖能力很强，故有百万鱼之称。一般 4～5 月龄性腺成熟，同缸饲养的雄鱼便会追逐雌鱼进行交尾。雌雄鱼比例宜 1∶1，在水温 24 ℃，硬度 8～10 度的水中，每个月或隔月就能繁殖 1 次，在硬度 10 度以上的水中也能繁殖。每次产仔鱼数视雌鱼大小而异，少的 10 余尾，多的达 70～80 尾。雌雄鱼很易区别，除大小、花色明显不同外，雄鱼的背鳍较大，有的长带形，有的宽短。雌雄鱼的臀鳍形状也不同。雌鱼腹部明显膨大鼓出，近肛门处出现黑色斑，这是将要产仔的征兆。

②剑尾鱼

别名红尾鱼、白剑尾、青尾鱼、帆翅尾鱼、鸳鸯尾鱼。原产于北美洲的墨西哥和中美洲的危地马拉。

剑尾鱼体长可达 12 cm 以上，雄剑尾鱼在游动时，尾部拖着一条长长的利剑，显得威武雄壮(见图 5-2)。雄剑尾鱼之间有互相攻击戏耍的习性，但它们从不攻击其他品种鱼类，适合与其他热带鱼混养。

适宜略呈碱性的水质，pH 7.2～7.4，适宜饲养水温 22～26 ℃，但能忍受 15 ℃的低温，水温降到 10 ℃也不会死亡。食性较杂，所有饵料都可食用。胎生，繁殖力强，3 月后出现性征，6～8 月龄即可繁殖。剑尾鱼有性别转换现象，部分雌鱼可转化为雄鱼。

剑尾鱼寿命一般为 3～5 年，如发现背部隆起、垂鳍、并尾等现象要马上淘汰更新，培育下一代。

剑尾鱼种类繁多，常见的品种有红剑尾、白剑尾、青剑尾、黄剑尾、黑剑尾、朱砂剑尾、红身黑剑尾、鸳鸯剑尾等。尤其近年培育出的帆鳍蓝尾鱼为上品，这种剑尾鱼的背鳍长而宽，有的背鳍超过尾鳍的长度，游动时就像一面飘动的红旗，特别壮观。

图 5-2　剑尾鱼

③玛丽鱼

别名摩利鱼，原产于墨西哥及美国佛罗里达州和得克萨斯州沿海一带，属于浅海鱼类。经过人工不断培养驯化，使它基本适应了淡水环境，但在饲养水中需经常放入一些盐，否则容易生白霉病。

　　玛丽鱼体长一般 8 cm 左右，胎生，适宜饲养水温 24～26 ℃，水质略呈碱性，pH 7.2～7.4。玛丽鱼食性较杂，除动物性饵料外，还喜欢吃植物性饵料，它们会不停地啃食水草和缸壁上的青苔，所以又有"鱼缸清洁夫"的美称。玛丽鱼 2 月龄可分出雌雄，4～6 月龄性成熟后即可繁殖。

　　玛丽鱼的品种较多，主要有羹匙翅玛丽、鸳鸯玛丽、红翅玛丽、黄翅玛丽、银珍珠玛丽、燕尾玛丽、帆翅玛丽和皮球玛丽等。纯色品种又有银玛丽、金玛丽、红玛丽、黑玛丽之分（见图 5-3）。

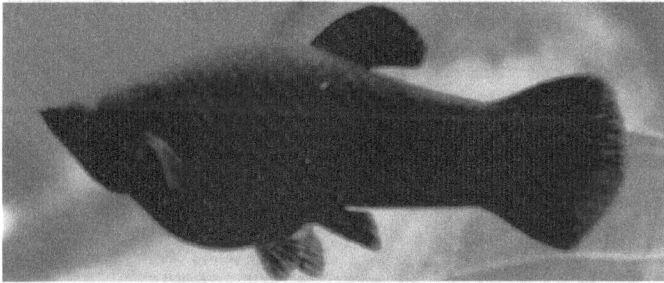

图 5-3　玛丽鱼

　　鳉科淡水热带观赏鱼还有月光鱼、火麒麟、蓝带彩虹鳉、五彩珍珠琴尾鳉、五彩竖琴鳉、蓝珍珠鳉等。

　　(2) 鲤科淡水热带观赏鱼

　　鲤科鱼类品种较多，分布地域也很广泛，一般以小型鱼为主，群生。鲤科鱼类具有咽喉齿，有的品种还有口须。

　　鲤科鱼类全部卵生，在底层的水草、棕丝或卵石上产卵繁殖。性情一般较温和，适合于混养，常见品种有金丝鱼、斑马鱼、虎皮鱼和蓝三角鱼等。

　　① 斑马鱼

　　斑马鱼性情温和，活泼好动，几乎一刻不停地游动。其对饲养水质要求不苛刻，喜在酸碱度中性的水中生活，喜新水，适宜水温 21～26 ℃。但斑马鱼既耐寒又耐热，水温在 15～40 ℃ 均可生活。

　　斑马鱼喜在上层水域活动觅食，对饵料不挑剔，各种鱼虫及人工饲料均可投喂。饲养斑马鱼最好在缸底铺些较大的卵石，便于沉淀物聚集，不使水浑浊。它不进攻杀害其他鱼，适宜混养。斑马鱼色彩美丽，饲养条件粗放，因而是人们最喜欢饲养的热带鱼之一。

　　斑马鱼的雌雄不难区分：雄斑马鱼鱼体修长，鳍大，体色偏黄，臀鳍呈棕黄色，条纹显著（见图 5-4）；雌鱼鱼体较肥大，体色较淡，偏蓝，臀鳍呈淡黄色，怀卵期鱼腹膨大明显。斑马鱼属卵生鱼类，4月龄进入性成熟期，一般用5月龄鱼繁殖较好。斑马鱼的繁殖比较容易，繁殖用水要求pH 6.5～7.5，硬度6～8度，水温25～26 ℃。斑马鱼最喜欢自食其卵，因此繁殖缸内铺小石头及水草，便于落卵附着。繁殖时可按雌雄鱼1∶2的比例放入繁殖缸内，一般头天晚上放入，第二天上午或中午就可以产卵受精。排完卵要将种鱼捞出另养。一条雌鱼每次可排卵300～1 000粒不等。受精卵经2～3天可孵出仔鱼，再经2天仔鱼开始游动觅食，开始先以"洄水"喂之，10天后可改喂其他小型鱼虫。斑马鱼的繁殖周期7 d左右，一年可连续繁殖6～7次，而且产卵量高。

图 5-4 斑马鱼

②虎皮鱼

虎皮鱼，又名四间鱼、四间鲫鱼。原产地为马来西亚、印尼苏门答腊岛、加里曼丹岛等内陆水域。虎皮鱼鱼体高，似棱形，侧扁，长5～6 cm。体色基调浅黄，布有红色斑纹和小点，从头至尾有4条垂直的黑色条纹，斑斓似虎皮（见图5-5）。背鳍高，位于背上中部，尾柄短，尾鳍深叉形。最适生长水温24～26 ℃，要求含氧量高的老水。杂食性，但爱吃鱼虫、水蚯蚓等活饵料，干饲料也摄食，爱吃贪食。虎皮鱼好群聚，游泳敏捷、活泼，成鱼会袭击其他鱼，尤爱咬丝状体鳍条的鱼，不宜和有丝状体鳍条的鱼（如神仙鱼）混养，宜同种群养。虎皮鱼的变异种有绿虎皮鱼、金虎皮鱼等。绿虎皮鱼的体形、鳍形均未变，但体色改变成不规则的绿色大斑块和条纹，非常美丽，喜欢高溶氧水体。金虎皮鱼鱼体金红色，眼红色，杂食性，卵生，适合有水草和沉木的水族箱，可以和小型鱼（除神仙鱼）混养。

图 5-5 虎皮鱼

雄虎皮鱼鳍上的红色比雌鱼的深；繁殖期间，雄鱼的鼻部及尾部会出现火一般的红色，非常醒目。雌虎皮鱼鱼体比雄鱼宽而大，尤其腹部膨大。虎皮鱼属卵生鱼类，6 月龄进入性成熟期。虎皮鱼繁殖并不困难，要求繁殖用水 pH 6.4～7.4，硬度 5～7 度，水温 27 ℃。向繁殖缸内兑入 1/2 的蒸馏水可以刺激鱼的发情。繁殖缸内应种一些水草，并铺一些消过毒的棕丝，以便卵附着。可先将发情的雌鱼放入繁殖缸，待其适应新环境后再放入雄鱼。因雄鱼追逐雌鱼很激烈，常常会出现雄鱼紧贴雌鱼，在水中急游打转的情况，在这过程中完成排卵受精活动。每尾雌鱼每次可产卵 200～500 粒，产完卵要立即将种鱼捞出另养，因为它们有吞食卵的习性。虎皮鱼一年可繁殖多次。

③金丝鱼

生活于亚热带地区的小型鱼类。栖息在我国南方地区河沟和小河道中，对水质要求较高，生活在水质澄清、水生植物生长繁盛的浅水中。鱼体呈梭形，全长 3～4 cm，大眼。体色背部褐中带蓝，腹部银白，体两侧沿侧线有 1 条金光闪耀的金线，这条金线的一端是黑眼珠；另一端是与黑眼珠相当的黑斑（见图 5-6）。鳍较小，背鳍、臀鳍后位，尾鳍分叉，背鳍与尾鳍鲜红色，其余鳍透明。体上还有一些色彩，但体色往往随环境条件变化而发生变化，金丝则不变。此鱼因最初发现于我国广州市郊白云山溪，故英文译名为白云山鱼。变异种长鳍金丝鱼更美丽。

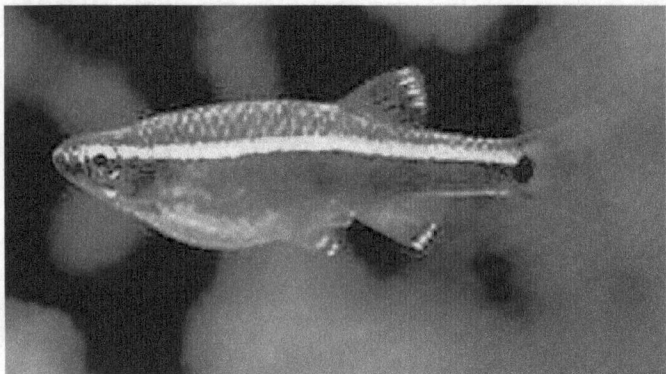

图 5-6　金丝鱼

　　金丝鱼的适应性强，能耐低温，可以适应 10～30 ℃的水温，最适生长水温 18～25 ℃。不择食，爱食活饵料、动物性饲料。冬季也能接受干饲料。性情温顺活泼，宜混养。常群游于中上水层。雄鱼鱼体较瘦长，鳍形较大，色泽艳丽；雌鱼鱼体粗，腹部膨大。

　　白云山金丝鱼的繁殖十分容易。在适宜水温 25 ℃左右、水质硬度 6～8度，酸碱度(pH)7.0 左右的小型繁殖缸中先铺设一层莫丝草或经过热水高温消毒过的棕丝，作为鱼卵的附着物和保护物。然后，选取有待产特征的雌鱼和健康的雄鱼，按雌雄比例 1∶1 或 1∶2 的比例放入繁殖缸。在安静的环境下，雌雄鱼很快会进入发情状态，雄鱼会不停地追逐雌鱼，直至雌鱼将鱼卵产在水草丛中，雄鱼则会立即使之受精。鱼卵呈白色透明，带黏性，会黏附在水草上，数量为 200～300 粒。待产卵结束即可将种鱼捞出，以免它们吞食鱼卵。受精卵经过 30～36 h 的时间开始孵化，仔鱼在孵化后的 36 h 内不太会游动，完全靠吸收自身的卵黄素生活，而后才会摄食极细小的浮游生物，此时可饲喂草履虫，也可用少许蛋黄调水后投饲，但必须注意一次不可太多，蛋黄极易污染水质，导致水质腐败。如此，再经过 7～10 d，仔鱼就可直接喂食小型的鱼虫了。

　　鲤科淡水热带观赏鱼还包括蓝三角、红玫瑰鱼、黄金条鱼、捆边鱼、玫瑰鲫鱼、红鳍银鲫、红线鲫、银鲨、彩虹鲨、红尾黑鲨、两头红鱼、彩虹鲃等。

　　(3)脂鲤科淡水热带观赏鱼

　　①红绿灯鱼

　　红绿灯鱼又叫霓虹灯鱼，也称红莲灯鱼，原产南美洲亚马孙河上游，有

"稀世之珍"之称。红绿灯鱼全长 3～4 cm，鳍不大，尾鳍呈叉型。臀鳍比背鳍长，胸鳍圆扇形(见图 5-7)。体色异常鲜艳，鱼体上半部为一条明亮的银蓝绿色纵带，在鱼体下半部由腹部附近开始至尾部为火红色，当它游动时，身体时红时绿地亮光，有如霓虹灯，故此得名。这种鱼原来十分稀少，直到1952年在日本繁育成功，才开始进入普通人家。红绿灯鱼喜欢在水温 22～24 ℃，偏酸性，低硬度的水中生活，喜食活饵料。红绿灯鱼胆小，适宜单养，如混养必须与体型、习性相近的鱼一起放养。饲养环境要求安静，不要有电视机、音响等干扰。红绿灯为卵生鱼类，家养条件下较难繁殖。它的繁殖要求为：水温 25～26 ℃，酸碱度(pH)为 5.6～6.8，硬度 0～1 度，水中溶解氧含量在 7 mg·L^{-1}以上，缸内有棕丝或金丝草作为鱼卵承接物，环境要求昏暗安静。将一对亲鱼于傍晚时放入，雌鱼一般第二天黎明孵出仔鱼，4～5 d 后仔鱼游动觅食。雌鱼每次产孵 200～300 粒。

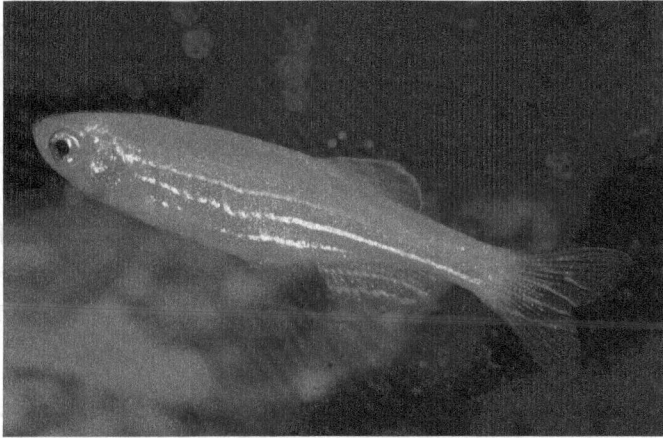

图 5-7 红绿灯鱼

②铅笔鱼

铅笔鱼是南美洲脂鲤类细长鱼类的统称。包括有名的观赏种类，如上口脂鲤(上口脂鲤科)和间齿脂鲤属(间齿脂鲤科)的几个种。一些小型铅笔鱼属小口脂鲤属(鳞脂鲤科)，长 2.5～4 cm(1～2 in)，单线小口脂鲤(即单线铅笔鱼)、金色小口脂鲤(即金色铅笔鱼)、白边小口脂鲤都养于鱼缸。铅笔鱼从水底或水生植物体表寻找动物性食物。多栖于缓流水体，均生活于淡水。游动迟缓，有些经常尾部朝下与水面呈一个角度而游动，有的与水面平行游动，也有的尾部朝上游动。鱼身最长 6.5 cm，呈长梭形，体色浅黄。凤凰铅笔鱼适宜水温 24～28 ℃，软水。喜成群活动，互相追逐、嬉戏，游玩累了停下休息，以鳍保持平衡，停在水中不动，似一支横放着的铅笔(见图 5-8)。

图 5-8　铅笔鱼

发情雄鱼臀鳍转为红色，尾鳍上的红斑更为鲜艳，雌鱼腹部膨大。要求水温 26～28 ℃，软水，pH 6.5 左右，硬度 4～5 度，含氧量丰富，水体宽广，有水草附卵。1 尾雌鱼可产卵 100 粒左右。受精卵于 1～2 d 后孵出仔鱼。

根据外形特点，铅笔鱼可分为条纹铅笔鱼、红鳍铅笔鱼、尖嘴铅笔鱼、火焰铅笔鱼、黑线铅笔鱼、断线铅笔鱼、五点铅笔鱼等。

(4)慈鲷科淡水热带观赏鱼

这种鱼主要分布在美洲和非洲，大型鱼种较多。慈鲷鱼科分非洲慈鲷科和美洲慈鲷科，又称为丽鱼科，体型短小的(一般不超过 10 cm)被称为短鲷。主要品种包括：非洲慈鲷、花罗汉、斑尾凤凰、斑点短鲷、翡翠凤凰、斑迪乌莉、白玉凤凰、T 字短鲷、阿莲卡蓝袖鲷、白蓝特短鲷、霸王短鲷、神仙鱼、埃及神仙、红钻石、阿卡西短鲷、七彩神仙鱼、蓝王子、杰克天使、黄金战船、红宝石、血鹦鹉、非洲凤凰、金菠萝、蓝宝石、地图鱼等。

由于一些品种的亲鱼对小鱼保护得无微不至，甚至把鱼卵含在口中孵化，所以又称为口孵鱼科。多数品种有领地概念，不轻易让其他鱼侵犯。该科鱼大部分都性格暴躁，喜欢打斗，排他性强。但对自己的后代却呵护倍加，极其慈爱，难怪称其为慈鲷鱼了。

在饲养方面，原产地独特的水域条件使它们需要一个硬度和酸碱度较高的水质环境才能很好地生活和繁殖。这类鱼适宜生活在水温 23～28 ℃，硬度9～11 度，pH 7.2～8.0 的水中。在原产地以浮游生物、水草、藻类、蜗牛、小动物为主食的它们可以在水族箱里广泛接受各种饵料，只是别忘了补充植物性饵料，尤其是针对一些草食性的特定种类，这是它们可以良好生存的关键。

①七彩神仙鱼

神仙鱼原产于南美洲亚马孙河流域的水域内。拥有修长而飘逸的背鳍、臀鳍和腹鳍，从侧面看像是在空中飞翔的燕子，故也称燕子鱼；背鳍和臀鳍都很长，上下对称，好像是张开帆的小船；腹鳍柔软而细长，像一对美丽的飘带。鱼体的基色是银白色，背部为金黄色，体侧有 4 条黑色横向粗条纹。神仙鱼原始野生种只有埃及神仙、普通神仙和长吻神仙三种，其中以有"热带鱼之帝王"之称的埃及神仙最受欢迎，而所有的人工繁殖种则几乎都是由普通神仙改良而来。神仙鱼适合 pH 6～7 的弱酸性至中性的软水，但大部分人工改良种也可适应高硬度的弱碱性水质，一般饲养水温平均只要维持在 26～28 ℃之间即可，神仙鱼属于杂食性鱼种。

七彩神仙鱼别名铁饼、七彩燕。体长 20 cm，近圆形，侧扁，尾柄极短，背鳍、臀鳍对称。体呈艳蓝色，或深绿色、棕褐色，从鳃盖到尾柄，分布着 8 条间距相等的棕红色横条纹。体色受光照影响产生变幻，光暗时体色深暗；光线明亮，则色彩艳丽丰富，条纹满身。远观头、体和鳍难以分辨，酷似田径场上的铁饼，故英文名为"铁饼"（见图 5-9）。

图 5-9　七彩神仙鱼

②地图鱼

地图鱼黑色椭圆形的身体上布满了不规则的红色、橙黄色的斑纹，就像是一幅地图，因此得名（见图 5-10）。又因为它的尾部末端有一个被金色包围的黑色斑点，如星星般闪亮，又被称为"星丽鱼"。还有人称它为"花猪鱼"，是因为它们进食的贪婪和平时"好吃懒做"的生活习性。原产地为南美洲的圭亚那、委内瑞拉、巴西的亚马孙河流域。一般成鱼体长 35 cm。适合生活在水温 25～28 ℃，酸碱度（pH）7.0～7.5 的水中。别名猪仔鱼、尾星鱼、黑猪鱼、星丽鱼。地图鱼性格十分凶猛，有时会自相残杀，或者吃掉自己的小鱼。

地图鱼的繁殖也比较简单，经过自然配对后，它们会寻找一处光滑的表面，轮番啃食干净后开始产卵，数量根据种鱼的大小从 800 到 2 000 粒不等。产卵后，它们会和其他的慈鲷科鱼一样悉心照料着鱼卵直到经过 36～48 h 后孵化，仔鱼在孵化后的前 4～5 d 里靠吸收自身的卵黄素生长发育，随后就会自行摄食。

图 5-10　地图鱼

（5）斗鱼科淡水热带观赏鱼

斗鱼是广义上鲈形目攀鲈亚目所有小型热带鱼的通称，狭义上指攀鲈亚目斗鱼科的小型热带鱼，亦专指暹罗斗鱼及其亚种。斗鱼鱼体呈椭圆形且侧扁。头中大，有些种类的吻部短而钝，有些则略长而尖。口小，开口斜裂，口能伸缩，下颌较为突出；颌齿是细小的锥状牙齿；锄骨和腭骨均无齿。有一特殊的辅助呼吸器官，是由第一鳃弓之上鳃骨扩大而形成的上鳃器，又称为迷路器官。鳞片为中大型的栉鳞，有些种类的侧线退化。臀鳍的基底远长于背鳍基底；多数种类的腹鳍会延长如丝状。

　　斗鱼科鱼为淡水鱼，分布于巴基斯坦、印度、马来群岛到韩国等淡水流域，栖息于江河支流、小溪、沟渠、池塘或稻田等。同种间雄鱼领域性强，常彼此相斗。以捕食浮游动物、水生昆虫、孑孓及蠕虫等为食，有些鱼也会吃丝状藻。具有特殊的产卵行为，产卵前，雄鱼会先在水草多的水面上吐出气泡，引诱雌鱼产卵于气泡中，由雄鱼在旁守护。

　　①接吻鱼

　　接吻鱼又叫亲嘴鱼、吻鱼、桃花鱼、吻嘴鱼、香吻鱼、接吻斗鱼等，体色淡浅红色。以鱼喜相互"接吻"而闻名(见图 5-11)。不仅异性鱼，即使同性鱼也有"接吻"动作，接吻鱼的"接吻"并不是友情表示，而是一种争斗。接吻鱼的体长一般为 20～30 mm。身体呈长圆形。头大，嘴大，尤其是嘴唇又厚又大，并有细的锯齿。眼大，有黄色眼圈。背鳍、臀鳍特别长，从鳃盖的后缘起一直延伸到尾柄，尾鳍后缘中部微凹。胸鳍、腹鳍呈扇形，尾鳍正常。身体的颜色主要呈肉白色，形如鸭蛋。适合生活在水温 18～25 ℃，硬度 6～9 度，酸碱度(pH)6.5～7.5 的水中。

图 5-11　接吻鱼

　　接吻鱼性情温和，成群结伴在各个水层活动，可以与其他鱼混养。食性很杂，不挑食。生长快，抵抗力强，很少生病。接吻鱼在人工饲养条件下没有固定的繁殖季节，而且繁殖较简单。接吻鱼 15 个月大的时候进入性成熟期，一年可繁殖多次。同斗鱼类的繁殖方式不同。它不吐沫营巢，而直接产漂浮性卵，浮在水面。卵呈琥珀色，如发白，则说明卵未受精。产卵量较大，每次4 000～10 000 粒。

　　②珍珠马甲鱼

　　珍珠马甲鱼银褐色的身体乃至鳍边均布满了珍珠状的斑点，显得格外雍容华贵，这也是它名字的由来。它的嘴部一直到尾柄的基部，沿着身体两侧的侧线各有一条由黑色圆斑组成的条纹（见图 5-12）。珍珠马甲鱼的腹鳍已经演化成为一对细细长长、金黄色的丝状触须，在平时可以前后左右地摆动，犹如盲者探路的竹杖，异常敏锐。该鱼原先生活在水草丰茂的水域，其适温范围在20～30 ℃，最适宜生长水温 24～28 ℃，pH 6.5～8.5，硬度 3～20 度。它的性情温和，尤其是雌鱼；雄鱼在交配后有攻击雌鱼的倾向，而在平时雄鱼之间也鲜有争斗。该鱼不能与性情凶猛的鱼类混养，否则会因受惊吓而致体色黯淡无光，甚至不吃食；其成鱼也不能与体型纤小的脂鲤科鱼类（如红绿灯鱼等）混养，它也会追逐吞食这些小鱼。

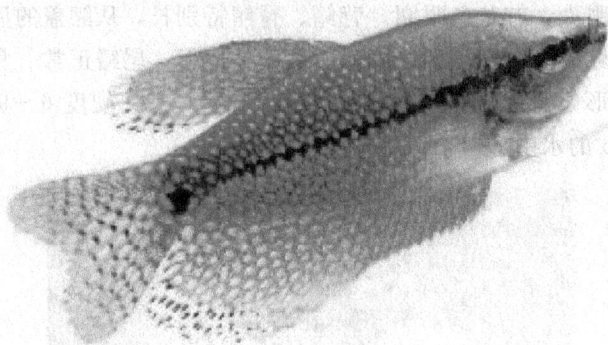

图 5-12　珍珠马甲鱼

珍珠马甲鱼雌雄鉴别较容易，雄鱼腹鳍阔大，呈胭脂红色，一直延伸到胸部及嘴边。而雌鱼颜色较浅，腹鳍也短些。繁殖用水 pH 需调整到 6.5～7，水温保持在 26 ℃。水箱中放一些鹿角苔，漂浮在水面，强光下生长很快。雄鱼熟悉新的环境后重新吐泡筑巢。交配时，雌鱼会在泡沫巢穴附近仰卧，两鱼身躯互相缠绕，雄鱼压迫雌鱼腹部产卵，同时授精。之后受精卵会被雄鱼小心地用嘴逐颗衔回泡沫巢穴。待雌鱼产完卵后应及时将其捞出，以防雄鱼为保护鱼卵而追打雌鱼。雄鱼将单独守护鱼卵，并继续吐泡，以托住落在水底的卵，非常尽职尽责。一对亲鱼一次可产 500 粒卵，18 h 左右孵化。此时可将雄鱼捞出。放入另一水族箱让其静养。仔鱼于 1 d 后才开始游动。这时可喂洄水，2～3 d 后即可喂红虫鱼虫。珍珠马甲幼鱼成长速度快，摄食量很大，对饲育者会构成一定负担。

(6)鲇科与鳅科淡水热带观赏鱼

鲇科与鳅科是同族，也是淡水鱼类中最大的一目。原产于南美洲的亚马孙河一带，也栖息于北美洲、亚洲、非洲、澳洲等地，分布极广。这类鱼大部分胆小，喜欢夜间活动，经常栖息于岩石、水草及底沙上面。鳅科鱼嘴上有触须，有些鱼有鳞甲，有些鱼可直接在大气中呼吸。鲇科与鳅科鱼类外表奇特，色泽丰富。鲇科鱼和鳅科鱼容易饲养，对水质要求不高，有些品种啃食水族箱壁上的青苔。

①咖啡鼠鱼

属于鲇科。首次发现在千里达，巴西、哥伦比亚、秘鲁、委内瑞拉、苏里南亦有发现。咖啡鼠鱼性情温和，容易饲养。对水质无严格要求。饲养水温25～28 ℃，pH 6.0～8.0。生活在水族箱底层，喜食动物性饵料。咖啡鼠鱼体呈长筒形，尾鳍叉形，体长可达 6 cm。嘴部有两对短须，体色为淡咖啡色，体侧各有一条蓝黑色粗体线(见图 5-13)。由于它们分布广泛，因此即使同样是咖啡鼠鱼也会有很多种表现形态，有的体色偏黑、有的偏红；其中还有野生的咖啡鼠鱼，例如市面上俗称的红头咖啡鼠鱼，比起人工繁殖的个体，它的体型就较为壮硕；而市面上常见的白鼠鱼，就是咖啡鼠鱼的白子品种。

咖啡鼠鱼雌雄鉴别较难。性成熟后，雄鱼略小，雌鱼腹部隆起。繁殖水温为 24 ℃，中性水质。

图 5-13　咖啡鼠鱼

②三间鼠鱼

属于鳅科。原产于印度尼西亚的苏门答腊岛和加里曼丹岛。又名皇冠泥鳅、小丑泥鳅。野生种体长可达 30 cm，水族箱中的仅有 10 cm 左右。体色黄色，上有三条黑色横带(见图 5-14)。胸鳍、腹鳍、尾鳍红色。对水质无特别要求。喜溶氧量丰富的水质，最适温度为 24～28 ℃。常活动觅食于水的底层，爱吃动物性活饵料。性情温和，胆小怕人。不宜与凶猛鱼混养。三间鼠鱼眼下有棘，受到攻击时，能弹出此棘，但根本不足以自卫。

图 5-14 三间鼠鱼

5.1.2 海水热带观赏鱼

海水热带观赏鱼主要生活在热带、亚热带海底的珊瑚丛中，故又名珊瑚鱼。其种类繁多，有数千种，由于体形奇特，颜色鲜艳，观赏价值极高。目前水族箱中能饲养的已有 200 余种。常见的种类有蝴蝶鱼、小丑鱼、皇冠炮弹、皇冠蓝纹、蓝面神仙、狮子鱼、金头蝠等。

1. 饲养特点

饲养水温 25～30 ℃。人工养殖的海水相对密度为 1.022～1.024，pH 8～8.5。饵料主要有小鱼、小虾、水蚯蚓、水藻类及人工配合饵料。

2. 繁殖特点

海水热带观赏鱼可在水族箱中饲养，人工繁殖极其困难，所以价格昂贵，家庭养殖不易普及，在大型宾馆或会议室摆放较为适宜。

3. 常见品种

(1)蝶鱼科海水热带观赏鱼

除了隆头鱼之外，蝶鱼是色彩最艳丽的海水鱼之一。它们是典型的珊瑚礁鱼类，有着侧面压缩的体形和稍微突出的吻部。蝶鱼科鱼种类繁多，色彩艳丽，姿态高雅，是海水观赏鱼类中最主要的成员。由于蝶鱼是终身单一配偶，因此经常可以看到两条蝶鱼在水中面对面，很像一只色彩斑斓的蝴蝶。

蝶鱼的种类超过 200 多种，分布在全世界珊瑚礁海区或浅海一带。主要集中在印度尼西亚附近海域，种类超过 60 种。在中国南海，包括台湾岛、海南岛、东沙群岛、西沙群岛及南沙群岛，已发现有蝶鱼 48 种之多。蝶鱼的体色变化小，在生长过程中最多失去一点一线而已，不像棘蝶鱼类幼鱼和成鱼的形态完全不同。而且这一科鱼每种蝶鱼都有自己的体色，属种鉴定或潜水辨认比较容易。蝶鱼中的许多种类在背鳍后端靠近尾巴处有一个黑色眼状斑，称为伪眼，而它的真眼常有一条横纹穿过，遮盖了眼睛。适宜饲养在水温 26～29 ℃（个别品种除外），酸碱度(pH)8.0～8.4 的海水中。在原始栖息地中，蝶鱼会不停地寻找食物，将它们的"吻部"探入每一个角落和裂缝中，不断地搜寻小型的无脊椎动物，如甲壳类动物、珊瑚水螅、蠕虫以及海藻等。一旦它们适应了人工的环境，这种习惯还会持续，所以若是将它们饲养在无脊椎动物造景缸内，就会造成极大的破坏。

代表鱼种霞蝶分布于中国台湾、太平洋珊瑚礁海域，蝶鱼科。体长 15～20 cm，卵圆形侧扁。体银白色，背鳍、臀鳍鲜黄色，头部三角形呈灰黑色，胸鳍到背部有一个三角形黄斑（见图 5-15）。饲养水温 27～28 ℃，比重 1.022～1.023，pH 8.0～8.5，海水中亚硝酸盐含量低于 0.05～0.1 mg·L^{-1}，水质要求稳定。饵料有水蚯蚓、红虫、切碎的鱼肉、海水鱼颗粒饲料等，可将涂有液态饵料的石块风干后，放入水中任其吸食。不可和无脊椎动物混养。本科常见品种还有红尾蝶、红海黄金蝶、虎皮蝶、月光蝶、红海关刀（见图 5-16）等。

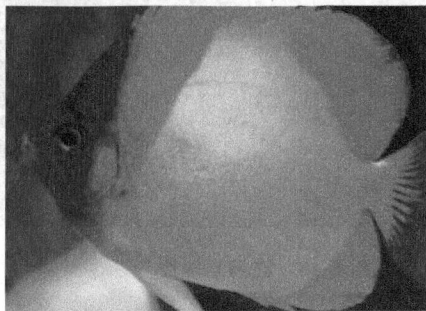

图 5-15　霞蝶

图 5-16　红海关刀

（2）棘蝶鱼科海水热带观赏鱼

本科鱼类之所以叫棘蝶鱼科（又称盖刺蝶鱼科，俗称神仙鱼），就是因为它们拥有蝶鱼般丰富的色彩，也有不同于蝶鱼科的主要特征：前鳃盖骨下方有一枚向前的尖锐硬棘。棘蝶鱼科鱼类额头微微隆起，眼睛大多圆大且有晕圈，鱼体形较蝶鱼大且圆，是海水观赏鱼中的主要种类，其色彩、斑纹、姿态、形状、游姿等均有"皇家之气"和"鱼中之后"的美誉。神仙鱼和蝶鱼一样用啄食的方式进食，在海中常成对出现，雌雄体色无明显差异，繁殖方式是雌雄两鱼在海中往上游并在黄昏分别排卵子及精子，受精过的卵是浮性卵，会在海中漂浮数月之久。仔鱼以浮游生物为主食，头部有骨板棘突起。仔鱼由外海回到沿岸的过程是借海流漂送，因此神仙鱼的地理分布很广。白天多在礁穴中活动，很少游到开阔水域。在水族箱中饲养时，要求海水比重 1.022，水温 26 ℃。

代表鱼种女王神仙（图 5-17）分布于太平洋珊瑚礁海域。体长 20～25 cm，卵圆形侧扁。体金黄色，全身密布网格状有蓝色边缘的珠状黄点，背鳍前有一个蓝色边缘的黑斑，鳃盖上有蓝点，眼睛周围蓝色，尾鳍鲜黄色，胸鳍基部有蓝色和黑色斑。背鳍、臀鳍末梢尖长直达尾鳍末端。饲养水温 27～28 ℃，比重 1.022～1.023，pH 8.0～8.5，硬度 7～9 度，海水中亚硝酸盐含量低于 0.3 mg·L^{-1}。饵料有海藻、冰冻鱼虾肉、海水鱼颗粒饲料等，喜食软珊瑚等无脊椎动物。本科常见品种还有皇后神仙、皇帝神仙、黄新娘、红闪电神仙（见图 5-18）等。

图 5-17　女王神仙

图 5-18　红闪电神仙

（3）雀鲷科海水热带观赏鱼

雀鲷科，是辐鳍鱼纲鲈形目隆头鱼亚目中的一科，在热带珊瑚礁鱼类中，不论种类及数量均占鳌头。中国产雀鲷科鱼类 6 属：双锯鱼属、宅泥鱼属、光鳃鱼属、雀鲷属、豆娘鱼属、密鳃鱼属。雀鲷科鱼类多为小型热带鱼类，生活在沿岸岩石和珊瑚礁之间，行动活泼迅速，以小型无脊椎动物为食。雀鲷科鱼类体呈卵圆或椭圆形，体侧扁。口小，略能向前伸出。颌齿圆锥或侧扁，单列或 2 至多列，外侧略扩大；锄骨及腭骨无齿。头、躯干及鳍基均覆有外缘呈小锯齿状的中型鳞片；侧线中断为二，前段为有孔鳞片，与背部轮廓平行而终于背鳍软条部下方，后段仅小孔，位于尾部中央。单一背鳍，具硬棘及有分节之软条，且硬棘部较软条部长；臀鳍具两棘；尾鳍分叉或内凹。全世界范围内分海葵鱼亚科、雀鲷亚科、光鳃雀鲷亚科及美雀鲷亚科，共计 28 属 348 种（Nelson，2006）。

　　雀鲷科鱼类生态习性在不同种间差异很大，有成群小范围巡游于水层中觅食浮游动物的豆娘鱼属；极具领域性，偏草食性的真雀鲷属；平常于枝状珊瑚上觅食动物浮游生物，遇有敌踪即躲入珊瑚丛中的圆雀鲷属；甚至专与海葵共生的海葵鱼属。基本上各属雀鲷的体型轮廓都略有差别，有助于判断属别。此外，尚有些属鱼类，属内鱼种间的栖所层性就有很大变化，如白带固曲齿鲷为礁区潮间带常见种类；明眸固曲齿鲷居于亚潮带上缘之平坦礁区；迪克氏固曲齿鲷及约岛固曲齿鲷则终身生活于珊瑚丛中，后者甚至完全以珊瑚虫为主食。此外，本科鱼类具有特殊的生殖求偶行为，如"signal jumping"、护巢、护卵等。有些鱼则有性别转变，如圆雀鲷属的小鱼均为雌性，而一群聚中只有一尾雄鱼，但当此雄鱼死亡或离开后，其中一尾雌鱼很快地经性别转变成雄鱼来取代它。海葵鱼属的性别转变恰与其相反。本科鱼种除了少数温带鱼属可长至 30 cm 而具有经济价值外，其余各种最大体长均在 10～15 cm，故少有食用价值。但少数色彩鲜艳的鱼种为热带水族养殖宠物，其中以海葵鱼最受欢迎。有些种类已可在水族缸中繁殖。

　　代表品种公子小丑（图 5-19）体色绚丽分明，泳姿摇摆奇特，故得名"小丑鱼"。又因为它喜欢依偎在海葵中生活，所以人们又称它为"海葵鱼"。分布于中国南海、菲律宾、西太平洋的礁岩海域，体长 10～12 cm，椭圆形。体色橘红，体侧有三条银白色环带，分别位于眼睛后、背鳍中央、尾柄处，其中背鳍中央的白带在体侧形成三角形，各鳍橘红色有黑色边缘。饲养水温 26～27 ℃，比重 1.022～1.023，pH 8.0～8.5，硬度 7～8 度。饵料有丰年虾、海藻、切碎的鱼肉、颗粒饲料等。它喜欢躲在海葵中，借海葵多刺的细胞保护自己，与海葵形成共生关系。小丑鱼外观上属于雌雄同体，野生的雌鱼比雄鱼修长些，差异不大。本科常见品种还有红小丑、红透小丑、双带小丑、黄肚蓝魔鬼、三点白(见图 5-20)、蓝线雀等。

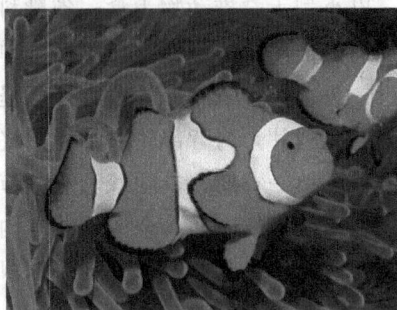

图 5-19　公子小丑　　　　　　　　　图 5-20　三点白

(4)粗皮鲷科海水热带观赏鱼

主要分布在太平洋的热带珊瑚礁海域。粗皮鲷科鱼体的侧面轮廓高而扁平，体型椭圆形，尾部两侧竖立着一对尖刺，背鳍、臀鳍与身体交接处极长，眼睛长在头部上方，鱼鳞末端有个小突起，使皮肤外表显得粗糙，故名粗皮鲷。英语名称原意是"外科医生"之意，因为它们身体的左侧及右侧靠近尾部附近各有一个或几个锋利突起的骨质硬刺，像外科医生使用的手术刀，是它们的生存武器。该科鱼体型较大，在野生环境下可长至 40 cm。雌雄两性在外表无明显差别，只是在繁殖期雄鱼体色会变深，幼鱼和成鱼体色也没有太大差别。平常多用胸鳍划水前进，在珊瑚礁和海藻丛中悠闲地觅食，以海藻为生。宜在较大的水族箱中饲养，饲养水温 27～28 ℃，比重 1.022～1.023，pH 8.0～8.5，硬度 7～9 度。饵料有冰冻鱼肉、海藻、海水鱼颗粒饲料、烫熟切碎的菜叶等。可将生有海藻的石块或涂有液态食物的石块晾干后，放入水族箱中任其啄食。可以和无脊椎动物一起来放养。饲养重点是投饵，粗皮鲷科的食量大，故需要增加投饵的次数。

代表品种白额倒吊又名花倒吊(见图 5-21)，分布于太平洋的珊瑚礁海域。体长 15～20 cm，蛋圆形。体色灰褐色，背鳍、臀鳍由下往上有黄色、黑色和银白色边缘，尾柄鲜黄色，尾鳍银白色有黄色花斑，腹鳍黑色有白边，胸鳍基部黄色。头三角形，嘴角前突，眼睛位于头部上方，眼睛到嘴部有一块银白色斑，故名白额。饲养水温 27～28 ℃，比重 1.022～1.023，pH 8.0～8.5，硬度 7～9 度。饵料有冰冻鱼肉、海藻、海水鱼颗粒饲料等，也可经常投喂一些烫熟切碎的菠菜叶或青菜叶。本科常见品种还有宪兵倒吊、大帆倒吊、蓝倒吊、红海倒吊、紫色倒吊(见图 5-22)。

图 5-21　白额倒吊

图 5-22　紫色倒吊

（5）皮剥鲀科海水热带观赏鱼

该科鱼均有一道可以自行竖立的背鳍，每当遇到攻击危险时，背鳍就会靠最前的一根粗鳍刺而竖起。靠背鳍和臀鳍的摆动来推进，没有腹鳍。身体的颜色各异，嘴小，牙齿坚固锐利。此科鱼食性非常杂，带壳的贝类、甲壳类、小鱼、软体无脊椎类和藻类等均采食，食量大且贪吃。

该科鱼以小丑炮弹为代表，是一种非常有趣和容易饲养的鱼种。饲养的水族箱体积要足够大，容水量在 500 L 以上，不能和软体类、小型鱼混养。要设置石头造景以提供鱼体躲藏的地方。饲养水温 27～28 ℃，比重 1.022～1.023，pH 8.0～8.5，硬度 7～9 度，饵料有冰冻鱼肉、水蚯蚓、虾、蟹、海水鱼颗粒饲料等。小丑炮弹的休息姿态比较特殊，有时会头下尾上漂浮不动或翻身平躺在缸底，容易让人误以为得病了。本科常见品种还有鸳鸯炮弹、黑炮弹、玻璃炮弹等。

（6）隆头鱼科海水热带观赏鱼

本科鱼类大多生活在热带和亚热带的珊瑚礁海域。分布于大西洋、印度洋和太平洋。属鲈形目，共 57 属，约 500 种。中国产隆头鱼科鱼类有 29 属 90 余种，多栖息于近岸岩石或珊瑚间，能结集成群。体呈长椭圆形，侧扁。口中等大，前位，能向前方伸出。牙齿锐利有力，能把硬的食物从岩石上啃下来，常以其他鱼身上的寄生虫为食，故有"医生鱼"之称。有 2 个鼻孔。前上颌骨不固着于上颌骨，上颌骨被眶前骨所蔽。两颌齿分离或在基部愈合，前方数齿很强，多呈犬齿状，常伸向外侧。犁骨和腭骨无齿。下咽骨完全愈合为一，呈三角形。唇厚，内侧有纵褶。假鳃发达。体被圆鳞，侧线连续或中断。体色鲜艳，雌、雄鱼体色有异，生殖季节更为明显。隆头鱼科鱼的个体大小差异很大，最大的可达 3 m，而小的仅 60 mm。它们靠胸鳍泳动，所以表现出上仰和原地旋转等游姿。该科鱼是单性鱼，成年时会有性别转变的现象。以软体类、甲壳类动物为食物，有的也喜欢采食海藻类等。饲养水温 27～28 ℃，比重 1.022～1.023，pH 8.0～8.5，硬度 7～9 度，饲料有冰冻鱼虾肉、水蚯蚓、红虫、海水鱼颗粒饲料等。

代表品种红横带龙（见图 5-23）分布于太平洋珊瑚礁海域，体长 25～30 cm，眼睛红色，头部有蓝色花纹，体表银白色，从嘴部到尾柄有 8～9 条红棕色垂直环带，臀鳍紫红色，背鳍银白色。饲养水温 27～28 ℃，比重 1.022～1.023，pH 8.0～8.5，硬度 7～9 度，饲料有冰冻鱼虾肉、水蚯蚓、海水鱼颗粒饲料等，鳍体色在成长过程中会有所变化。本科常见品种还有三色龙、红龙、古巴三色、龙尖嘴龙等。

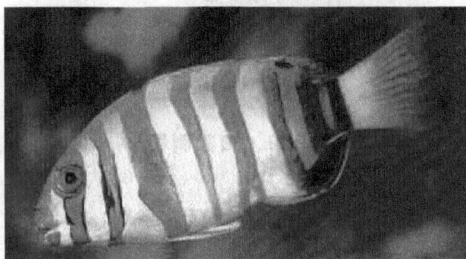

图 5-23　红横带龙

除以上科类外，饲养的热带海水鱼中还有脂科、虾鱼科、虾虎科、鲉科、海龙科和四齿鲀科等。

5.1.3　淡水温带观赏鱼

淡水温带观赏鱼主要有红鲫鱼、中国金鱼、日本锦鲤（见图 5-24、图 5-25、图 5-26）等，主要来自中国和日本，但追根溯源却都源于中国。其中，红鲫鱼的体型酷似食用鲫鱼，依据体色不同分为红鲫鱼、红白花鲫鱼和五花鲫鱼等；日本锦鲤的原始品种为红色鲤鱼，早期也是由中国传入日本的，后逐渐成为一种驰名世界的观赏鱼，主要品种有红白色、昭和三色、大正三色和秋翠等；至于中国金鱼的鼻祖则是数百年前野生的红鲫鱼，它最初见于北宋初年浙江嘉兴的放生池中，经历了池养和盆养两个阶段后，中国金鱼逐渐成为一种

图 5-24　红鲫鱼

家化饲养的观赏鱼。后又经过数代民间艺人的精心选育，中国金鱼已由最初的单尾金鲫鱼，逐渐发展为双尾、三尾、四尾金鱼；颜色由单一的红色，逐渐形成红白花、五花、黑色、蓝色、紫色等；体形也由狭长的纺锤形发展为椭圆形、皮球形等；品种也由单一的金鲫鱼，发展为今天丰富多彩的数十个品种，诸如龙睛、朝天龙、水泡、狮头、虎头、绒球、珍珠鳞、鹤顶红等。

图 5-25　中国金鱼

图 5-26　日本锦鲤

5.2　鱼的生活习性

5.2.1　气候

　　气候因素主要包括温度、光照、湿度、降水量、风、雨（雪）等物理因素。这几种因素都不同程度地影响到观赏鱼的生活，其中对观赏鱼的生活有直接影响的主要是温度，因为饲养观赏鱼的水体都较小，气候的变化能够很快影响到水温的变化，水温的急剧变化，常会引起观赏鱼的不适应或生病，甚至死亡。这说明观赏鱼对水温的突然变化非常敏感，尤其是幼鱼阶段更加明显。虽然观赏鱼在温度为 0～39 ℃的水体中均能生存，但在此范围水温中，如果水温变化幅度超过 7～8 ℃，观赏鱼就易得病，甚至死亡。因此，在气候突然变化或者鱼池换水时均应特别注意水温的变化。

　　例如金鱼饲养的最适宜水温为 20～28 ℃，在此温度范围内，随着水温的升高，金鱼的新陈代谢加强，生长发育也加快。这时的金鱼游动活泼，食欲旺盛，体质壮实，色彩艳丽，因此，养殖金鱼时要尽可能地将水温控制在20～28℃这个范围内。

　　热带鱼是狭温性鱼类，对水温要求比较苛刻，对于水温的变化非常敏感。饲养的适宜水温为 20～30 ℃，超过此温度的下限或上限，大多数热带鱼将危及生命，如水温降至 20 ℃ 以下，热带鱼便会生病或很快死去。水温虽达到 20 ℃，但如果长期温度偏低，也会影响热带鱼的食欲、活动和生长。昼夜温差如超过 5 ℃ 以上，热带鱼也会感觉不适，久而久之将导致患病、死亡。多数热带鱼的最适饲养水温为 24～28 ℃。有些热带鱼种类可耐受 15～16 ℃ 的低温，或 30 ℃ 以上的高水温，这与出生地水温有关，如白云金丝鱼老家在广州北郊，地理位置偏北，因而可耐受 16 ℃ 的低温。

对于饲养在全透明容器里的观赏鱼及水草，需要一定的光照，但是强光直射或光照时间过长是不合适的。例如，光线强及照射时间长，孔雀鱼的体色会变得暗淡；光线过多，鱼缸中的蓝绿藻丛生，水质变得混浊，玻璃壁被藻类蒙上一层淡绿色薄膜，有碍观赏。但是，光照太弱也不行，长期处于光线阴暗中的热带鱼，发育不良，体色暗淡无光，活力减弱。

5.2.2　水化因子

1. 溶解氧

观赏鱼生活在水中，靠水中的溶解氧生存，养鱼水中溶解氧的多少是水质好坏的重要指标之一。水中的溶解氧过低，观赏鱼就会出现浮头现象，严重缺氧时，就会窒息死亡。一般观赏鱼对溶解氧的要求在 $4\ \mathrm{mg \cdot L^{-1}}$ 以上，最低也要在 $1～1.3\ \mathrm{mg \cdot L^{-1}}$ 之间，低于这一极限，观赏鱼就会全部死亡。水中的溶解氧受各种外界因素的影响而时常变化，一般夏季日出前 1 h，水中溶氧量最低，在下午 2 时到日落前 1 h，水中溶氧量最大。冬季一般变化不大。水中的溶氧量还受水中动植物的数量、腐殖质的分解、水温的高低、日光的照射程度、风力、雨水、气压变化、空气的湿度、水面与空气接触面大小等许多因素影响。溶解于水中的氧气，一是来自水与空气接触面，水表面和水上层的氧气往往多于下层和底层；在高温和气压低的天气，不仅溶于水的氧气减少，有时甚至氧气从水中逸出。二是来自水生植物、浮游植物的光合作用，白天水中的溶解氧高于夜间是因为夜间水生植物停止光合作用，其呼吸及水中动物都需要消耗氧，所以，一般在黎明时水中溶氧量处于最低值。鱼缸、水族箱内，要保持较高的溶氧量，一是考虑适宜的放养密度，以减少鱼类自身的耗氧；二是排污时换掉部分老水，输入含氧量高的清洁的新水；三是种植适量的水草；四是采用人工增氧。

2. 二氧化碳

观赏鱼水体中二氧化碳主要的来源是观赏鱼和浮游生物等自身的呼吸及其

排泄粪便污物等氧化作用的产物，其含量与溶解氧一样，也有明显的昼夜变化，只是其变化情况与溶解氧正好相反。水体中的氧化作用越强，二氧化碳就累积越多，故二氧化碳的含量可间接指示水体被污染的程度。水体中二氧化碳的含量偏高，会降低鱼体内血红蛋白与氧的结合能力，在这种情况下，即使水体中溶氧的含量不低，观赏鱼也会发生呼吸困难。一般来讲，水体中二氧化碳的含量达 50 mg·L^{-1} 以上，就会危及观赏鱼的正常生长发育。

3. 酸碱度

一般来说，酸碱度即 pH 在 5.5～9.5 这个范围内观赏鱼都能生存，但海水的 pH 则可升高到 9.0～10.0。pH 偏高时，观赏鱼的活动能力减弱，食欲降低，严重时会停止生长，即使在溶解氧丰富的情况下也易发生浮头现象。pH 过低也会使观赏鱼致死。例如，热带鱼原来出生地的土壤属红土壤，微酸性，加之地表、水中腐殖质较多，一般水质为微酸性，所以大多数热带鱼要求 pH 6～7 的水。有的热带鱼经长期驯化适应了微碱性水；有些鱼因出生地的水是微碱性的，则要求微碱性水质；还有些鱼要求含微量盐分的水，这也是因为它们的"根"原在含盐水中的缘故。我国的淡水资源一般属微碱性水，但北方比较偏碱，而南方，如华南有些湖泊、水库、河流的水质属微酸性软水，用以饲养热带鱼一般都能适应。

4. 硬度

绝大多数观赏鱼要求在软水、低硬度或中性的水中生活和繁殖。

5.3　鱼的饲养管理

5.3.1　宠物鱼的常用饲料

观赏鱼种类多，食性也比较芜杂，根据它们对食物的喜好程度可将观赏鱼的食性分为植食性、肉食性和杂食性，每一大类观赏鱼中不同的鱼种对三种食性又有所偏好。例如锦鲤属杂食性鱼类，无论对动物性饵料如蚯蚓、蚕蛹、虾、蟹等，还是植物性饵料如麦麸、豆饼、玉米面、青菜、水果等都能利用；绝大多数热带鱼是肉食性，喜欢吃动物性饵料；有些热带鱼是杂食性，动物性和植物性饵料都摄食；只吃活饵料或以植物性饵料为主的热带鱼只占很少数。无论哪种食性的热带鱼，在鱼苗仔鱼阶段，都必须有微型活饵料供其摄食，才能顺利地正常发育生长。

观赏鱼的饵料，一般可分为植物性饵料、动物性饵料和人工配合饵料三大类。

1. 动物性饵料

观赏鱼的动物性饵料种类很多，含有鱼体所必需的各种营养物质，尤为观赏鱼所喜食。其中浮游动物是观赏鱼爱吃的活饵料。来源广，易捕捞。一般水质肥沃的江河、湖泊、水库或池塘中均有浮游动物分布。常食用的有水蚤、剑水蚤、轮虫、原虫、水蚯蚓、子孑，除浮游动物外动物性饵料还包括鱼虾的碎肉、动物内脏、鱼粉、血粉、蛋黄和蚕蛹等。

(1)水蚤(shuizao)

无脊椎动物，节肢动物门，甲壳纲，鳃足亚纲，水蚤科。水蚤俗称"红虫"，是枝角类动物的通称。体小，呈卵圆形，左右侧扁，长仅1～3 mm。体外具有2片壳瓣，背面相联处有脊棱。后端延伸而成长的尖刺(壳刺)。头部伸出壳外，吻明显，较尖。复眼大而明显，可不断转动，在复眼与第1触角之间有单眼。吻下的第1触角短小，不能活动；第2触角发达，有八九根游泳刚毛。腹部背侧有腹突3～4个，第1个特别发达，伸向前方。后腹部细长，向后逐渐收削。胸肢5对，尾叉爪状。雄体较小，壳瓣背缘平直。吻短钝或无。腹突退化。第1触角长，可活动，有长鞭毛。第1胸肢有钩与鞭毛。水蚤借触角上的刚毛拨动水流向上、向前游动；当触角上举时，身体则下沉，好似在水中跳跃。春夏季一般仅能见到雌体，营单性生殖，所产的卵称"夏卵"，较小，卵壳薄，卵黄少，不需受精可直接发育为成虫。这些成虫多是雌虫，再进行孤雌生殖。因此，在短时间内能够大量繁殖，呈一片红色，故称红虫。秋季，由夏卵孵化出一部分体小的雄虫，开始进行两性生殖，所产的卵称"冬卵"，冬卵较夏卵大，卵壳较厚，卵黄多。受精的冬卵，又称"休眠卵"，度过严寒或干燥环境，于次年春季气温较高时发育为新的雌体。除少数生活在海水中，多为各种淡水水域中最常见的浮游动物，是鱼类的优良饵料。

(2)剑水蚤

剑水蚤属，剑水蚤目，剑水蚤科的1属。淡水浮游动物中1个重要类群。俗称跳水蚤，有的地方又叫"青蹦""三角虫"等，是对甲壳动物中桡足类的总称。桡足类的营养丰富，据分析，其蛋白质和脂肪的含量比水蚤还要高一些。剑水蚤在一些池塘、小型湖泊中大量存在。剑水蚤躲避鱼类捕食的能力很强，能够在水中连续跳动，并迅速改变方向，幼鱼不容易吃到它。而且，某些品种还能够咬伤或噬食观赏鱼的孵和鱼苗。因此，活的剑水蚤只能喂给较大规格的观赏鱼。剑水蚤可以大量捞取晒干备用。

(3)原虫

又称为原生动物，是单细胞动物。个体由单个细胞组成。原生动物形体微小，生活领域十分广阔，可生活于海水及淡水内，底栖或浮游，种类也较多，分布广泛。作为观赏鱼天然饵料的主要是各种纤毛虫(如草履虫)及肉足虫。草履虫是观赏鱼苗的良好饵料，在各种水体中都有，尤其在污水中特别多，也可以用稻草浸出液大量培养草履虫来喂养观赏鱼苗。原生动物一般以有性和无性两种世代相互交替的方式进行生殖。

(4)轮虫

形体微小，长 0.04～2 mm，多数不超过 0.5 mm。它们分布广，多数自由生活，也有寄生的，有个体也有群体。废水生物处理中的轮虫为自由生活的。身体为长形，分头部、躯干及尾部。头部有一个由 1～2 圈纤毛组成的、能转动的轮盘，形如车轮，故叫轮虫。这种水生动物体型小，营养丰富，外表颜色为灰白色，有些地方又称其为"灰水"。轮虫广泛分布于湖泊、池塘、江河、近海等各类淡、咸水水体中。甚至潮湿土壤和苔藓丛中也有它们的踪迹。轮虫因其极快的繁殖速率，生产量很高，在生态系统结构、功能和生物生产力的研究中具有重要意义。轮虫是大多数经济水生动物幼体的开口饵料。在渔业生产上有巨大的应用价值。轮虫也是一类指示生物，在环境监测和生态毒理研究中被普遍采用。

(5)水蚯蚓

俗称鳃丝蚓、赤线虫等，样子像蚯蚓幼体。属环节动物中水生寡毛类，体色鲜红或青灰色，细长，一般长 4 cm 左右，最长可达 10 cm。喜暗畏光，雌雄同体，异体受精，人工培养的寿命约 3 个月。它们多生活在江河流域的岸边或河底的污泥中，密集于污泥表层，一端固定在污泥中；一端生出污泥在水中颤动，一遇到惊动，立刻缩回污泥中。繁殖能力随着气温升高而增强。水蚯蚓的营养价值极高，投喂前要在清水中反复漂洗，它是金鱼和锦鲤非常爱吃的饵料，也是鳗苗的主要饵料。若饲养得当，水蚯蚓可存活 1 周以上。

(6)孑孓

蚊子的幼虫。属节肢动物门，昆虫纲，双翅目。孑孓由雌蚊在淡水中产的卵孵化而成。身体细长，呈深褐色，在水中上下垂直游动，以水中的细菌和单细胞藻类为食，呼吸空气。通常生活在稻田、池塘、水沟和水洼中，尤其春、夏季分布较多，经常群集在水面呼吸，受惊后立即下沉到水底层，隔一定时间又重新游近水面。孑孓是观赏鱼喜食的饵料之一，要根据孑孓的大小来喂养观赏鱼。孑孓通常用小网捞取，捞时动作要迅速，在投喂前要用清水洗净。

(7)血虫

几种体色鲜红的水生环节动物的俗称，摇蚊幼虫的总称。活体鲜红色，体分节。血虫生活在湖泊、水库、池塘和沟渠道等水体的底部，有时也游动到水表层。血虫营养丰富，容易消化，是观赏鱼喜食的饵料之一。

(8)蚯蚓

生活在潮湿、疏松和肥沃的土壤中，身体呈长圆筒形，褐色稍淡，约由100多个体节组成。前段稍尖，后端稍圆，在前端有一个分节不明显的环带。腹面颜色较浅，大多数体节中间有刚毛，在蚯蚓爬行时起固定支撑作用和辅助运动作用。在11节体节后，各节背部背线处有背孔，有利于呼吸，保持身体湿润。蚯蚓是通过肌肉收缩和刚毛的配合向前移动的，具有避强光、趋弱光的特点。蚯蚓的种类较多，一般都可作观赏鱼的饵料，作水产饵料的代表品种有湖北环毛蚓等。该品种长 70～220 mm，直径 3～6 mm，全身草绿色，背中线紫绿或深绿色，常见一红色的背血管，腹面灰色，尾部体腔中常有宝蓝色荧光。环带三节，乳黄或棕黄色，喜潮湿环境，宜在池、塘、河边湿度较大的泥土中生活，在水中存活时间长，不污染水质。从土壤中挖出的蚯蚓，需先放在容器内，洒些清水，经过 1 d 后，让其将消化道中的泥土排泄干净，再洗净切成小段喂养观赏鱼。通常全长 6 cm 以上的观赏鱼才能吞食蚯蚓。

(9)蝇蛆

苍蝇的幼虫称为蝇蛆。蝇蛆以畜禽粪便为食，生长繁殖极快。因个体柔嫩、营养丰富，可作为成鱼和肥育鱼体的饵料。投喂前需漂洗干净，减少其对养殖水缸、水质的污染。人工繁殖蝇蛆时需要严格控制，以防止对环境造成污染。

(10)蚕蛹

蚕吐丝结茧后经过 4 d 左右，就会变成蛹。蛹富含蛋白质和脂肪，其中主要成分是不饱和脂肪酸、甘油酯，少量卵磷脂、甾醇、脂溶性维生素等，营养价值较高，通常是被磨成粉末后，直接投喂或者制成颗粒饲料投喂观赏鱼。蚕蛹的脂肪含量较高，容易变质腐败，因此，在投喂前一定要注意质量。

(11)螺蚌肉

需除去外壳，通过淘洗、煮熟后切细或绞碎投喂观赏鱼。大观赏鱼消化能力强，这类饵料对大观赏鱼的生长发育效果较好。

（12）血块、血粉

新鲜的猪血、牛血、鸡血和鸭血等都可以煮熟后晒干，制成颗粒饲料喂养观赏金鱼。此类饵料的营养价值很高，如将其制成粉剂与小麦粉或大麦粉混合制成颗粒饲料喂养观赏鱼，则效果更好。

（13）鱼、虾肉

不论哪种鱼、虾肉都可以作为观赏鱼的饵料，营养丰富且易于消化。但是鱼须煮熟剔骨后投喂，虾肉需撕碎后投喂。若将鱼、虾肉混掺部分面粉，经煮熟后制成颗粒饲料投喂则更为理想。

（14）蛋黄

煮熟的鸡、鸭蛋黄，均是观赏鱼喜爱且营养丰富的饵料。用鸡、鸭蛋黄与面粉混合制成颗粒状饵料喂养观赏鱼效果很好。对刚孵化出的鱼苗，在原虫、轮虫短缺时一般均用蛋黄代替。一个蛋黄 1 次可喂观赏鱼苗 20 万～25 万尾。具体做法是把蛋黄包在细砂布内，放在缸的水表层揉洗，使蛋黄颗粒均匀，投喂时需严格控制其数量。

2. 植物性饵料

观赏鱼对植物纤维的消化能力差，但是观赏鱼的咽喉齿能够磨碎植物纤维外壁，植物纤维外壁破碎后，细胞质也可以被消化。常见的植物性饵料有芜萍、面包、面条和饭粒等。投喂前要仔细检查是否有害虫，必要时可用浓度较低的高锰酸钾溶液浸泡后再投喂，切勿给观赏鱼带入病菌和虫害。通常观赏鱼喜食的植物性饵料很多，现分别叙述如下。

（1）藻类

藻类分布的范围极广，对环境条件要求不严，适应性较强，在只有极低的营养浓度、极微弱的光照强度和相当低的温度下也能生活。不仅能生长在江河、溪流、湖泊和海洋，而且也能生长在短暂积水或潮湿的地方。从热带到两极，从积雪的高山到温热的泉水，从潮湿的地面到不很深的土壤内，几乎到处都有藻类分布。除轮藻门外的各门藻类都有海生种类。根据生态特点，一般藻类植物分为浮游藻类、飘浮藻类和底栖藻类。浮游藻类个体较小，是观赏鱼苗的良好饵料。观赏鱼对硅藻、金藻和黄藻消化良好；对绿藻、甲藻也能够消化；而对裸藻、蓝藻不能够消化。浮游藻类生活在各种小水坑、池塘、沟渠、稻田、河流、湖泊、水库中，通常使水呈现黄绿色或深绿色，可用细密布网捞取喂养观赏鱼。

丝状藻类俗称青苔，主要指绿藻门中的一些多细胞个体，通常呈深绿色或黄绿色。观赏鱼通常不吃着生的丝状藻类，这些藻类往往硬而粗糙。观赏鱼喜欢吃漂浮的丝状藻类，如水绵、双星藻和转板藻等，这些藻体柔软，表面光滑。漂浮的丝状藻类生活在池塘、沟渠、湖泊和河流的浅水处，各地都有分布。丝状藻类只能喂养个体较大的观赏鱼。

(2)芜萍

又名瓢沙。芜萍科无根萍属水生植物。是一种漂浮于水面上的椭圆形或卵圆形绿色粒状体，各地池塘或稻田均可见，是主要养殖螺类、鱼类鱼种阶段适口的优良饵料。芜萍培养简易，产量高，营养丰富。芜萍叶状体细小，长约 1 mm，椭圆形。生长适温为 22～32 ℃，低于 20 ℃或高于 35 ℃生长缓慢。芜萍是出芽繁殖，从开始出芽到种子脱离母体为 1 个繁殖周期，在水温 30 ℃时历时 3～4 h，20 ℃时 8～12 h。俗称无根萍、大球藻，是浮游植物中体形最小的一种，也是种子植物中体形最小的种类之一。芜萍是多年生漂浮植物，生长在小水塘、稻田、藕塘和静水沟渠等水体中。据测定，芜萍中蛋白质、脂肪含量较高，营养成分好，此外还含有维生素 C、维生素 B 以及微量元素钴等，用来饲养观赏鱼，效果很好。

(3)菜叶

饲养中不能把菜叶作为观赏鱼的主要饲料，只是适当地投喂绿色菜叶作为补充食料，以使观赏鱼获得大量的维生素。观赏鱼喜吃小白菜叶、菠菜叶和莴苣叶，在投喂菜叶以前务必将其洗净后，再在清水中浸泡半小时，以免菜叶沾有农药或化肥，引起观赏鱼中毒。然后根据鱼体大小，将菜叶切成细条投喂。

5.3.2　观赏鱼的饲养管理(以金鱼为例)

安装好水族箱，注入已处理的水后，就着手金鱼的选购。

1. 金鱼的选择和投放

(1)选择

金鱼有着美丽的色彩和繁多的品种，选择金鱼要注重以下方面：

选择健康无病、身体强壮的鱼；挑选在水中游动快速，体形丰腴，胸、腹、尾鳍完全，欢畅划动的鱼；无背鳍的鱼，要选背脊光滑、无残缺背鳍或结节的鱼。

选择种的特征明显的金鱼，金鱼的每一品种都有其特有特征，如寿星头，它们的头、鳃、下腭部长有肉瘤，要挑选肉瘤发达、宽大、呈王纹，草莓状的，背脊弓形光滑的鱼；水泡眼是以眼部特征命名，要选泡圆软，透明，特大，左右对称的鱼；鱼体颜色的选择要红者娇红，白者纯白，黑者墨黑，花色鱼的色彩要调和、清晰、花纹细致等。

（2）投放

和热带鱼投放步骤相似，不要一下子把金鱼都投入水族箱，刚开始只可放几条，4～6周后，过滤器内的有益菌已经进入状态开始发挥作用时，可按每条长 2.5 cm 的鱼需要 150 cm² 水面面积的密度，逐渐增加鱼的数量。

为金鱼提供营养均衡的饵料，正确的喂养，也是养鱼的一个重要步骤。

2. 金鱼的饵料和喂食

（1）饵料

金鱼是杂食性鱼，仔鱼、幼鱼为杂食偏动物性食性，成鱼为杂食偏植物性食性。为鱼提供营养均衡的饵料对鱼类的生长发育和成功繁殖、鱼体变色及抵抗疾病都是非常重要的。

水族商店里有金鱼专用的人工合成饲料，要购买品牌好、蛋白质来源广泛、高质量的饲料，不要使用以饼干粉和蚂蚁卵为主要原料的饲料。因为这种饲料的营养价值较其他饲料要低。

鲜活的饵料包括蚯蚓，生活在被污染河水中的颤蚓，甲壳类的浮游动物如水蚤、剑水蚤、双翅目昆虫的幼虫血蚓等。它们含有丰富的蛋白质，对鱼进入良好的繁殖状态，恢复体力是非常有帮助的。但是，如果只吃几种活饵料营养是不全面的，它将导致鱼的营养失调，代谢紊乱。

绿色植物性饵料包括紫背浮萍、绿萍、麦芽、胡萝卜、南瓜、甘薯、苦草、空心菜等。这些植物性饵料富含维生素，能提高金鱼的抗病能力，保持鱼的鲜艳体色。

有些热带鱼的饵料偶尔也可用来喂金鱼，冷冻干饲料也可做为金鱼饵料，这对增加金鱼的食品种类，提高均衡营养是很有必要的。

（2）喂食

金鱼的喂食和热带鱼相似，遵循少食多餐的原则。金鱼的食量往往随着水环境变化而有所不同，如晚春、初夏季节，阳光明媚，水温适中(20～24 ℃)，这时鱼的活动力较强、食欲好，金鱼的喂食量要相对多些。在闷热的盛夏，喂食量要少，冬季当水温降至 12 ℃时，金鱼的胃口会大减，水温低于 8～10 ℃时，只需一点点食物即可。因此要根据具体情况来决定鱼的喂食量。一般来说，每天喂鱼 2～3 次，每次喂的量刚好够鱼在几分钟内吃完。喂养鱼的饵料以高质量的干饲料为主食，每周喂 2～3 次冻干饲料、冷冻饲料或活饵料来变换食物花样，增强食欲，滋养鱼体。

5.4　鱼的繁殖(以金鱼为例)

鱼苗经过一年左右的精心培育，生殖腺逐渐发育成熟，到第二年春天就开始进行繁殖。

5.4.1　雌、雄金鱼的鉴别

雌、雄金鱼的幼鱼性状差别很小，在非繁殖期只有那些 6 月龄以上且发育良好，体长达 6～7 cm 的金鱼，在形态特征上才呈现出区别，进入繁殖季节后，雌、雄性状的差异逐渐明显。雌雄金鱼可从以下几个方面加以鉴别。

1. 追星

金鱼雄鱼胸鳍的第 1 鳍条和鳃盖上出现一颗颗乳白色的小突起，称为追星。这是雄鱼的第二性征，通常雌鱼没有追星。

在繁殖期间，身体强健，发育良好的雄金鱼追星特别明显，能保持到 9～10 月；体质虚弱的雄金鱼追星不明显。

2. 外形

雌鱼的身体及尾柄较短，躯体浑圆，腹部较膨大，胸鳍自由端较钝圆；雄鱼身体及尾柄较细长，胸鳍自由端较尖。

3. 腹部

雌鱼的腹部柔软，尤其在生殖期更加松软，泄殖孔稍大而圆，外突明显，临产前其中央呈微红色；雄鱼的腹部较硬，泄殖孔小而狭长，呈瘦枣核形，与体表平或稍向内凹。

4. 行为

春季繁殖期，雄鱼十分活跃，追逐雌鱼，用追星去蹭雌鱼身体，冲撞雌鱼腹部、肛门；雌鱼只有在快产卵时，在雄鱼的追逐下，随着雄鱼活跃起来。

5.4.2　亲鱼的选择

1. 标准

用于繁殖的亲鱼必须是身体健康，体态端正，各鳍发达，品种特征优异的纯种金鱼。一般是在前 1 年秋末做好亲鱼的初次挑选。对选定的亲鱼，要加强越冬管理，使其身体壮健，生殖腺充分发育，产生足量、优质的生殖细胞。在临近繁殖前，再次筛选，选择发育良好、身体健壮、行动敏捷、品种特征明显的亲鱼进行精心饲养，使其生殖腺充分发育成熟，完成产卵、繁殖的生理准备。

2. 年龄

金鱼的最佳繁殖年龄为 2～3 龄，这个年龄的金鱼，体质健壮，生殖腺饱满，卵子和精子活力强，受精率和孵化率均较高，产卵量也多；刚满 1 龄的金鱼，生殖腺虽已成熟，具有一定的繁殖能力，但产卵迟，卵量少，另外品种特征还未充分显现；4 龄以上的亲鱼，生殖机能开始下降，这两种鱼都不适宜做亲鱼。

3. 雌雄配比

一般配种的雄鱼要多于雌鱼，雌、雄比例最好是 2∶3 或 2∶4，增加雄鱼比例的目的是使鱼卵增加受精机会，提高鱼卵受精率。

5.4.3　产卵前的准备

1. 亲鱼管理

在产卵前的几个星期内，要为鱼提供均衡和品种多样的食物，包括高质量的精制鱼饲料和活饲料，如蚯蚓和血蚓等，这对金鱼的成功繁殖是非常重要的。

2. 准备产卵缸和孵化缸

产卵用水族箱的尺寸不能小于 60 cm×30 cm×80 cm。安放在避免阳光直射、远离室内散热器和风口，并能接受一定阳光的地方。

3. 人工鱼巢准备

制作人工鱼巢常用的材料有狐尾藻、金鱼藻、杨柳树根须、棕丝或生麻丝等。藻类质地柔软，不易伤害亲鱼的皮肤，用藻类制作鱼巢，可先将其洗净，去掉水栖昆虫及虫卵，用 10 ppm $KMnO_4$ 液消毒，然后将水草整理，在根部扎好成扇形或椭圆形，下部用瓷片或瓦块系住，放置在靠近缸壁、浮于水层的 2/5 处，在缸底可放几束细叶水草，防止鱼卵散失过多。

如用棕丝或柳树根做人工鱼巢，需事先反复洗、烫、煮，直到没有黄色汁水，再用盐水或 $KMnO_4$ 液消毒、冲洗后，才能做成鱼巢。

4. 金鱼的自然繁殖、人工繁殖

在临近产卵前，最好把选好的亲鱼分开饲养，这样雌鱼才能避免被雄鱼频繁追逐，能正常摄食，发育更完善；雄鱼精液更充沛。在雌鱼缸，雌鱼会出现短时间的急游、急窜，肛门出现微红现象，吃食时，有时会相互用头撞击对方，性欲强的雌鱼会追逐性欲弱的雌鱼，并经常贴缸边游动，仿佛在寻找鱼巢。这说明雌鱼卵巢已充分成熟，即将产卵；在雄鱼缸，如果出现相互追逐不放，用头吻冲击其他性欲较弱的雄鱼，说明雄鱼性腺已成熟。

5.4.4　自然繁殖

一般金鱼发情产卵高潮出现在凌晨 4～5 点，当水温保持在 15～22 ℃时，亲鱼表现出强烈的产卵行为，这时可把选定的雌、雄金鱼捞入盛有等温新水的产卵缸中，同时放入人工鱼巢，雌鱼遇到新水的刺激和异性的追逐就会分泌雌性激素，雄鱼嗅到气味后便产生强烈的追逐行为，用头部撞击雌鱼，用鳃盖和胸鳍上的追星刺激雌鱼，雌鱼被追逐达到极度兴奋时游到鱼巢上部，用尾鳍击水成波，同时产卵，卵均匀地撒落并黏附在鱼巢上。雄鱼也排出乳白色精子，精子在水中扩散，与卵子结合形成受精卵。

待亲鱼排卵结束，将鱼巢取出，用同温度的清水轻轻漂去卵粒上的黏液，放入孵化缸中。

影响金鱼繁殖的外界因素很多，如水温、气压、水的溶氧量等，我们能有目的地控制这些条件，对鱼的繁殖将是十分有利的。

5.4.5　人工繁殖

人工繁殖可以根据人们的意愿，有目的地进行品种杂交，该方法操作简便，能提高金鱼的繁殖能力和受精率，另外，一些珍稀品种进行自然繁殖有一定困难，必须进行人工繁殖。在亲鱼性腺已经成熟，达到预期状态的条件下，才能进行人工繁殖。准备 2 个桶，各盛半缸水族箱的水，把即将临产的雌鱼和雄鱼分别放入桶里，还要准备 1 个盛半缸水族箱水的产卵缸，放入人工鱼巢。通常是先挤雄鱼的精液，用抄网捞出雄鱼，左手握鱼放入产卵缸鱼巢上方的水中，用右手拇指和食指由胸鳍处精巢前端开始，轻轻向后往腹部两侧压迫，即有乳白色精液由泄殖孔流出，如流出的精液遇水很快扩散，说明精子已经成熟，活力较强。把鱼放回桶里，轻轻搅拌产卵缸中的水，使精液均匀分布。立即用同样的方法挤压雌鱼，让卵粒均匀地随水落到缸内的人工鱼巢上，然后把雌鱼放回原桶里，精子和卵细胞在水中很快完成受精，卵粒由透明而转为米黄色的受精卵。受精卵粒黏性强，很快附着于人工鱼巢上。

可以对同一尾鱼重复以上产卵程序 2~3 次，但每次要用不同的产卵缸盛放精液和鱼卵，以保证卵细胞、精子四处散开，绝大多数卵粒都能受精，防止成团的鱼卵会因供氧不足而霉变死亡。经 10~15 min 后，倒掉产卵缸中的水，用同温度的净水轻轻漂洗鱼巢上的卵粒，漂去黏液和泡沫，然后将鱼巢转移到盛有部分水的孵化缸。

人工授精时应注意的问题是：首先，不要在阳光直射下操作，以免阳光中的紫外线对精子产生损伤；其次，授精时间不要超过 2 min，因精液的有效时间为 1~2 min，时间过长，会降低精子活力。最后，繁殖过程中，亲鱼和鱼卵所处的水温必须一致。

5.4.6　鱼卵的孵化

金鱼卵的孵化受气候、光照、水温、溶氧量和水质等多种因素影响，其中水温及溶氧量是鱼卵正常孵化的关键因素。

1. 水温

在适温范围内，金鱼卵的孵化时间长短是随着水温的高低而变化的，水温高，孵化时间就短，反之则长。一般来说，金鱼最适合的胚胎发育水温为18~24 ℃，水温低于 14 ℃ 或高于 30 ℃ 都会引起胚胎畸变，形成许多畸形的鱼苗，孵化期间要防止水温急剧变化。

2. 水质

金鱼胚胎发育需一定浓度的溶解氧，一般最适宜的溶解氧为 5~8 mg·L^{-1}，低溶解氧往往会造成受精卵缺氧而使胚胎死亡，并引起细菌、真菌的大量繁殖，水族箱安置充气设备要调到低速，增氧强度要缓、弱，以免水体波动，影响鱼卵及鱼苗发育。另外对孵化缸中水的 pH 要求在 7.5 左右，最高不超过 8，最低不低于 7.2。

3. 换水

在受精卵发育的最初 8 h 内不能换水，否则，搅动水体，会影响胚胎的正常发育；在受精卵发育 12 h 后，可每 8 h 换去 1/10 左右的老水，加入等温的除氯的新水，这样可大大提高出苗率。

4. 胚胎发育

在 18 ℃ 左右，在受精后的 48~72 h，卵中隐约可见黑色眼点，称为眼点期；受精后 80~90 h，卵中形成弯曲状胚体，胚体较细，呈浅灰色弧形；受精后 100～120 h，可看见胚体越长越粗，镜检可见胚体蠕动，胚胎已发育成幼体，鱼苗破膜而出，完成孵化过程。

5.5 鱼的常见疾病诊断及主要防治措施

5.5.1 鱼病发生原因

观赏鱼类的养殖与所有生物一样，都需要有一个与之相适应的生活环境。观赏鱼类大多生活在较小的水体环境中，好的养殖水体环境会使观赏鱼类不断增强适应新生活环境的能力，养殖观赏鱼类的水体环境条件都是在人工控制下的，如果养殖水环境发生了变化、哪怕只是微小的变化，都不利于观赏鱼类的生活、生存，在机体适应机能衰退而不能适应生活环境时，就会失去抵御病原体侵袭的能力，引起疾病的发生。

观赏鱼类疾病的发生与否，主要由环境因素、人为因素和生物因素等决定。

1. 环境因素

(1) 水温

鱼类是冷血动物，体温随水体温度的变化而改变，水温的急剧升降，鱼体不易适应而发生病理变化乃至死亡。放养观赏鱼类时，要求养殖水体的温度与原生活水体温度相差不要超过 4 ℃，苗种阶段不超过 2 ℃。温差过大，就会引起观赏鱼类的大批死亡。各种生物病原体在合适温度的水体中也将大量繁殖，导致观赏鱼类生病。热带鱼类的养殖水体都需要保持和天然养殖水体的温度相近，而且较稳定，在我国的大部分地区养殖热带鱼都配有恒温设备。

(2) 水质

鱼儿离不开水，较好的水质环境更有利于观赏鱼类的生长。水质的变化情况可根据测定水体的酸碱度(pH)、溶氧、有机质耗氧量、肥度与透明度来确定。虽然观赏鱼对养殖水体的酸碱度具有较大的适应范围。但以 pH 7～8.5 为宜。酸性低于 5 或碱性高于 9.5，轻者使鱼类生长不良，重者致鱼死亡。养殖水体的溶氧量的高低对观赏鱼类的生长和生存都有直接的影响，每升水溶氧含量低于 1 mg 时，鱼类就会"浮头"，如果不及时采取增氧措施，就会使鱼类窒息死亡。

(3)底质

这里主要是指利用池塘和大水体养殖观赏鱼类的养殖水体的底质,与水接触的土壤和淤泥层。尤其是淤泥中,含有大量的营养物质,如有机物、氮、磷、钾等,通过细菌分解和离子交换作用不断地向水中溶解和释放,为饵料生物的生长提供养分,淤泥具有供肥、保肥和调节水质的作用,也就是说,保持适量的淤泥层是必要的。然而淤泥堆积过多,有机物耗氧量过大,在夏秋季节容易造成观赏鱼类缺氧,还会使水质变酸,从而抑制观赏鱼类的生长,乃至危害鱼类的生命。淤泥中的营养物质也是病原菌的良好培养基,一些无机物还能促进病原细菌毒力的增强,淤泥堆积越多,疾病发生可能性越大。

水族箱养殖观赏鱼类基本上不存在底泥的问题,但应及时清除沉淀的污物。

2. 人为因素

(1)放养密度不当

通常观赏鱼类的放养品种大多是单一的,放养密度也是比较小的,根据鱼类的生物学特性分上、中、下层栖息习性,如果放养密度过大,就会造成缺氧或饵料不足、营养不良,甚至出现观赏鱼类相互攻击的现象。这些都会削弱观赏鱼类的抗病力。

(2)饲养管理不当

观赏鱼类的养殖操作技术和淡水鱼类养殖一样,要严格坚持定质、定量、定时、定位的"四定"投饵的养殖操作技术规程。人工投饵应根据观赏鱼类逐日改变的需要量,不能时饥时饱、更不能投喂不清洁或变质和带有寄生虫卵与致病细菌的饵料,否则,会削弱鱼体抗病力,导致鱼病的发生。

(3)机械性损伤

在观赏鱼类的捕捉和运输过程中很容易擦伤鱼体,特别是较大的个体,使其受伤部位极易感染细菌、水霉等病原体。

3. 生物因素

使鱼体致病的生物,称为鱼病病原体。由病毒、细菌、真菌和藻类等侵袭引起的鱼病,通常称为传染性鱼病;由原生动物、吸虫、线虫、绦虫、甲壳动物等寄生虫引起的鱼病称为寄生性鱼病。除此以外,养殖鱼类的敌害生物还包括鼠、鸟、水蛇、蛙类、凶猛鱼类、水生昆虫、水蛭、青泥苔、水网藻等。

鱼生病通常是人们不注意日常管理,导致水族箱的卫生环境出了问题而造成的。因此采用健康监测的方法来养护好水族箱,用科学的方法养鱼,把鱼病遏止在萌芽状态，是一种积极的治病手段。预防鱼病的办法是精心挑选经过检疫的观赏鱼，把新买来的鱼放在备用的鱼缸中喂养2～3周，在这期间任何潜在的疾病都会表现出来；栽种新买来的植物之前，要用高锰酸钾溶液清洗，杀死植物上的小生物；要及时换水、定期清洁过滤器、监测水质、保持恒定水温，投喂适量消毒的含有维生素的饲料；不让外部有毒气体进入到水族箱里，这样，观赏鱼才能保持健康状态。

5.5.2 常见鱼病及防治

在饲养观赏鱼过程中，有的种类遭到疾病的侵袭是不可避免的。下面介绍几种鱼易患的疾病及治疗方法。

1. 白点病(小瓜虫病)

(1)病因

病原体是小瓜虫，是随活饵、水草等带入水族箱的。常在水温及水质发生急剧变化，尤其是水温过低、鱼体抵抗力降低时，侵入鱼体。

(2)症状

病鱼的体表、鳃丝和鳃盖、鳍等处出现白点状的囊疱。严重时鱼体表面覆一层白色的黏液和布满白色斑点，常在水草、石块上摩擦身体，食欲减退，皮肤腐烂，最后呼吸困难死亡。

(3)防治

①小瓜虫繁殖的最适水温为15～25 ℃，提高水族箱水温至30 ℃，病原体离开鱼体后，易死亡。②把病鱼放在1‰的食盐水中，清洗或饲养几天。因部分鱼对食盐敏感，加盐量要由少增多。③用百万分之二浓度的硝酸亚汞溶液清洗病鱼。④用专用的治疗药物治疗。

2. 水霉病

(1)病因

病原体是水霉、绵霉等属的水霉菌，寄生在鱼的伤口和鱼卵上。在捕捞运输时鱼受外伤或由于寄生虫破坏皮肤、鳃，导致水霉菌从鱼体伤口侵入。

(2)症状

病原菌侵入病鱼身上伤口，使伤口处像戴上个白色绒毛状套子。随病情发展，患处肌肉腐烂，鱼食欲减退，频繁在箱壁、石砾、水草上磨破患处，最终衰竭死亡。此病一年四季都有发生。水温适宜、避免鱼体受伤，是预防此病的关键。

(3)防治

①提高水温至 25 ℃以上，5～7 d 可恢复健康。②用 3‰食盐水浸泡病鱼，每天 1 次，每次 5～10min。③用 2 mg·L⁻¹ KMnO₄溶液加 1‰食盐水浸泡 20～30 min，每天一次。④用 1～2 mg·L⁻¹ 的孔雀石绿溶液浸泡鱼 20～30 min，每天 2 次。⑤毒杀芬液(Liquitox)和呋喃(Furanace)效果更好。

3. 竖鳞病

(1)病因

病原体是一种极毛杆菌，引起的发病原因主要是水族箱环境恶化造成的。

(2)症状

鱼体部分鳞片向外张开呈松果状，严重时全身鳞片竖立，鳞的基部水肿、轻度充血，眼球突出，腹部膨大并有腹水等症状。一般流行于水温低的季节。

(3)防治

①用浓度为 5 万分之一单位的四环素水溶液洗浴，每天 2 次。②每千克饵料用氯霉素 0.8～1.0 g 均匀混合后，连喂 5 d。③用 20 mg·L⁻¹ 的呋喃西林溶液浸洗病鱼 20～30 min。

4. 烂鳍与烂尾病

(1)病因

该病与水霉病相似，是因细菌、霉菌自伤口入侵而引起的疾病。

(2)症状

鱼鳍、尾或唇部发白，症状严重时，鱼的鳍和尾会烂掉。一年四季都有此病发生。

(3)防治

①每 10 kg 水中加入 5 万～10 万单位的青霉素浸泡病鱼，直至治愈。②5 mg·L⁻¹呋喃唑酮加 1‰食盐浸泡病鱼。③有专用治疗药物福利仙剂、乐肤爽、甲基蓝液等。④用硫酸铜溶液(稀释 2 000 倍)作短时间的洗浴，1～2 min即可。

5. 鱼虱病

(1)病因

鱼虱是甲壳纲的寄生虫，体长 3～4 mm，它寄生在鱼鳞间，以口刺伤鱼的皮肤，吸食体液并释放毒素，鱼虱多是在喂水蚤时带入的。

(2)症状

由于鱼虱在鱼体爬行叮咬，使鱼急躁不安，时跃于水面剧烈狂游或身体摩擦玻璃，病鱼皮肤局部红肿溢血溃疡，严重时，鳞片脱落，细菌、霉菌乘机侵入，并发感染。

(3)防治

①用 1 mg·L^{-1}的 KMnO$_4$溶液，浸洗病鱼 0.5～1 h。②用镊子捉除成虫，涂红汞或 1‰ KMnO$_4$液约 30 s 后放回水中，次日再上药 1 次。

6. 鳃部指环虫(DactyLogyrus)病

(1)病因

指环虫为吸虫纲的动物，成虫寄生在鱼的鳃上，破坏鳃丝表皮细胞。

(2)症状

指环虫刺激鳃细胞引起分泌过多黏液，导致鱼鳃肿胀，鳃盖难以闭合，病鱼呼吸困难，游动缓慢，在水面浮头。

(3)防治

①用 3 mg·L^{-1}的 KMnO$_4$液浸洗 10 多分钟。②用 1～2 mg·L^{-1}敌百虫浸泡，十几分钟后换水。③用专用药物治疗。

7. 三代虫(Gyrodactylus)病

(1)病因

三代虫为吸虫纲动物，寄生于鱼的体表及鳃上。

(2)症状

病鱼体表有创伤、皮肤块状发炎溃烂、黏液增多，鱼最初极度不安、狂游于水中或在岩石、缸边摩擦，后来出现游动迟缓、呼吸困难、食欲不振、消瘦，最后鱼体衰弱而死。

(3)防治

与治疗指环虫的方法相同。

主要参考文献

[1] 白元生主编. 饲料原料学[M]. 北京：中国农业出版社，1999.

[2] 高林军主编. 养猫必读[M]. 北京：中国农业出版社，2001.

[3] 张建平主编. 宠物狗饲养与疾病防治[M]. 上海，上海科学普及出版社，2003.

[4] 王成章主编. 饲料学[M]. 北京：中国农业出版社，2003.

[5] 肖希龙主编. 实用养猫大全[M]. 北京：中国农业出版社，1995.

[6] 杨风主编. 动物营养学[M]. 北京：中国农业出版社，2001.

[7] 占家智，刘春，王君英，等. 宠物狗驯养技巧[M]. 合肥：安徽科学技术出版社，2005.

[8] 杨继光，鲁尚贤. 观赏鸟饲养与疾病防治[M]. 北京：中国农业出版社，2002.

[9] 王增年. 爱鸟观鸟与养鸟[M]. 北京：金盾出版社，2003.

[10] 孙得发. 最新实用养鸟大全[M]. 北京：中国农业出版社，2003.

[11] 郑亚勤，张丽敏. 观赏鸟病防治与护理[M]. 天津：天津科学技术出版社，2005.

[12] 尹祚华，莫玉忠，栗宝华. 家庭观赏鸟饲养技术[M]. 北京：金盾出版社，2008.

[13] 王增年. 家庭笼养鸟[M]. 北京：金盾出版社，2009.

[14] 张景春. 养龟与疾病防治[M]. 北京：中国农业出版社，2004.

[15] 戴庶. 观赏水生宠物——龟[M]. 北京：中国农业大学出版社，2006.

[16] 王增年，安宁. 龟的养护及疾病防治精要[M]. 北京：中国林业出版

社，2006.

[17] 王培潮. 观赏龟饲养指南[M]. 上海：上海科学技术文献出版社，2004.

[18] 谢忠明. 观赏龟[M]. 北京：中国农业出版社，1999.

[19] 汪建国. 观赏鱼鱼病的诊断与防治[M]. 北京：中国农业出版社，2001.

[20] 郁倩辉. 热带鱼养殖与观赏[M]. 北京：金盾出版社，2009.

[21] 王婷. 淡水观赏鱼饲养手册[M]. 福州：福建科学技术出版社，2006.

[22] 贾建兵. 海水观赏鱼[M]. 北京：中国林业出版社，2000.

[23] 张昭华. 金鱼、锦鲤、热带鱼[M]. 北京：金盾出版社，2004.